**权威·前沿·原创**

皮书系列为

“十二五”国家重点图书出版规划项目

# 四川生态建设报告
# （2016）

ANNUAL REPORT ON ECOLOGICAL CONSTRUCTION OF SICHUAN (2016)

主　编／李晟之
副主编／车茂娟　凌　娟

社会科学文献出版社
SOCIAL SCIENCES ACADEMIC PRESS (CHINA)

图书在版编目(CIP)数据

四川生态建设报告. 2016/李晟之主编. —北京：社会科学文献出版社，2016. 4

（四川蓝皮书）

ISBN 978 - 7 - 5097 - 8888 - 2

Ⅰ. ①四… Ⅱ. ①李… Ⅲ. ①生态环境建设 - 研究报告 - 四川省 - 2016 Ⅳ. ①X321. 271

中国版本图书馆 CIP 数据核字（2016）第 051794 号

四川蓝皮书

四川生态建设报告（2016）

主　　编 / 李晟之

副 主 编 / 车茂娟　凌　娟

出 版 人 / 谢寿光

项目统筹 / 高振华

责任编辑 / 高振华　张丽丽

出　　版 / 社会科学文献出版社 · 皮书出版分社（010）59367127

地址：北京市北三环中路甲 29 号院华龙大厦　邮编：100029

网址：www. ssap. com. cn

发　　行 / 市场营销中心（010）59367081　59367018

印　　装 / 北京季蜂印刷有限公司

规　　格 / 开 本：787mm × 1092mm　1/16

印 张：18. 5　字 数：281 千字

版　　次 / 2016 年 4 月第 1 版　2016 年 4 月第 1 次印刷

书　　号 / ISBN 978 - 7 - 5097 - 8888 - 2

定　　价 / 75. 00 元

皮书序列号 / B - 2015 - 425

本书如有印装质量问题，请与读者服务中心（010 - 59367028）联系

# 四川蓝皮书编委会

# 主编简介

**李晟之**　四川省社会科学院农村发展研究所副研究员，资源与环境中心副主任，四川省政协人口资源环境委员会特邀成员，社区保护地中国专家组召集人，区域经济学博士。从1992年至今，致力于“自然资源可持续利用与乡村治理”研究，重点为社区公共性建设与社区保护集体行动、外来干预者和社区精英在自然资源管理中的作用。主持完成国家社科基金课题1项、四川省重点规划课题1项、横向委托课题21项，发表学术论文23篇、专著1本（《外来干预性社区保护地建设研究》）。获四川省哲学社会科学一等奖1次（2003年）、二等奖1次（2014年）、三等奖1次（2012年），提交政策建议获省部级领导批示9人次。此外，作为德国技术合作公司（GTZ）、世界自然基金会（WWF）、保护国际（CI）和北京山水自然保护中心项目管理人员，主持多项在青海、四川、西藏和云南等藏区的综合保护与发展项目，在藏区自然环境保护与乡村治理方面积累了较为丰富的理论与实践经验。

# 摘要

《四川生态建设报告（2016）》以“状态－压力－回应”为框架，系统地呈现了四川生态保护与建设的基本态势以及取得的成效和存在问题。报告还以《新技术广泛应用的四川省第四次大熊猫栖息地调查》《四川山地生态治理理念与技术应用》《四川生态监测指标体系构建》等在内的12个专题较为深度地为读者展现四川生态保护与建设中新技术运用、模式创新、实践探索三个方面的前沿性信息。

《四川生态建设报告（2016）》由四川省社会科学院资源与环境中心负责编写，得到了四川省统计局科研所、四川省环境保护厅国际合作交流中心、四川省林业厅外事处、四川省野生动物资源调查管理站、中国科学院成都山地灾害与环境研究所、四川省林业勘察设计研究院、四川省自然资源科学研究院、四川省气象局、四川省草原科学研究院、四川省世界遗产管理办公室的大力支持。

# 目录

## Ⅰ 总报告



## Ⅱ 新技术应用篇



## Ⅲ 模式创新篇

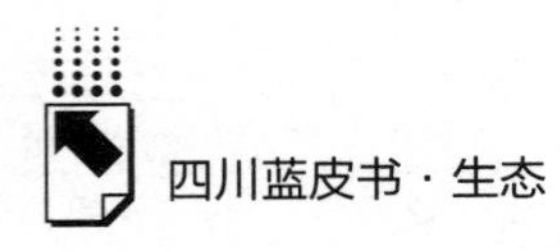




## Ⅳ 实践探索篇

# 总报告

General Report

## B.1

# 四川生态建设基本态势

杜 婵*

**摘 要：** 本报告沿用“压力－状态－响应”模型（PSR结构模型），通过对四川生态环境的“状态”、“压力”和“回应”三组相互影响、相互关联的指标组进行信息收集和分析，对当年四川省生态建设面临的问题、生态建设投入和成效进行系统评估，对2016年四川生态保护与建设几个值得关注的领域进行了展望。

**关键词：** PSR结构模型 生态建设 生态评估 四川

* 杜婵，四川省社会科学院农村发展研究所硕士研究生，农业经济与管理专业。

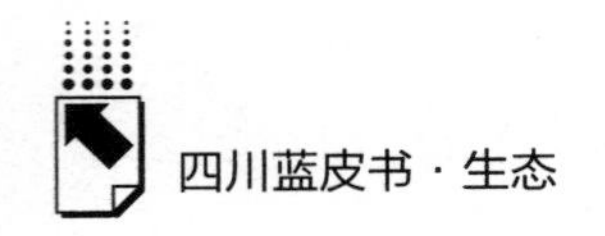


## 一　四川生态建设总体概况

2015 年是深入推进生态文明建设战略的关键时期，党中央和国务院颁布了《中共中央国务院关于加快生态文明建设的意见》，提出了“创新发展、协调发展、绿色发展、开发发展和共享发展”的发展理念，在全国形成了创新生态文明体制机制的热潮。

四川生态建设总体情况平稳，来自政府和社会各界的投入不断增加，但生态环境不断恶化的趋势并未得到根本性扭转，空气污染、水污染和垃圾污染等问题受到城镇居民广泛关注。

### （一）生态产品生产能力

2014 年，四川县级与乡镇集中式饮用水水源地水质堪忧。四川全省 21 个市（州）政府所在地城市的集中式饮用水水源地水质达标率 99.2%，与 2013 年保持不变；但县级集中式饮用水水源地监测达标率为 93.8%，同 2013 年 98.0% 相比下降 4.2 个百分点；乡镇集中式饮用水水源地，全省达标率为 83.2%，同 2013 年 86.5% 相比下降 3.3 个百分点。

2014 年，全省森林覆盖率为 35.76%，较上年增加 0.26 个百分点，森林资源持续增长，高出全国平均水平约 16 个百分点；全省活立木总蓄积 18.08 亿立方米，较上年增长 1800 万立方米，森林质量不断提高；森林生态系统服务价值 1.48 万亿元，比 2007 年增加 0.25 万亿元，生态系统服务功能明显增强，随着越来越多的外出务工返乡人员开始利用森林资源创业，森林资源助农增收成效明显。

受全球气候变化以及人为因素影响，四川湿地质量总体呈下降趋势。目前，四川省湿地总面积达 174.81 万公顷，占全省辖区面积的 3.6%，低于全国 5.5 个百分点。与 2000 年完成的第一次湿地调查相比，省内大于 100 公顷的湿地斑块减少了 617.79 公顷，湿地面积年萎缩率为 0.55%，68% 的湿地都呈萎缩退化状态。在资源水平总量不足的情况下，还面临显著的萎缩、局部地区湿地生态系统持续恶化的局面，湿地保护工作刻不容缓。

2015 年 2 月，全国第四次大熊猫调查报告正式公布，四川省野生大熊猫总数为 1387 只，与第三次大熊猫调查时的 1206 只相比，增加了 181 只，增长 15.0%；四川省大熊猫栖息地及潜在栖息地总面积达 243.8 万公顷，与四川省第二次、第三次大熊猫调查相比，分别增加 9 个县和 4 个县，呈持续增加的态势。大熊猫作为旗舰物种，反映了四川野生动物数量整体增长的态势，但给盆周山区和川西高原农牧民尤其是贫困家庭的生产生活造成的侵害也在增长。

## （二）生态系统调节能力

2014 年四川省省域生态环境指数（Ecological Environment Index，EI）① 为 73.7，对比上年下降 0.7，主要原因在于水网密度指数下降 3.3，环境质量指数下降 2.9，而生物丰富度、植被覆盖指数和土地退化指数无变化。

2015 年全省 21 个市州所在地城市环境空气质量总体达标天数比例为 81.0%，较 2014 年达标天数比例下降 9.8 个百分点，但由于从 2014 年 11 月开始执行国家新的环境空气质量标准（GB3095－2012），两年的数据缺乏可比性。2015 年，其中优占 26.8%，良占 54.2%；总体超标天数比例为 19.0%，其中轻度污染为 13.3%，中度污染为 3.2%，重度污染为 2.4%，严重污染为 0.1%。空气质量超标天数较多的城市依次为成都、眉山、自贡。全省二氧化硫、二氧化氮、可吸入颗粒物（PM10）平均浓度分别为 18 微克/立方米、30 微克/立方米、76 微克/立方米，同比分别降低了 28.2%，6.4%，5.0%。重点区域中的盆地西部 3 市（成都、眉山、德阳）污染负荷最大，为 18.1%；盆地南部 3 市（自贡、泸州、宜宾）污染负荷次之，为 17.2%；盆地东北部 3 市（达州、南充、广安）污染负荷为 16.8%。

① 生态环境指数（Ecological Environment Index，EI）是指反映被评价区域生态环境质量状况的一系列指数的综合。EI＝0.25×生物丰度指数＋0.2×植被覆盖指数＋0.2×水网密度指数＋0.2×土地退化指数＋0.15×环境质量指数。

根据2013年发布的全国第一次水利普查土壤侵蚀调查获得的最新数据，四川省水力侵蚀面积11.44万平方公里，居全国各省水力侵蚀面积之首，其中轻度和中度分别占水力侵蚀总面积的42.37%和31.34%；风力侵蚀面积0.66万平方公里，冻融侵蚀面积4.84万平方公里，水力侵蚀和风力侵蚀面积之和为12.10万平方公里，位居全国第五位，仅次于新疆、内蒙古、甘肃和青海四省区。[①]

2015年12月，住房和城乡建设部、中央农办、中央文明办、国家发展和改革委、财政部、环境保护部、农业部、商务部、全国爱卫办、全国妇联等10部委认定四川省在设施设备、治理技术、保洁队伍、监管制度、资金保障等5个方面全部达到农村生活垃圾治理验收要求，成为全国首个通过农村生活垃圾治理验收的省份。

### （三）生态支撑功能

据《四川2014林业资源及效益监测》表明，2014年全省森林涵养水源712.17亿立方米、释放氧气1.42亿吨、吸收二氧化硫等有害物质5.49亿吨，全省林地年固碳量0.68亿吨，累计碳储量达到26.63亿吨。另外，全省沼泽湿地生态系统提供了保护生物多样性、净化环境、蓄水调洪、固碳释氧和游憩等5个主要方面的生态服务功能，生态服务价值共计1697.55亿元。

《四川省土壤污染状况调查公报（2014）》显示，全省土壤总的点位超标率为28.7%，其中轻微、轻度、中度和重度污染点位比例分别为22.6%、3.41%、1.59%和1.07%。其中，成都平原、川南、攀西等部分区域土壤污染问题较为突出，主要污染物为镉。全省土壤环境状况总体不容乐观，部分地区土壤污染较重，主要是高土壤环境背景值、工矿业和农业等人为活动造成的。

① 《四川省水土保持规划修编工作大纲》。

### （四）生态文明功能

2015 年四川实现生态旅游直接收入 658.6 亿元，接待游客 2.5 亿人次，带动社会收入 1860 亿元。其中，森林公园、自然保护区、湿地、乡村生态旅游分别实现直接收入 71.9 亿元、101.7 亿元、25.3 亿元、459.7 亿元。与 2014 年相比，接待游客数与带动社会收入增幅都为 19%，总收入增幅为 10%。但受国际国内宏观经济环境的不利影响，2015 年林业生态旅游直接收入在 2014 年同比增幅 22.7% 的基础上，同期仅实现增长 10%，且呈现季度性持续下滑态势，森林公园实现收入减少了 4%。

2015 年 9 月 17 日，中国生物多样性保护与绿色发展基金会针对实施雅砻江水电梯级开发计划可能破坏濒危野生植物五小叶槭生存的情况，向四川省甘孜藏族自治州中级人民法院递交诉状，对雅砻江流域水电开发有限公司提起公益诉讼。2015 年 11 月国家林业局做出“实际采伐面积虽与反映的情况有一定出入，但问题确实存在”的结论，并约谈了雅安市、芦山县、宝兴县政府和四川省林业厅相关负责人，要求“对查出的问题要依法依纪进行处理，整改措施要具体化”。两个案例充分说明社会公众的保护意识普遍提高，参与生态保护与建设的积极性也不断增强，尤其是提供社会监督的能力也日趋专业，四川省林业厅、四川省环保厅等行政主管部门每年获取的群众举报案件数量增加较快。

### （五）四川生态建设的压力

据四川地震台网测定，2014 年，全国有 23 个省份均记录到 3 级以上地震。按照地震发生次数，四川排名全国第三，仅次于新疆和云南。

2014 年春冬季，全省平均气温偏高 0.2℃，川西高原和攀西地区大部分偏高 1.0℃左右；全省平均降水量偏少 17%，川西高原南部及攀西地区偏少 7 成。据省护林防火指挥部统计：2014 年全省共处置森林火灾 438 起，较 2013 年有所下降，无重大、特大森林火灾发生。其中一般森林火灾 361 起、较大森林火灾 77 起；过火面积 4710 公顷、受害森林面积 765 公顷，损失林木蓄积 12304 立方米；森林火灾损失率 0.045‰。

近几年，四川省人口变化主要表现在相对数量的不断增加和人口城镇化趋势。2004～2014 年四川省常住人口城镇化率呈持续上升趋势，由 2004 年的 2664.54 万人增长到 2014 年的 3768.9 万人，增加了 1104.36 万人；常住人口占总人口的比重由 2004 年的 31% 上升至 2014 年的 46.3%，提高了 15.3 个百分点，城镇人口加速集聚，城镇化率快速提升。然而，四川省城镇化发展过程中存在着城市空间无序开发，重经济发展、轻资源节约和环境保护，重城市建设、轻管理服务，城镇污染防控能力总体不足，污水处理、垃圾处理能力不能适应新型城镇化发展需要等问题，使城镇资源利用方式粗放低效问题更加凸显。

在经济增长速度逐年下行和产能大量过剩的环境下，2015 年末，成都、乐山、自贡、泸州等 13 个市同时开工 740 个重大项目，总投资达 4269 亿元，其中重大产业项目有 299 个。这些重大项目将是四川由经济大省向经济强省跨越、由总体小康向全面小康跨越的重要支撑，给四川生态建设带来机遇的同时也布置了新的任务。

### （六）政策与法律法规制定

2015 年，中共中央先后颁布《关于加快推进生态文明建设的意见》和《生态文明体制改革总体方案》，系统阐述了生态文明体制改革的理念、原则、2020 年目标，为四川生态建设构建了战略思路和方向。党的十八届五中全会把“绿色发展”作为五大发展理念之一写入了会议公报，充分表明了建设生态文明在中国特色社会主义事业总体布局中的极端重要性，明确了绿色发展的实现路径，并为健全生态文明法律制度指明了方向，对新时期生态文明建设起到了统一思想、明确目标、引领行动的作用。

2015 年 11 月，中国共产党四川省第十届委员会第七次全体会议进一步指出“要坚持绿色发展理念，加快建设生态文明新家园；促进人与自然和谐共生，划定农业空间和生态空间保护红线，推进城镇绿色发展；设立绿色发展基金；以主体功能区规划为基础统筹各类空间性规划，推进‘多规合一'；加强生物多样性保护，探索建立以大熊猫等珍稀物种、特殊生态类型为主体的国家公园；发展绿色低碳循环经济，大力发展清洁能源产业和节能环保产业，加强资源节约和循环高效利用；实行最严格的环境保护制度，推进多污染物综合防治和环境治理；建设长江上游生态屏障，开展大规模绿化全川行动；加强地质灾害防治"，为四川生态建设编制出了战略性规划。

随着新的环境保护法的颁布与实施，四川省环保厅与四川省法制办沟通协调，加快地方法规制定，已完成《四川省辐射污染防治条例》和《四川省灰霾污染防治办法》送审稿；同时向省政府报送了修订《四川省环境保护条例》和《环境污染事故责任追究办法》的立法计划。为严厉打击环境违法行为，充分发挥环保、公安部门的合力，四川省环保厅与四川省公安厅联合印发了《关于加强环境污染违法犯罪案件移送衔接工作的通知》。对照环保部贯彻新环境保护法的54项配套政策措施，四川省环保厅计划制定四川省环境信息公开、总量减排、农村污染连片整治等配套措施，通过建章立制和细化措施，做好新法实施准备。

### （七）生态工程实施

四川省森林资源富集，天然林地占全省辖区面积的33.48%，居全国第4位。为了完善国有林管护补偿政策，在统筹考虑国有林管护面积和在册职工人数的基础上，按照灌木林地每年每亩1元、其他林地每年每亩5元，以及甘孜、阿坝、凉山三州每人每年8000元，其余各市每人每年6200元的标准，统一测算安排管护补助经费。健全集体公益林补偿政策，从2014年起，省级财政每年配套5265万元，实现国家级和省级集体公益林生态效益补偿标准并轨，达到每年每亩15元，有力地促进了当地农牧民增收，提高了他们的管护积极性。

2014年兑现集体公益林生态效益补助资金13.08亿元，涉及林农2400多万人。

四川省于1999年10月正式启动第一轮退耕还林工程，当年即完成造林

300万亩，国家2013年重点核查验收结果表明，四川省退耕还林面积合格率为99.83%，各项指标均达到国家规定要求，位居全国前列。2014年10月，国家发展改革委、财政部、国家林业局等五部门联合下达四川省新一轮退耕还林任务65万亩，值得注意的是，新一轮退耕还林将不再对林种做具体要求。①

目前四川省荒漠化土地总面积达164.5万公顷，占全省辖区面积的3.39%，其中石漠化73万公顷，沙化91万公顷，治理任务任重道远。②

截至2014年底，全省已建立各级各类自然保护区168个，总面积841.5万公顷，占全省辖区面积的17.35%，全省70%的陆地生态系统种类、80%的野生动物和70%的高等植物，特别是国家重点保护的珍稀濒危动植物绝大多数在自然保护区里得到较好保护。四川省财政厅继续下达国家重点生态功能区转移支付禁止开发区补助资金，专项用于国家级自然保护区生态保护与建设，加上国家林业局提供的自然保护区能力建设专项资金，目前四川的国家级自然保护区每年除工资和事业费等“人头”性经费外，每个保护区每年有600万元的工作经费，从经费上为自然保护区有效管理提供了保障。

2015年，四川省对牧区48县基本草原划定工作成果资料进行会审汇总，牧区各县人民政府公告确认划定基本草原21325万亩，占全省草原总面积的86.7%，全省牧区基本草原划定工作取得阶段性成果。其中重要放牧场13971.6万亩，割草地401.2万亩，人工草地2592.8万亩，具有特殊作用的草地3327.6万亩，国家重点保护野生动植物生存环境的草原917.4万亩，草原科研教学基地73.7万亩，其他草原40.7万亩。同时，各县绘制完成乡级1∶50000、县级1∶100000基本草原分布图，编制以村为单位的基本草原地块信息统计表，建立了电子信息数据库，为更精准的草原管理奠定了基础。

① 王成栋：《我省将启动新一轮退耕还林》，《四川日报》2014年10月12日。

② 刘宇难：《我省发布〈四川省土壤状况调查公报〉》，《四川日报》2014年11月29日。

### （八）环保产业发展

2014 年，全省环保产业集中发展趋势明显，确立成都金堂、成都锦江、自贡板仓、绵阳游仙和广安武胜等 5 个环保产业园区作为集聚发展重点，积极培育催化剂、膜材料、声屏障、烟气脱硫成套装置、生活垃圾发电成套装置、环保监测仪器制造、乡镇污水处理成套装置、环境服务业等八大优势领域，支持有“头雁效应”的骨干企业。成都、绵阳、攀枝花、自贡四市产值达 539 亿元，占全省的 85%。同时，涌现了一批有核心竞争力的环保企业。

### （九）科技支撑

2014 年，四川省政府成立了四川省环境咨询委员会，建立了部门之间的科研合作联动机制。根据生态保护与建设实践中存在的问题，一批科学技术被加以应用，为生态保护与建设提供了科技支撑。例如，为了更准确地计算四川森林资源的价值并开展生态补偿，中国科学院成都分院对四川森林生态水源涵养能力评估的方法进行研究并开始试点；大熊猫 DNA 等多项技术在全国第四次大熊猫调查中运用，使四川大熊猫分布动态情况能够被自然保护区更好地了解并能用于指导日常的监测和巡护；四川省林业科学院探索出适宜于川西北高寒沙地植被恢复的模式，提高了四川沙土土地治理的投资效率。

### （十）保护机制创新

2015 年 1 月，四川省发展改革委会同科技厅、财政厅等部门联合印发了《四川省生态保护与建设规划（2014 ~ 2020 年）》，其规划内容界定为“以自然生态资源为对象开展的保护与建设”，明确了全省生态保护与建设的指导思想与总体目标，确定了规划布局和建设重点，提出了森林、草地、荒漠、湿地与河湖、农田、城镇等六大生态系统和防治水土流失、保护生物多样性、保护水资源、推进重点地区综合治理、强化气象保障等十一项主要

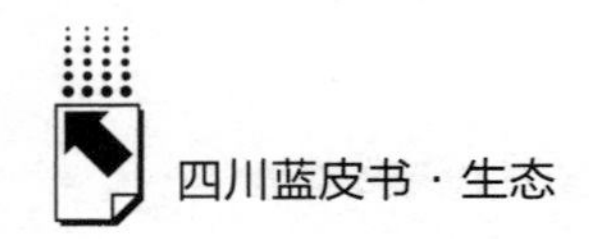


任务。2015 年 4 月，国家发展改革委公布了各省生态保护与建设示范区名单，四川省阿坝州、华蓥市、南江县、西充县上榜，成为四川省第一批国家批复的创新生态文明机制体制的试点示范区。

## 二 四川省生态建设的“状态”、“压力”和“回应”分析

本书主要采用“压力－状态－响应”模型[①]（简称 PSR 结构模型），通过对四川生态环境的“状态”、“压力”和“回应”三组相互影响、相互关联的指标组进行信息收集和分析，对当年四川省生态建设面临的问题、生态建设投入和成效进行系统地评估。

### （一）四川省生态建设的状态

#### 1. 生态产品生产能力

生态产品的生产能力是衡量生态环境“状态”的重要指标。这里，我们选取饮用水、森林、草原、湿地、生物药材等林副产品、野生动植物等指标来展现四川生态产品的生产能力，间接地反映四川生态保护与建设的成效。

（1）饮用水

水是生命之源，饮用水安全关系到每个公民的切身利益。从总量看，四川水资源总量达 2470.27 亿立方米，历年来拥有全国 10% 左右的水资源，全省人均水资源量远超全国的平均水平。

据四川省环境监测总站统计，2015 年四川省五大水系均受到轻度污染，全省地表水省控监测断面达标率围绕 65% 上下波动，12 月底达到 67.4%（见图 1）；全省 21 个市（州）政府所在地集中式生活饮用水水源地水质达标率呈现波动下降趋势，由 1 月的 99.8% 下降至 12 月的 98.1%，全年 11 月份饮用水水源地水质最优，达到 100%（见图 2）。

---

① 有关“压力－状态－响应”模型更多的介绍，请参见《四川生态建设报告（2015）》。

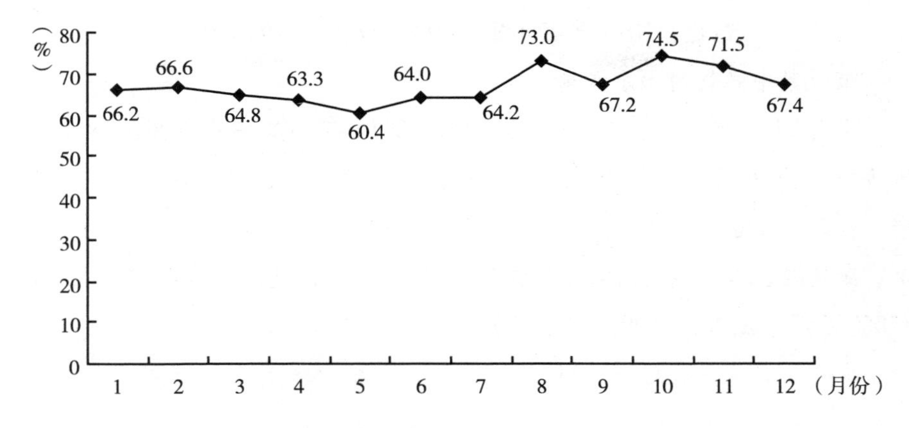


**图1　2015年四川省地表水省控监测断面达标情况**

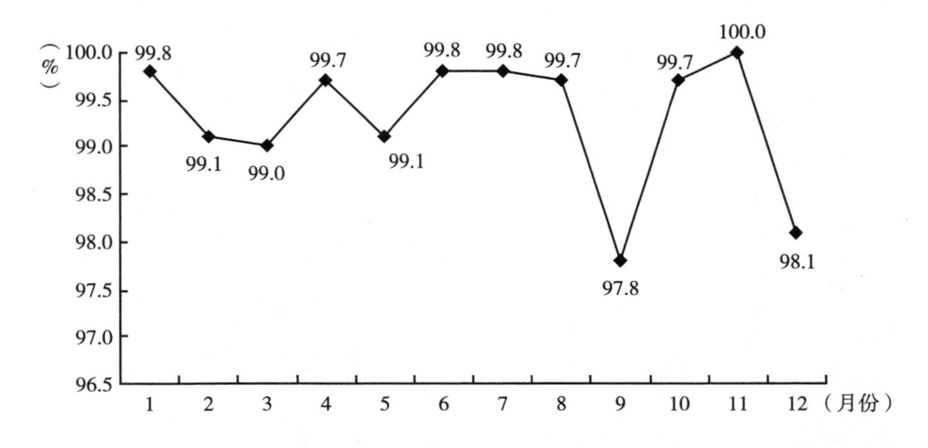


**图2　2015年四川省21个市（州）政府所在地集中式生活饮用水水源地水质情况**

据《2014年四川省环境统计公报》，四川省21个市（州）政府所在地城市的集中式饮用水水源地水质达标率99.2%，与2013年保持不变；但县级集中式饮用水水源地达标率为93.8%，同2013年98.0%相比下降4.2个百分点；乡镇集中式饮用水水源地，全省达标率为83.2%，同2013年86.5%相比下降3.3个百分点。可见，同2013年相比，四川2014年水质达标率整体下降。饮用水达标率存在着区域差异性，农村居民居住分散、饮用水源类型多样、饮用水污染点多面广等决定了农村饮用水安全问题较城市更为复杂。

**专栏：2014 年四川省集中式饮用水水源地水质**

市级集中式饮用水水源地

全省 21 个市（州）政府所在地城市 2014 年的集中式饮用水水源地水质达标率为 99.2%。其中，成都、攀枝花、泸州、自贡、绵阳、广元、遂宁、内江、乐山、南充、广安、达州、巴中、雅安、眉山、资阳市及西昌市、康定县、马尔康县的城市监测断面均达标；德阳（90.2%）和宜宾（78%）两个城市部分断面（点位）超标（见图 3）。

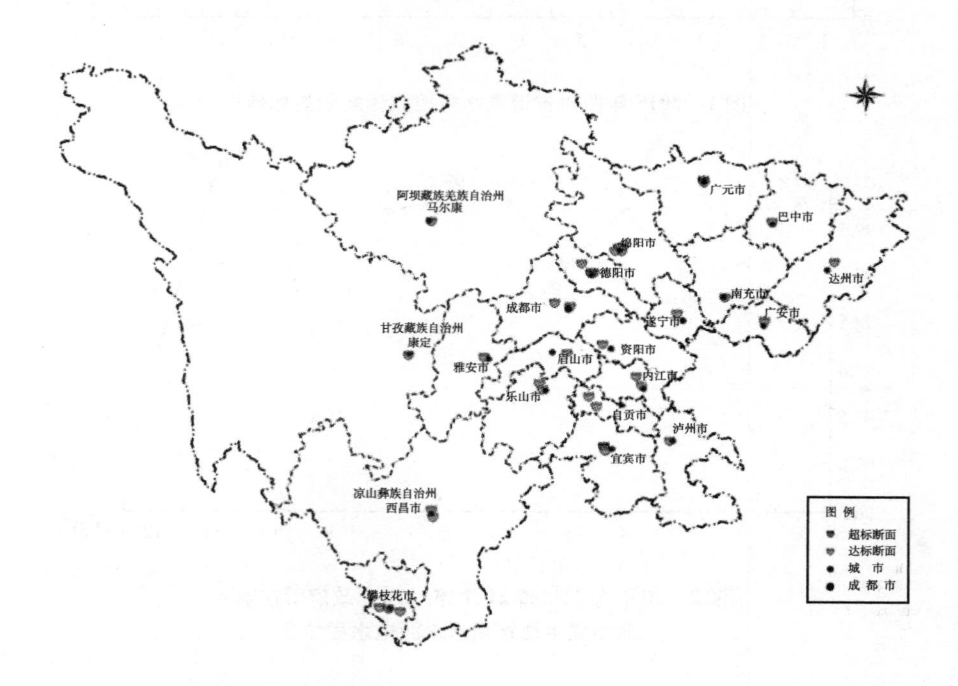


**图 3　2014 年市级集中式饮用水水源地水质监测结果示意**

县级集中式饮用水水源地

全省对除雅安和甘孜州外的 19 个市（州）县级行政单位所在城镇 113 个断面（点位）进行监测，达标率为 93.8%。另有 33 个县级集中式地下水饮用水源地（点位）按实际开展的监测项目评价，达标率为 100%。

乡镇集中式饮用水水源地

全省除甘孜州外，其余20个市（州）开展了乡镇集中式饮用水水源地水质监测，共3150个断面（点位），其中地表水2122个（含河流型1428个、湖库型694个）、地下水1028个。按实际开展的监测项目评价，全省达标率为83.2%。

（2）森林

森林生态产品是指经营森林生态系统为社会提供能满足生态需求的无形产品的综合。森林生态产品是在市场经济条件下对森林的生态资源、生态效能、生态价值、生态效益等概念更深入、更综合、更准确的表述，基本上可区分为涵养水源、保育土壤、固碳制氧、调节环境、生物多样性、防护功能。四川素有“重要的绿色生态屏障”、“生物多样性的宝库”、“未来气候变化的晴雨表”等称号，森林生态系统在其中发挥着重要作用。

据四川省林业厅发布的《四川2014年林业资源及效益监测成果》显示，截至2014年底，全省林地面积2401.85万公顷，占全省土地面积的49.42%，由于征占用林地等原因，较上年减少了0.55万公顷。森林面积1738.16万公顷，较上年增加12.45万公顷，森林覆盖率达35.76%，较上年增加0.26个百分点（见图4）；全省活立木总蓄积18.08亿立方米，较上年增长1800万立方米；森林面积和活立木蓄积分别居全国第4位和第3位。全省现有湿地174.78万公顷，沙化土地91.4万公顷，石漠化土地73.2万公顷，潜在石漠化土地76.9万公顷。

从生态服务价值来看，2014年全省森林生态系统服务价值1.48万亿元，比2007年增加0.25万亿元。全省森林减少土壤流失1.10亿吨、涵养水源712.17亿立方米、释放氧气1.42亿吨、吸收二氧化硫等有害物质5.49亿吨，全省林地年固碳量0.68亿吨，累计碳储量达到26.63亿吨（见图5）。另外，2014年度，全省沼泽湿地生态系统所提供的保护生物多样性、净化环境、蓄水调洪、固碳释氧和游憩等5个主要方面的生态服务功能，生态服务价值共计1697.55亿元。

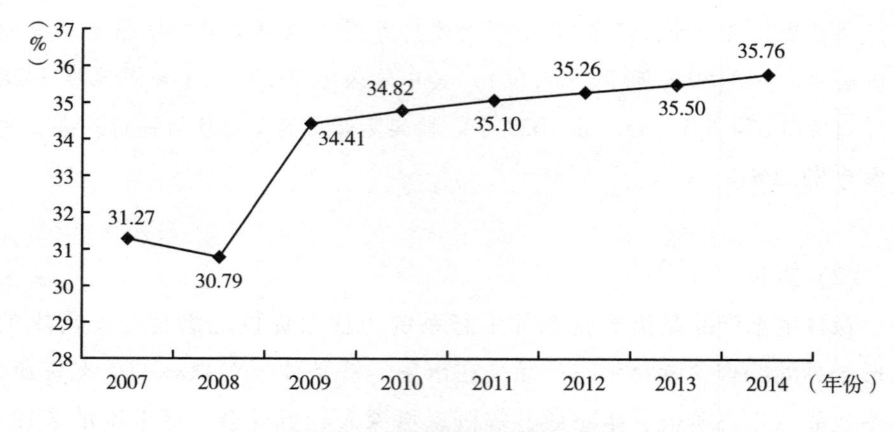


**图4　2007～2014年四川省森林覆盖率变化**

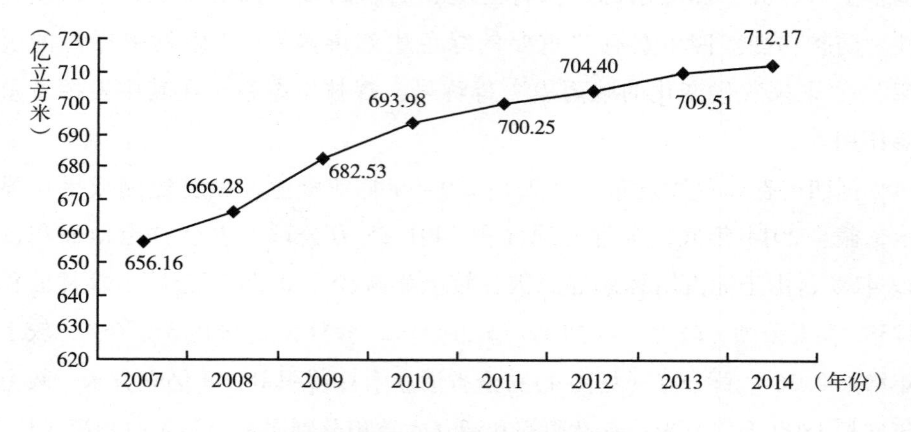


**图5　历年森林生态系统涵养水源量变化**

（3）草原

四川草原面积共有3.13亿亩，占全省辖区面积的43%。其中有2.46亿亩集中连片分布在甘孜、阿坝、凉山三个自治州，主要分布海拔为2800～4500米，被称为全国五大牧区之一。

四川草原地处长江、黄河上游及源头，是省内最大的陆地生态系统、长江黄河上游重要的生态屏障，具有十分重要的生态战略地位。

一是涵养水源。据研究，草原拦蓄地表径流的能力比林地高20个百分点，涵养水源的能力比森林高1倍左右。全省草原涵水量可达16亿立方米左右，哺育了长江、黄河上游1000余条大小河流，提供的径流量占长江上游总径流量的46.8%、黄河总径流量的8.21%。

二是固碳储氮、净化空气。全省草原固碳能力达5600多万吨，可抵消四川省年碳排放总量的1/3左右；豆科牧草为主的草地每年每公顷可固定空气中的氮素150公斤以上，尤其对中低产田，实施草田轮作，一个周期可以提高土壤有机质约24%；25平方米的草地就可吸收掉1个人呼出的二氧化碳，同时还可吸收噪声和粉尘。

三是防风固沙、保持水土。据研究，盖度为60%的草地断面过沙量为0.5立方米，而裸露沙地的过沙量为11立方米，四川省草原平均植被盖度80%以上，作用尤甚；大雨状态下草原可减少地表径流量50%以上，减少泥土冲刷量75%，保持水土能力比农田大数十倍。

《2014年四川省草原监测报告》显示，2014年四川草原保护与建设具有五个特点。

一是天然草原生产力略差于上年。2014年全省各类饲草产量2890.2亿公斤，折合干草786.0亿公斤，载畜能力8712.7万羊单位，比上年减少0.06%。其中，天然草原鲜草产量832.7亿公斤，较上年下降3.4%；人工种草产量519.3亿公斤；秸秆等其他饲料折合干草361.6亿公斤。

二是退牧还草工程成效显著。截至2013年底，全省共完成天然草原退牧还草工程建设任务12230万亩，占川西北天然草原可利用面积的57.4%，工程区植被恢复良好，生态效益显著。四川省草原工作总站对2012年度实施的退牧还草工程进行监测，结果显示：区内植被盖度平均为81.7%，比区外高5.9个百分点；植被高度平均20.2厘米，比区外高43.3%；鲜草生物产量平均为355.4公斤/亩，比区外高14.2%，比全省天然草原平均产量高13.3%。

三是补奖政策实施效果初步显现。2014年，全省有效推行草原禁牧、草畜平衡两项制度，规范、有序发放各项补奖资金8.59亿元，采购优良牧草5252.57吨，种植和更新人工草地714.13万亩，完成减畜任务217.07万羊单位。全省天然草原综合植被盖度83.5%。全省牧区牲畜超载率为10.6%，较上年下降2.7个百分点。其中，甘孜州超载13.12%，阿坝州超

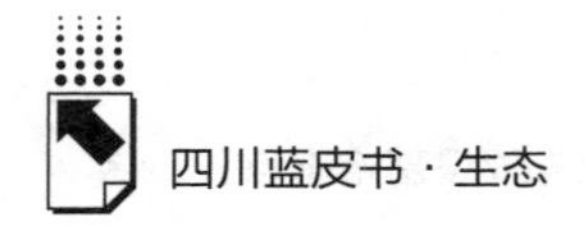


载10.2%，凉山州超载9.14%。

四是草原退化与生物灾害依然严重。2014年全省退化草原面积15646.1万亩，占全省可利用草原面积的59.0%，较上年下降5.5个百分点。其中，草原鼠虫害面积5661万亩（其中鼠害4486万亩、虫害1175万亩），毒害草分布面积9400.7万亩（其中紫茎泽兰面积1368.1万亩），牧草病害面积279.4万亩，草原沙化面积305万亩。

五是草原生态进一步恢复。近年来，国家进一步加大退牧还草工程建设范围和建设力度，大力实施草原生态保护补助奖励机制政策，加强草原鼠虫等灾害防治，集中治理生态脆弱和严重退化草原，草原保护与建设工作力度进一步加强，草原生态环境治理效果初步显现。与2011年相比，天然草原鲜草产量平均提高了15.7%，草原综合植被盖度平均提高了7.1个百分点，全省牧区牲畜超载率下降了35.2个百分点，逐渐接近草畜平衡。天然草原生态状况持续好转，草原植被加快恢复。

（4）湿地

四川第二次湿地资源调查结果显示，四川现有湿地总面积174.81万公顷，占全省辖区面积的3.6%，低于全国5.5个百分点。在四川湿地资源分布中，天然湿地资源分布最多的市（州）是甘孜州，人工湿地面积最多的是广安市①（见表1）。

受全球气候变化以及人为因素影响，四川湿地质量总体呈下降趋势，与第一次湿地调查相比，大于100公顷的湿地斑块减少了617.79公顷，湿地面积年萎缩率为0.55%，68%的湿地都呈萎缩退化状态。四川省林业厅相关负责人表示，短期内，四川湿地生态退化的趋势仍在继续，局部地区湿地生态系统持续恶化。但值得欣慰的是，四川湿地保护管理状况有了明显好转。四川现有湿地类型自然保护区52个，湿地公园28个，湿地保护率比第一次调查增加了16.25%，四川湿地保护体系初步建成②。

① 罗之飏：《天然湿地甘孜最多，人工湿地广安最多》，《四川日报》2014年8月14日。

② 罗之飏：《天然湿地甘孜最多，人工湿地广安最多》，《四川日报》2014年8月14日。

**表 1　四川省湿地面积**

单位：公顷

| 行政区 | 湿地面积 | 行政区 | 湿地面积 |
|---|---|---|---|
| 甘孜州 | 727551.52 | 泸州市 | 17562.86 |
| 阿坝州 | 633798.44 | 资阳市 | 16342.28 |
| 凉山州 | 44560.56 | 眉山市 | 15989.47 |
| 南充市 | 33582.27 | 广安市 | 15710.43 |
| 绵阳市 | 28913.84 | 遂宁市 | 14626.37 |
| 乐山市 | 28085.19 | 巴中市 | 14229.62 |
| 宜宾市 | 25207.47 | 德阳市 | 13436.17 |
| 达州市 | 25194.42 | 攀枝花市 | 11450.06 |
| 广元市 | 24339.02 | 内江市 | 9961.81 |
| 成都市 | 21367.47 | 自贡市 | 8193.68 |
| 雅安市 | 17985.88 | 全省合计 | 1748088.83 |

（5）生物药材等林副产品

四川作为全国林业资源大省，拥有丰富的生物药材等林副产品。据《四川 2014 年林业资源及效益监测成果》显示，2014 年全省全部林业总产值为 2336 亿元，比上年增加了 15%。从结构来看，第一、二、三产业产值分别为 882 亿元、792 亿元、662 亿元，同比增长 15%、12%、20%，三大产业比例有所调整，其中，第三产业比重呈逐年上升趋势。

2014 年四川林业完成投资 240 亿元，比上年增加 50 亿元。现代林业产业快速发展，区域特色更加鲜明，基本形成川南竹产业、川东北特色经济林产业、川西生态旅游产业集群，现代林业产业基地总规模达到 20 万公顷，林下养殖突破 1.2 亿只（头、箱），生态旅游接待游客 2.1 亿人次，经济林产量稳步提升，各类经济林木总产量达到 660 万吨，创历史新高。

（6）野生动植物

四川野生动植物保护一直是全国生物多样性保护的一面旗帜。四川是全国乃至全世界极其珍贵的生物基因库之一，有高等植物近 1 万种，约占全国总数的 1/3，居全国第二位，其中国家一级保护植物珙桐、银杏、红豆杉、苏铁等 18 种，二级保护植物 49 种。全省有脊椎动物近 1300 种，约占全国总数的45%，其中国家一级保护动物大熊猫、川金丝猴、四川山鹧鸪、黑颈鹤等32种，二级保护动物113种。

2015年2月，全国第四次大熊猫调查报告正式公布，大熊猫种群数量、栖息地面积和人工圈养数均居全国第一。四川省野生大熊猫总数为1387只，与第三次大熊猫调查时的1206只相比，增加了181只，增长15.0%；四川省大熊猫栖息地及潜在栖息地总面积达243.8万公顷，与四川省第二次、第三次大熊猫调查相比，分别增加9个县和4个县，呈持续增加的态势。其中小金县、峨眉山市、沙湾区、沐川县和屏山县是第三次调查以来新发现野生大熊猫实体和痕迹的县（市、区）。四川省大熊猫栖息地中适宜栖息地面积123.24万公顷、次适宜栖息地面积79.49万公顷，分别占全省大熊猫栖息地总面积的60.79%和39.21%，平均生境适宜性指数（Habitat suitability index，简称HSI）为0.2496，四川大熊猫栖息地已被列入世界自然遗产名录。

2. 生态系统调节能力

2014年四川省省域生态环境指数（Ecological Environment Index，EI）为73.7，比上年下降0.7。在生态环境状况指数的二级指标中，生物丰富度、植被覆盖指数和土地退化指数无变化。水网密度指数下降3.3，环境质量指数下降2.9。

全省生态环境状况分级评价结果与全省生态格局具有较高的相似性。“优”的区域主要位于川西高山高原区、川北秦巴山地和川西南山地区；“良”的区域是全省生态环境状况的主体，主要位于成都平原区、盆周丘陵区、金沙江干热河谷区、岷江干旱河谷区、西北部高原江河源区等；“一般”和“较差”的区域集中分布于大中城市的建成区。

**专栏：四川省生态环境指数分区状况**

21个市（州）的生态环境状况指数在49.6~93.2。雅安、凉山、甘孜、乐山、阿坝等5个市（州）生态环境状况为“优”，占全省面积的65.8%；巴中、广元、绵阳、眉山、泸州、攀枝花、达州、南充、成都、德阳、宜宾、广安、资阳、自贡等14个市（州）生态环境状况为“良”，占全省面积的32.0%；遂宁市、内江市生态环境状况为“一般”，占全省面积的2.2%。与上年相比，21个市（州）生态环境状况指数变化范围在-4.2~1.9，略微变差的6个，即自贡市、遂宁市、眉山市、南充市、内江市、广安市，其余15个市（州）无明显变化。

181个县（市、区）生态环境状况指数在30.9~94.9。49个县（市、区）生态环境状况为“优”，占全省面积的44.5%；112个县（市、区）生态环境状况为“良”，占全省面积的53.9%；19个区生态环境状况为“一般”，占全省面积的1.6%；1个区生态环境状况为“较差”，占全省面积的0.003%。与上年相比，181个县（市、区）生态环境状况指数变化范围在-2.2~2.5，略微变好的6个，即成都市锦江区、成都市青羊区、成都市金牛区、成都市成华区、绵竹市、安县；略微变差的2个，即绵阳市涪城区、南充市顺庆区；其余173个县（市、区）无明显变化。

（1）空气质量①

国际环保组织绿色和平组织于10月15日发布《2015年一至三季度中国367座城市PM2.5浓度排名》，2015年一至三季度四川PM2.5浓度为46.2微克/立方米，排全国第17位。

①城市空气

2015年全省21个城市（即21个市州所在地城市）环境空气质量总体达标天数比例为81.0%，较2014年下降9.8个百分点。但由于从2014年11月开始执行国家新的环境空气质量标准（GB3095-2012），两年的数据缺乏可比性。其中“优”占26.8%，“良”占54.2%；总体超标天数比例为19.0%，其中轻度污染为13.3%，中度污染为3.2%，重度污染为2.4%，严重污染为0.1%。空气质量超标天数较多的城市依次为成都、眉山、自贡。

全省二氧化硫、二氧化氮、可吸入颗粒物（PM10）平均浓度分别为18

① 《2014年四川省环境状况公报》。

微克/立方米、30 微克/立方米、76 微克/立方米，同比 2014 年分别降低了 28.2%，6.4%，5.0%。

成都、自贡、眉山、南充、达州 5 市对全省 PM10 浓度污染负荷近 1/3（30.5%），加上泸州、德阳、广安、遂宁后污染负荷超过了一半（52.2%）。9 市中位于盆地西部的成都、眉山、德阳 3 市污染负荷最大，为 18.1%；位于盆地南部的自贡、泸州、宜宾 3 市污染负荷次之，为 17.2%；位于盆地东北部的达州、南充、广安 3 市污染负荷为 16.8%（见图 6）。

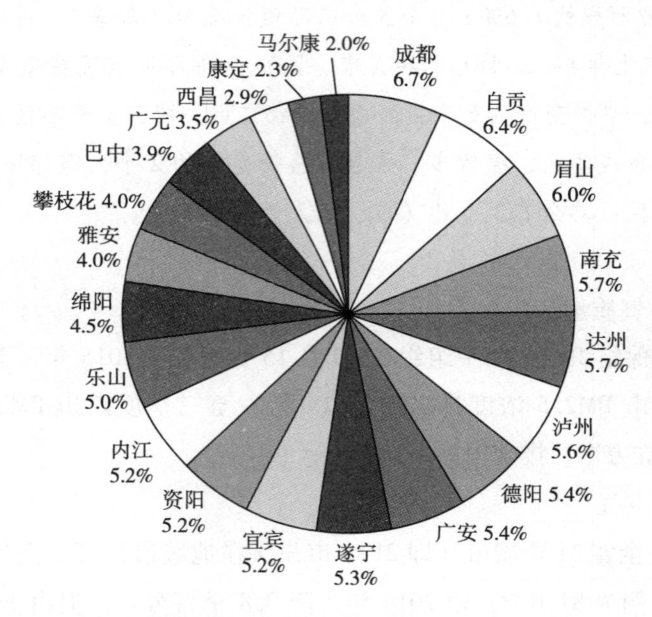


**图 6　2015 年 1～12 月四川省 21 个城市对全省 PM10 平均浓度的污染负荷**

②农村空气

全省 15 个农村环境空气自动监测站位于成都平原和盆地的川西、川中和川北地区，反映了成都、德阳、广元、南充、眉山、巴中、遂宁 7 个市的农村环境空气质量状况，检测项目为二氧化硫、二氧化氮、可吸入颗粒物、一氧化碳、臭氧。

全省农村环境空气质量总体较好。按《环境空气质量标准》（GB3095－

2012）评价，全年平均达标天数为293天。首要污染物为可吸入颗粒物。二氧化硫、二氧化氮、可吸入颗粒物、一氧化碳和臭氧的年平均浓度分别为14微克/立方米、22微克/立方米、60微克/立方米、0.863毫克/立方米、76微克/立方米，一氧化碳的24小时平均第95百分位为1.430毫克/立方米和臭氧日最大8小时滑动平均值的第90百分位数为127微克/立方米。

全省农村环境空气中的二氧化硫、二氧化氮、可吸入颗粒物的年均值浓度均低于所在城市，分别为27.8%、38.8%、26.7%。与上年相比，农村环境空气自动监测站二氧化硫、可吸入颗粒物、一氧化碳分别下降27%、6%、13%；二氧化氮、臭氧分别上升3%、46%。8月空气质量最好，12月和1月空气质量最差。

（2）水土保持

四川省位于青藏高原东缘、长江流域上游，地势起伏，山地面积大，降水丰沛且强度大，是我国水土流失严重的省区之一，是长江上游生态屏障建设的重要战略要地。四川省水土保持工作不仅对建设“生态四川”有着重要意义，而且密切关系到长江中下游地区生态环境安全及社会经济的发展。四川省政府十分重视水土保持工作，采取了一系列行之有效的措施，取得了巨大的成就，但是21世纪的水土保持生态建设工作仍面临着严峻的挑战。与到2050年长江上游水土流失要得到根本治理的目标要求，还有相当差距。目前，四川省水土流失面积大、类型多、强度大，特别是以坡耕地为主的面状侵蚀和以泥石流、滑坡、崩塌为主的复合侵蚀都很严重，由水土流失引起的生态环境恶化趋势遏制难度较大。根据全国第一次水利普查土壤侵蚀调查获得最新数据，四川省水力侵蚀面积11.44万平方公里，居全国各省水力侵蚀面积之首，其中轻度和中度分别占水力侵蚀总面积的42.37%和31.34%；风力侵蚀面积0.66万平方公里，冻融侵蚀面积4.84万平方公里，水力侵蚀和风力侵蚀面积之和12.10万平方公里，居全国第五位，仅次于新疆、内蒙古、甘肃和青海四省。[①]

---

① 《四川省水土保持规划修编工作大纲》。

（3）垃圾分解

自然生态系统有其自净能力，它的物质流动量主要取决于动植物、细菌、微生物的种类和数量。生产者、消费者和分解者之间以食物营养为纽带形成食物链和食物网，系统中产生的废弃物是腐生细菌、真菌、某些动物的食物①。人工生态系统中，由于需求的膨胀、生产技术的发展，人类一方面不断地从生态系统中掠夺资源满足自己的贪欲，一方面源源不断地制造着成分越来越复杂的垃圾，而这些人工合成垃圾的自然分解时间已超出环境的自净能力。

目前，四川省城市生活垃圾处理主要采取填埋、焚烧、综合处理等方式。截至2014年底，四川共有无害化垃圾处理厂40座，其中卫生填埋处理厂32座、焚烧处理厂8座；2014年生活垃圾无害化处理率达95.4%，与2013年相比提高0.4个百分点（见表2），仍有一定提升空间。

**表2 四川城市生活垃圾处理情况**

单位：万吨；座；吨/日；%

| 指标 \ 年份 | 2008 | 2009 | 2010 | 2011 | 2012 | 2013 | 2014 |
|---|---|---|---|---|---|---|---|
| 生活垃圾清运量(万吨) | 551 | 590.1 | 656 | 669 | 702.8 | 750.7 | 780 |
| 无害化处理厂(座) | 30 | 31 | 30 | 34 | 29 | 40 | 40 |
| 生活垃圾卫生填埋无害化处理厂(座) | 24 | 25 | 23 | 29 | 26 | 34 | 32 |
| 生活垃圾堆肥无害化处理厂(座) | 1 | — | — | — | — | — | — |
| 生活垃圾焚烧无害化处理厂(座) | 4 | 5 | 5 | 4 | 3 | 6 | 8 |
| 生活垃圾无害化处理能力(吨/日) | 15081 | 15571 | 16974 | 15182 | 17296 | 19498 | 21677 |
| 生活垃圾卫生填埋无害化处理能力(吨/日) | 13381 | 12871 | 13334 | 12682 | 16682 | 14278 | 14217 |
| 生活垃圾堆肥无害化处理能力(吨/日) | 200 | — | — | — | — | — | — |
| 生活垃圾焚烧无害化处理能力(吨/日) | 800 | 2000 | 2340 | 1800 | 611 | 5220 | 7460 |
| 生活垃圾无害化处理量(万吨) | 444.3 | 492.7 | 569.8 | 591.6 | 620.4 | 713 | 743.9 |

① 周咏馨、苏瑛、黄国华等：《人工生态系统垃圾分解能力研究》，《资源节约与环保》2015年第3期。

续表

| 指标 \ 年份 | 2008 | 2009 | 2010 | 2011 | 2012 | 2013 | 2014 |
| --- | --- | --- | --- | --- | --- | --- | --- |
| 生活垃圾卫生填埋无害化处理量(万吨) | 414.7 | 420.5 | 464.3 | 520.7 | 603.3 | 512.2 | 494.2 |
| 生活垃圾堆肥无害化处理量(万吨) | 1.9 | — | 7 | 70.9 | — | — | — |
| 生活垃圾焚烧无害化处理量(万吨) | 25.6 | 72.3 | 80.8 | 70.9 | 17.1 | 200.8 | 249.7 |
| 粪便清运量(万吨) | 26.6 | 43.5 | 31.7 | 20.6 | 19.7 | 20.2 | 18.0 |
| 粪便无害化处理量(万吨) | 32.7 | 20.8 | 15.5 | 6.1 | 10 | 4.6 | 7.0 |
| 生活垃圾无害化处理率(%) | 80.6 | 83.5 | 86.9 | 88.4 | 88.3 | 95 | 95.4 |

2015年12月，住房和城乡建设部、中央农办、中央文明办、国家发展和改革委、财政部、环境保护部、农业部、商务部、全国爱卫办、全国妇联等10部委认定四川省在设施设备、治理技术、保洁队伍、监管制度、资金保障等5个方面全部达到农村生活垃圾治理验收要求，成为全国首个通过农村生活垃圾治理验收的省份。

（4）洪水调节

四川是雨水旺盛地区，同时也是洪涝灾害多发地区。这里的洪水调节一方面指自然生态系统中森林植被、湿地、草原等元素的涵养水源、保持水土、调节气候等自然的调节功能；另一方面指人工生态系统中为保证大坝安全及下游防洪，利用水库人为地控制下泄流量，削减洪峰的径流调节。从客观上讲，洪水频发有其不可抗拒的原因，但不可否认洪水发生的频率和影响程度离不开人为因素。因此，应尊重自然、保护自然、顺应自然，减少人为因素对自然生态的破坏，充分利用自然和人为的洪水调节，努力降低灾害的危害程度。

据长江科学院水土保持研究所杜俊研究员等研究成果①，四川省山洪灾害主要分布在盆周山区、川西高原和横断山脉一带，其中溪河洪水灾害主要位于盆地的东北缘和南部山地，滑坡灾害以盆地西缘和西南山地居多，泥石流灾害主要分布于盆地西缘和西南部的山地、高原以及横断山脉一带。如果

① 杜俊、丁文峰、任洪玉：《四川省不同类型山洪灾害与主要影响因素的关系》，《长江流域资源与环境》2015年第11期。

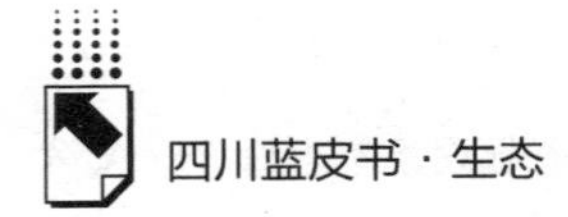


降雨、地形和人口资产可以解释山洪灾害空间分布100%的变化，则它们对四川三类灾害的影响程度分别为：溪河洪水，降雨59%、地形28%、人口资产13%；泥石流，降雨15%、地形73%、人口资产12%；滑坡，降雨48%、地形34%、人口资产18%。总体上，降雨因子对全省山洪灾害分布的影响最大，地形因子次之，人口资产作为灾害的被动承受方，影响最弱。

3. 生态支撑功能

（1）固碳

固碳（Carbon sequestration），也叫碳封存，指的是以捕获碳并安全封存的方式来取代直接向大气中排放 $CO_2$ 的过程。陆地植被的固碳功能是自然的碳封存过程，比起人工固碳不需提纯 $CO_2$，从而可节省分离、捕获、压缩 $CO_2$ 气体的成本。以植树造林为例，其成本远低于各国采用能源转换策略减少温室气体排放所需的成本①。

四川属全国第二大林区，森林资源富集。全省林地面积2401.85万公顷，占全省辖区面积的49.42%，居全国第三位，森林面积1725.7万公顷，居全国第4位。四川湿地资源丰富，类型多样，包括沼泽、湖泊、河流、库塘等多种类型，湿地总面积174.78万公顷，占全省辖区面积的3.6%。《四川2014林业资源及效益监测》表明，2014年全省森林涵养水源712.17亿立方米，释放氧气1.42亿吨，吸收二氧化硫等有害物质5.49亿吨，全省林地年固碳量0.68亿吨，累计碳储量达到26.63亿吨。另外，全省沼泽湿地生态系统所提供的保护生物多样性、净化环境、蓄水调洪、固碳释氧和游憩等5个主要方面生态服务功能，生态服务价值共计1697.55亿元。

（2）土壤质量

土壤质量是指在自然或管理的生态系统边界内，土壤具有的动植物生产持续性，保持和提高水、气质量以及人类健康与生活能力②。据全国第二次

---

① 李新宇、唐海萍：《陆地植被的固碳功能与适用于碳贸易的生物固碳方式》，《植物生态学报》2006年3月30日。

② 马波、张绍东：《土壤质量微生物学指标研究概述》，《四川环境》2010年第5期。

土壤普查，四川省共25个土类、63个亚类、137个土属和380个土种。自20世纪80年代中期开展第二次普查后，没有再开展土壤普查工作，故相关数据未更新。

《四川省土壤污染状况调查公报（2014）》表明，全省土壤环境状况总体不容乐观，部分地区土壤污染较重。高土壤环境背景值、工矿业和农业等人为活动是造成土壤污染或超标的主要原因。全省土壤总的点位超标率为28.7%，其中轻微、轻度、中度和重度污染点位比例分别为22.6%、3.41%、1.59%和1.07%。污染类型以无机型为主，有机型次之，复合型污染比重较小，无机污染物超标点位数占全部超标点位的93.9%。从污染分布情况看，攀西地区、成都平原区、川南地区等部分区域土壤污染问题较为突出，镉是四川省土壤污染的主要特征污染物。

（3）生物地化循环

生物地化循环（biogeochemical cycles），指生态系统之间各种物质或元素的输入和输出以及它们在大气圈、水圈、土壤圈、岩石圈之间的交换。生物地化循环还包括从一种生物体（初级生产者）到另一种生物体（消耗者）的转移或食物链的传递及效应。生物地化循环是一个动态的过程，涉及自然界的方方面面，相关的研究大多在生物学角度且关于四川省的资料不足，但关于生物地化循环的重要性不容忽视。

4. 生态文明功能

（1）生态旅游景观价值

四川是生态旅游资源大省，拥有众多高品位、具有不可替代性的生态旅游资源，是我国生态环境保护重点区域。九寨沟、黄龙、三星堆、王朗、蜀南竹海等先后获得“绿色环球21”相关标准认证。四川“国家级生态旅游示范区”“A级景区评比”“星级农家乐评定”“旅游强县评定”建设也取得较好成绩。2015年四川实现生态旅游直接收入658.6亿元，接待游客2.5亿人次，带动社会收入1860亿元。其中，森林公园、自然保护区、湿地、乡村生态旅游分别实现直接收入71.9亿元、101.7亿元、25.3亿元、459.7亿元。与2014年相比，接待游客数与带动社会收入增幅都为19%，总收入增幅为10%。但受国际国内宏观经济环境的不利影响，2015年林业生态旅游直接收入在2014年同比增幅22.7%的基础上，同期仅实现增长10%，且呈现季度性持续下滑态势，森林公园实现收入减少了4%。

（2）传统生态文化传承

传统生态文化传承主要是指在我国悠久的农业文明中延续的关于人与自然相处的经验与智慧。主要包括农业生态实践中人与自然的和谐相处方式方法、天人合一的生态观、尊重生命价值的道德观等等。四川有着与自然环境长期融为一体的原生态地域特色生态文化，如大熊猫文化、康巴文化、羌族文化、彝族文化、摩梭母系文化等。

**专栏：大熊猫文化**

大熊猫作为中国特有珍稀物种，承载了我国传统的哲学文化思想。黑白代表阴阳，阴阳相合以成万物。太极图、围棋、水墨画等中国传统文化符号都蕴含着此种哲学思想，黑白相间的大熊猫也在冥冥之中注定成为中国文化的代表；此外，大熊猫与世无争隐逸深山的生活习性还体现了“隐逸精神”，符合庄子推崇的“心斋”“坐忘”的物化无己之境界；而大熊猫从最初凶猛的食肉动物改变成为以食嫩竹为主、能与众小动物和谐共处的友善、包容、敦厚的动物，恰恰又体现了儒家中庸精神的“文质彬彬”“泰而不骄，威而不猛”。大熊猫与大自然和谐共处，再加上亲善的外表和性格，被国人赋予了中国传统精神的精髓——“和”的象征意义。“和为贵，忍为高”“与人为善”，“仁者爱人”“不与邻为壑”“四海之内皆兄弟”“己所不欲，勿施于人”“冲气以为和”“保合大和”，这些信条千百年来铸就了中华民族热爱和平、追求和谐的民族性格。在四川，大熊猫文化升格为地域发展与建设的政府行为，升格为政府实施的品牌战略，推动了大熊猫文化的广泛传播①。

① 王均、梁守勋等：《大熊猫文化及其开发利用研究》，《天府新论》2016年第6期。

（3）自然资源利用冲突与社会公众自然保护意识

自然资源利用冲突即在开发、利用、保护、管理自然资源的社会经济活动中发生的冲突，其实质就是各种有关资源利用的利益、价值、行为或方向的抵触，主要包括自然资源所有权纠纷、自然资源用益物权纠纷、环境资源破坏及污染纠纷等①。随着生态文明建设不断推进，各种环境法规日趋完善并加大宣传力度，尤其是2015年1月1日开始实施了《中华人民共和国环境保护法》（新环保法），社会公众的保护意识普遍提高，参与生态保护与建设的积极性也不断增强，提供社会监督的能力也日趋专业，四川省林业厅、四川省环保厅等行政主管部门每年获取的群众举报案件数量增加较快。

**专栏：四川大熊猫栖息地天然林砍伐调查**

2015年10月21日，绿色和平组织在其官方网站和微博发布题为《四川省近两万亩天然林遭违法砍伐？大熊猫与一级保护植物栖息地被破坏》的消息，同时公布《世界自然遗产——四川大熊猫栖息地毁林调查报告》。提及通过历时两年的调查认为“在‘世界自然遗产——四川大熊猫栖息地’范围内、在四川对雅安市芦山县大川镇和宝兴县蜂桶寨乡，存在以‘低效林改造’为名义的对天然林的皆伐（成片砍伐），砍伐的天然林面积多达19425亩。”②

10月24日，四川省、雅安市和相关县各级林业部门官员以及四川省林科院、四川林勘院专家立即到报告提及区域开展调查。

据《中国绿色时报》报道，国家林业局派出工作组，赴现地进行督办，得出结论为：“根据工作组与四川省林业厅的初步调查，实际采伐面积虽与反映的情况有一定出入，但问题确实存在。”

11月17日，国家林业局约谈了雅安市、芦山县、宝兴县政府和四川省林业厅相关负责人，提出四川省林业厅和雅安市、芦山县、宝兴县党委、政

① 奉晓政：《资源利用冲突解决机制研究》，《资源科学》2008年第4期。

② 段雯娟：《谁在摧毁大熊猫的家园？国际环保组织曝光四川近两万亩天然林遭违法砍伐》，《地球》2015年第12期。

府必须充分认识到问题的严重性，采取有力措施，加强天然林的保护。雅安市要在事实清楚的基础上，实事求是地分清责任，既要依法查处违法采伐当事人，也要依法依纪追究有关领导和工作人员的失职责任。要整改到位。四川省要在全省范围内进行一次大检查，禁止以任何形式破坏天然林，对查出的问题要依法依纪进行处理，整改措施要具体化，切实落实到位，要督办到位。

## （二）四川省生态建设的压力

### 1. 自然压力

（1）地震

据国家数据网统计，2014 年四川省 5.0 ~ 5.9 级地震灾害次数 2 次，6.0 ~ 6.9 级地震灾害次数 1 次，7.0 级以上地震灾害次数为 0 次，全年地震灾害伤亡人员为 79 人，地震灾害死亡人数为 5 人，地震灾害直接经济损失 438177 万元。据四川地震台网测定，2014 年，全国有 23 个省份均记录到 3 级以上地震。按照地震发生次数，四川排名全国第三，仅次于新疆和云南。

（2）气温、降雨与森林火灾

2014 年冬春季，全省平均气温偏高 0.2℃，川西高原和攀西地区大部分偏高 1.0℃左右；全省平均降水量偏少 17%，川西高原南部及攀西地区偏少 7 成。全省 1 月气温偏高 0.8℃，降水量偏少 63%；4 月气温偏高达 1.2℃，5 月降水偏少近 4 成；四川省大部林区发生了一般性冬干春旱；川西高原南部和攀西地区春季平均气温偏高尤为明显，偏高 1℃ ~2.7℃，降水偏少 25% ~98%，空气相对湿度小，森林火险气象等级高。与 2013 年同期相比，2014 年季内各月气温、降水条件属正常波动，其中 2 ~3 月降水比常年偏多，有利于降低林区森林火险气象等级。据省护林防火指挥部统计：2014 年全省共处置森林火灾 438 起，较 2013 年有所下降，无重、特大森林火灾发生。其中一般森林火灾 361 起、较大森林火灾 77 起；过火面积 4710 公顷、受害森林面积 765 公顷，损失林木蓄积 12304 立方米；森林火灾损失率

0.045‰。

（3）暴雨与地质灾害

2014年全省156个观测站中有147个站发生了暴雨，暴雨站数在历史上排10多名。全省共计发生暴雨452站次，大暴雨68站次，分别比常年多55站次和7站次，广安、邻水、蓬溪3站发生了特大暴雨。达州、广安、广元、巴中、成都、凉山等地暴雨较多，暴雨日数达6~8天，比常年多2~4天。绵阳、资阳、内江、宜宾、攀枝花等地暴雨较少，暴雨日数一般有1~3天，比常年偏少1~3天。

2014年全省最大日降水量达269.9毫米，发生在广安（9月13日20时），最大过程降雨量为502.5毫米，出现在南江9月9~18日的暴雨过程。年内广安、德昌、金川等3站日降水量突破历史极值，广安、平昌、南部、道孚、丹巴等5站过程降雨量突破历史极值。

2014年先后出现5次较大范围的暴雨天气过程，其中4次区域性暴雨天气，7、8、9、10月各出现一次。7月上旬出现首次区域性暴雨过程，雨量主要分布在盆地西部、西北部。与2013年相比，2014年区域性暴雨出现的时间晚、次数少、强度弱。10月下旬，盆地东北部出现了一次区域性暴雨天气过程，为盆地历史上最晚的区域性暴雨过程。与常年比较，年内较大范围暴雨过程次数仍属正常。经估计，2014年四川暴雨范围广、频次多、局地强度大，属暴雨一般年份。

2014年汛期（5~9月），全省平均降水量较常年同期总体偏多，川西高原、攀西地区、盆地东部等地偏多达6成，石渠、色达、壤塘、红原、岳池、广安、大竹等地降水量位列历史同期第1位；9月川东北出现特大暴雨，持续时间长、集中降雨强度大，多地超历史极值。全省汛期降水分布不均，局地降雨偏多偏强，导致部分地方地质灾害易发多发。

据省国土厅统计，2014年全省共发生地质灾害2299处，位列有历史记录以来的第五位。其中9月份，全省发生地质灾害1154处，占2014年以来灾害发生总数的一半。汶川地震灾区、川东北地区出现频次较为集中。全省因地质灾害造成的伤亡失踪人数为7人，仅为全省多年平均因灾死亡失踪人数的5.5%，因灾死亡历史最低。

（4）干旱

2014年全省气象干旱总体不明显，春旱发生范围小、程度轻；夏旱发生范围较大，局部程度重；伏旱影响范围主要集中在盆东北、盆中及盆南部分地方。

春旱：2014年全省共有62个县市（盆地32个县市）发生了春旱，其中轻旱18个县市（盆地12个县市）、中旱16个县市（盆地15个县市）、重旱10个县市（盆地1个县市）、特旱18个县市（盆地4个县市）。春旱范围比常年偏小，主要分布于盆地西北部、攀西地区和甘孜州境内，盆地干旱范围小，重、特旱县站少。

夏旱：2014年全省共有122个县市（盆地84个县市）发生了夏旱，其中轻旱52个县市（盆地38个县市）、中旱44个县市（盆地32个县市）、重旱19个县市（盆地9个县市）、特旱7个县市（盆地5个县市）。夏旱范围比常年偏大，主要分布于盆西北、攀西地区及宜宾、自贡、乐山和甘孜州的部分地区，其中广元、绵阳大部、攀枝花、甘孜州南部边缘出现重度以上干旱。

伏旱：2014年全省共有50个县市（盆地41个县市）发生了伏旱，其中轻旱41个县市（盆地32个县市）、中旱7个县市（盆地7个县市）、重旱2个县市（盆地2个县市），无特旱县市。

（5）沙尘暴

沙尘暴是沙暴和尘暴两者兼有的总称，是指强风把地面大量沙尘物质吹起卷入空中，使空气特别混浊，水平能见度小于1公里的严重风沙天气现象。[①] 四川盆地处于我国西北甘肃、宁夏等主要沙源地下游，虽有盆地，北部秦岭等山脉的阻隔，集中、持续、严重的沙尘天气较少发生。但受到大气环流异常等气象因素影响，北方沙尘翻越秦岭后进入了四川盆地，易形成严重区域性浮尘天气。如2014年3月13日，受北方

① 《沙尘暴》，《科学大观园》2010年第8期。

沙尘暴影响，首次浮尘来袭，成都、自贡等8个城市出现空气污染现象，其中成都、自贡、绵阳、南充、德阳、宜宾、泸州7个环保重点城市为轻度污染，非环保重点城市遂宁为轻微污染，首要污染物为PM10或PM2.5。[①] 沙尘暴也是一个跨地区乃至跨国的问题，仅仅靠一地，恐难以根治。如何在国家层面强化跨地区协作治理机制，展开国际合作，已非常迫切。[②]

2. 人为压力

（1）人口变化

2014年末，四川常住人口8140.2万人，比上年末增加33.2万人。其中，城镇人口3768.9万人、乡村人口4371.3万人，城镇化率46.3%，比上年提高1.4个百分点。

近几年，四川省人口变化主要表现在相对数量的不断增加和人口城镇化趋势。如表3所示，2004～2014年四川省常住人口城镇化率呈持续上升趋势，城镇人口由2004年的2664.54万人增长到2014年的3768.9万人，增加了1104.36万人；常住人口占总人口的比重由2004年的31%上升至2014年的46.3%，提高了15.3个百分点，城镇人口加速集聚，城镇化率快速提升。

然而，四川省城镇化发展过程中存在着城市空间无序开发，重经济发展、轻资源节约和环境保护，重城市建设、轻管理服务等问题，使得城镇资源利用方式粗放低效问题更加凸显。当前，不仅在特大城市成都，而且在人口规模较小的县城，城市交通也普遍拥挤；城镇污染防控能力总体不足，污水处理、垃圾处理能力不能适应新型城镇化发展需求；大中型城市的城中村、城乡接合部等都成为外来人口集聚区，这些区域的人居环境、治安环境有待提升。

---

① 《北方沙尘暴来袭四川8城遭污染》，《华西都市报》2014年3月14日。

② 杨华：《话语权争夺：沙尘暴报道与城市形象构建——以兰州市为例》，《兰州文理学院学报》（社会科学版）2015年第5期。

**表 3　2004～2014 年四川省城镇人口和人口城镇化率**

单位：万人，%

| 年份 | 总人口 | 城镇常住人口 | 城镇常住人口增长率 | 常住人口占总人口的比重 |
|---|---|---|---|---|
| 2004 | 8595.30 | 2664.54 | 3.79 | 31.00 |
| 2005 | 8642.10 | 2710.00 | 1.71 | 31.36 |
| 2006 | 8169.00 | 2802.00 | 3.39 | 34.30 |
| 2007 | 8127.00 | 2893.20 | 3.25 | 35.60 |
| 2008 | 8138.00 | 3043.60 | 5.20 | 37.40 |
| 2009 | 8185.00 | 3168.00 | 4.09 | 38.70 |
| 2010 | 8042.00 | 3231.20 | 1.99 | 40.18 |
| 2011 | 8050.00 | 3367.00 | 4.20 | 41.83 |
| 2012 | 8076.20 | 3516.00 | 4.43 | 43.54 |
| 2013 | 8107.00 | 3640.00 | 3.53 | 44.90 |
| 2014 | 8140.00 | 3768.90 | 3.54 | 46.30 |

### 2. 工业布局①

近年来，四川省根据资源环境承载力和区位条件，制定实施了《四川省主体功能区规划》，并将其落实到基础设施建设和园区建设中，制定实施了全省产业园区发展意见和开发区布局调整规划，省级财政每年安排专项资金 5 亿元，引导形成产业发展重点明确、分工协作有序的五大经济区。

四川省通过着力建设全国最大的清洁能源生产基地、国家重要的战略资源开发基地、现代加工制造业基地、科技创新产业化基地和农产品深加工基地，提高了重点产业集中集聚发展水平。目前，全省工业集中度达到 60% 以上，已建成国家级开发区 13 个、省级开发区 44 个，百亿产业集群达到 22 个，各类产业园区 204 个。部分区域还通过指导有条件的市县建立“飞地经济”、共建产业园区等方式，促进了产业布局的优化布局。其中，重点产业布局更加合理，集聚度进一步提高，形成了成都电子信息、汽车和生物医药、德阳重装基地、攀西钒钛和稀土精深加工以及三江水电、川东北天然

① 工业布局相关资源由四川省社会科学院《四川省重点产业布局调整和产业转移研究》课题组提供。

气、川南白酒和机械制造等一批特色明显的产业基地。

五大经济区抓住国内外产业加速转移和地震灾后重建等机遇加强工业园区建设。园区规模和承载能力有很大提升，成了企业集聚和承接产业转移的重要载体。政府在引导新企业基本上进入园区的同时，许多已经分散布局在城区的企业也在旧城改造和政府鼓励企业进行土地置换的推动下，大量向园区集中。集聚的结果，五个经济区和21个市（州）之间的产业分工进一步明确，初步形成了成都经济区以电子信息、生物医药、装备制造、农产品深加工为主，川南经济区以能源、化工、食品、机械为主，攀西以黑色和有色金属、能源为主，川东北（川陕革命老区、秦巴山区的部分区域）以建材、纺织、食品为主，川西北以水电、矿产为主的格局。其中，成都电子信息、德阳重大装备制造、绵阳数字家电、攀枝花钒钛钢铁等产业基地的特色明显，优势也较为突出。

在经济增长速度逐年下行和产能大量过剩的环境下，2015年末，成都、乐山、自贡、泸州等13个市同时开工740个重大项目，总投资达4269亿元，其中重大产业项目有299个。这些重大项目将是四川进入由经济大省向经济强省跨越、由总体小康向全面小康跨越的重要支撑，给四川生态建设带来机遇的同时也布置了新的任务。

### （三）四川生态建设的回应

1. 制度建设、政策与法律法规制定

（1）政策、制度

党的十八届三中全会《决定》强调，加快生态文明制度建设。2015年6月，中共中央颁布《关于加快推进生态文明建设的意见》，把健全生态文明制度体系作为重点，凸显了建立长效机制在推进生态文明建设中的基础地位。9月，中共中央、国务院印发了《生态文明体制改革总体方案》，系统阐述了生态文明体制改革的理念、原则、2020年目标，同时明确了“健全自然资源资产产权制度、国土空间开发保护制度、空间规划体系建设、资源总量管理和节约的制度、资源有偿使用和生态补偿制度、环境治理体系建设、环境治理和生态保护的市场机制、生态文明绩效考核和追责机制”等八项制度具体的改革内容。党的十八届五中全会把“绿色发展”作为五大发展理念之一写入了会议公报，充分表明了建设生态文明在中国特色社会主义事业总体布局中的极端重要性。

2015 年 11 月，四川省召开中国共产党四川省第十届委员会第七次全体会议，进一步指出“要坚持绿色发展理念，加快建设生态文明新家园；促进人与自然和谐共生，划定农业空间和生态空间保护红线，推进城镇绿色发展；设立绿色发展基金；以主体功能区规划为基础统筹各类空间性规划，推进‘多规合一’；加强生物多样性保护，探索建立以大熊猫等珍稀物种、特殊生态类型为主体的国家公园；发展绿色低碳循环经济，大力发展清洁能源产业和节能环保产业，加强资源节约和循环高效利用；实行最严格的环境保护制度，推进多污染物综合防治和环境治理；建设长江上游生态屏障，开展大规模绿化全川行动；加强地质灾害防治”[①]，为四川生态建设指明了方向。

（2）法律法规

2014～2015 年最值得关注的“政策与法律法规制定”即是新《中华人民共和国环境保护法》的颁布与实施，引入了生态文明建设和可持续发展理念，确立了保护环境的基本国策和基本原则，建立完善了环境影响评价、跨行政区域联合防治、重点污染物排放总量的控制和区域限批、生态保护红线规定、生态补偿、信息公开等系列制度。最大热点是推动建立绿色发展模式、现代环境治理体系、信息公开和公众参与机制三大突破，对全国推进依法治国、建设法治国家、促进生态文明建设具有十分重大的意义。

在新环境保护法颁布后，四川省环保厅与四川省法制办沟通协调，加快地方法规制定，已完成《四川省辐射污染防治条例》和《四川省灰霾污染防治办法》送审稿；同时向省政府报送了修订《四川省环境保护条例》和

① 《中国共产党四川省第十届委员会第七次全体会议公报（全文）》，2015 年 11 月 17 日。

《环境污染事故责任追究办法》的立法计划。为严厉打击环境违法行为，充分发挥环保、公安部门的合力，四川省环保厅与四川省公安厅联合印发了《关于加强环境污染违法犯罪案件移送衔接工作的通知》。对照环保部贯彻新环境保护法的54项配套政策措施，四川省环保厅计划制定四川省环境信息公开、总量减排、农村污染连片整治等配套措施，通过建章立制和细化措施，做好新法实施准备。

2. 生态修复与治理工程

（1）天然林保护工程

四川省森林资源富集，天然林地占全省辖区面积33.48%，居全国第4位。实施天然林保护二期工程以来，四川省按照中央决策部署，牢固树立“绿水青山就是金山银山”的理念，围绕全面建成长江上游生态屏障，积极探索建立“保、育、强、改、管”的建设机制，激发天保工程改善生态、改善民生效益，荣获2013年度天保工程二期国家“四到省”① 考核“第一名”。

四川始终把保护森林资源、维护生态安全作为天保工程的核心任务，继续严格执行天然林禁伐政策，坚决停止天然林商业性采伐，严格规范工程区内农民自用材、薪炭材以及灾后重建、牧民定居等政策性采伐。适应集体林权制度改革形势，因地制宜地采取“分级管护”“联户共管”“林农直管”“家庭托管”等多种管护模式，把森林管护责任落实到人头、落实到山头。完善国有林管护补偿政策，在统筹考虑国有林管护面积和在册职工人数的基础上，按照灌木林地每年每亩1元、其他林地每年每亩5元，以及甘孜、阿坝、凉山三州每人每年8000元、其余各市每人每年6200元的标准，统一测算安排管护补助经费。健全集体公益林补偿政策，从2014年起，省级财政每年配套5265万元，实现国家级和省级集体公益林生态效益补偿标准并轨，达到每年每亩15元。全省天然林保护工程年减少土壤侵蚀7224.64万吨，涵养水源494.84亿吨，生态服务价值高达1万亿元。

针对部分林地缺林少绿、生态脆弱和一些天然次生林、人工林生长过密

① “四到省”即“责任到省、任务到省、资金到省、权力到省”。

的双重问题，按照宜造则造、应育则育的原则，更加突出天然林的人工培育和抚育，促进森林面积、森林蓄积“双增”，推进森林资源从数量增长型向质量效益型转变。培育：采取人工造林、封山育林方式，在郁闭度0.2以下的疏林地和无林地上开展公益林建设318.7万亩。抚育：对林分密度过大、结构不合理、生长受阻、防护效能低下的国有中幼林适时开展透光抚育、生长抚育和卫生伐等森林经营活动，完成国有中幼林抚育461.2万亩。近两年，全省新增森林面积358.6万亩、森林蓄积3285万立方米，森林覆盖率达到35.75%，高出全国平均14.12个百分点。

坚持把改善民生放在更加突出的位置，认真落实奖补政策，2014年兑现集体公益林生态效益补助资金13.08亿元，涉及林农2400多万人。3.2万名天保工程国有林业单位在职职工全面纳入“五险”，并通过森林管护、公益林建设、国有中幼林抚育、多种经营等渠道实现转岗就业。省级财政每年配套近4000万元落实7.1万名离退休人员医疗保险，做到应保尽保、足额缴费。加强林区基础设施建设，实施国有林区危旧房、棚户区改造34621户。鼓励天保工程区国有林业单位职工在做好本职工作的同时，“承包”国有林地发展藏香猪、野生菌、中药材等林下种养，不等不靠自我致富。森工企业白玉林业局通过发展有机养殖、有机菌类种植等产业，企业在岗职工人均年增收1.2万元。

加快天保工程区转型发展，贯彻落实2014年中央6号文件精神，加快推进国有林场和国有林区改革，全省41%的国有林场明确公益属性，纳入地方财政全额预算管理；鼓励森工企业依托丰富的森林资源，引进民间资本投资发展生态旅游、林下经济等绿色产业。四川省大渡河造林局成立了“四川森林茶业有限公司”，先后荣获“四川省林业产业化龙头企业”、“国家级有机茶标准示范园区”等殊荣；夹金山林业局引进国资企业开发森林旅游，鼓励职工入股、投劳、自主经营等，年利润100万元。深化集体林权制度改革，出台《四川省完善和深化集体林权制度改革方案》，建立完善集体林权流转、抵押贷款、专合组织培育、森林保险等管理办法，探索建立林地经营权流转证、经济林木（果）权证等制度。全省累计流转林地1912万亩、金额39.4亿元，抵押林地486万亩、金额89亿元。

严格按照实施方案开展206个县（局）级实施单位工程建设，把各项扶持政策兑现到林业职工、林农手中。加强工程质量管理，推行工程法人责任制、招投标制、工程监理制、合同制等工程运行机制，扎实开展年度省级复查、县级自查制度，继续实行工程目标、任务、资金和责任“四到市、州”考核制，以及森林资源保护管理责任追究制、造林质量事故责任追究制、工程资金管理责任追究制。强化工程资金管理，制定《四川省天然林保护工程财政专项资金管理实施细则》及会计核算操作规程，严格按照“专项管理、单独建账、专款专用”管理使用天保工程资金，确保资金安全、用出效益。

（2）退耕还林工程

四川省于1999年10月正式启动第一轮退耕还林工程，当年即完成造林300万亩。截至2013年底，已累计投入退耕还林各类专项资金433.1亿元，累计造林2972.4万亩，此轮退耕还林工程于2006年宣告暂停。国家2013年重点核查验收结果表明，四川省退耕还林面积合格率为99.83%，各项指标均达到国家规定要求，位居全国前列，退耕还林成果得到有效巩固（具体情况参见《四川生态建设报告（2015）》）。

2014年10月，国家发展改革委、财政部、国家林业局等五部门联合下达四川省新一轮退耕还林任务65万亩，这也是2006年以来，四川省再次启动退耕还林工程。根据要求，新一轮退耕还林主要针对坡度在25°以上非基本农田坡耕地和其他宜林荒山、荒地。同时，本轮退耕还林过程中，将不再对林种做具体要求，农民可根据自己意愿选择种苗，允许其选择还经济林或生态林，支持在其自愿的基础上组建专合组织等形式对还林地统一管理、经营[①]。为持续改善生态环境、推进生态文明美丽四川建设，根据《新一轮退耕还林还草总体方案》（发改西部〔2014〕1772号），四川省人民政府办公厅出台《关于实施新一轮退耕还林还草的意见》（川办发〔2015〕4号），

① 王成栋：《我省将启动新一轮退耕还林》，《四川日报》2014年10月12日。

验收工作目前正在开展。

（3）沙化、石漠化治理工程

荒漠化实际是土地退化，是气候变化和人类不合理的经济活动等造成的。这也意味着，只要方法对路，荒漠化是可以治理的。四川省自2007年启动土地荒漠化综合治理工程，截至2014年6月，全省累计投资6.1亿元，通过治理，减少石漠化土地2069平方公里、沙化土地1.76万公顷，两项治理的总面积相当于半个自贡市大小。

自开展土地荒漠化综合治理以来，四川省先后在川西、川南24个县（市、区）通过封山育林、建设水土保持设施、草地改良等方式治理受到沙化、石漠化威胁的土地，上述地区的土地沙化、石漠化趋势初步得到遏制。目前，四川省荒漠化土地总面积达164.5万公顷，占全省辖区面积的3.39%，其中石漠化73万公顷、沙化面积91万公顷，治理任务任重道远。

（4）湿地恢复保护工程

“十二五”期间，四川省按照《四川省湿地保护工程规划（2011～2015年）》要求，加大湿地自然保护区、国家级和省级湿地公园建设力度，申报并完成一批湿地自然保护区升级工作，并通过恢复川西北高原沼泽、泥炭、湖泊湿地，保护和恢复重要河流生态系统，完善省、市、县三级湿地保护管理机构，加强湿地自然保护区、湿地公园管理机构、基础设施、能力建设，逐步实现四川湿地资源的有效保护与可持续利用。

据四川第二次湿地资源调查结果显示，四川湿地保护管理状况有了明显好转。四川现有湿地类型自然保护区52个、湿地公园28个，湿地保护率比第一次调查增加了16.25个百分点，四川湿地保护体系初步建成。四川现有湿地总面积为174.78万公顷，占全省辖区面积的3.6%，但仍低于全国5.5个百分点。

（5）生物多样性保护与自然保护区建设

自然保护区建设是生物多样性保护的重要途径之一，尤其是对自然生态系统和野生生物物种的就地保护，作用更为显著。截至2014年底，全省已建立各级各类自然保护区168个，总面积841.5万公顷，占全省辖区面积

17.35%，全省70%的陆地生态系统种类、80%的野生动物和70%的高等植物，特别是国家重点保护的珍稀濒危动植物绝大多数在自然保护区里得到较好保护。

四川省财政厅继续下达国家重点生态功能区转移支付禁止开发区补助资金，专项用于国家级自然保护区生态保护与建设，加上国家林业局提供的自然保护区能力建设专项资金，目前四川的国家级自然保护区每年除工资和事业费等“人头”性经费外，每个保护区每年有600万元的工作经费，从经费上为自然保护区有效管理提供了保障。

然而，在近期四川省环保厅对31个自然保护区进行的检查中发现，部分保护区内仍不同程度地存在采矿、水电开发活动；个别保护区功能区划不尽合理，缓冲区、核心区仍有原住民居住；存在未批先建的建设项目；部分自然保护区管理机构不健全，标准化建设和日常管理滞后。四川省环保厅要求各级环保部门和自然保护区管理机构切实加强问题整改，坚决整治各种违法开发建设活动。

（6）退牧还草工程

川西北草原是全国第五大牧区，拥有天然草原2.45亿亩，其中可利用草原2.12亿亩，是长江、黄河上游重要的生态屏障，在维护全国生态安全中具有重要的战略地位。全省推行基本草原保护制度，要确保基本草原总量不减少、质量不下降、用途不改变，力争像保护基本农田一样保护基本草原。

2015年，四川省对牧区48个县基本草原划定工作成果资料进行会审汇总，牧区各县人民政府公告确认划定基本草原21325万亩，占全省草原总面积的86.7%，全省牧区基本草原划定工作取得阶段性成果。其中，重要放牧场13971.6万亩、割草地401.2万亩、人工草地2592.8万亩、具有特殊作用的草地3327.6万亩、国家重点保护野生动植物生存环境的草原917.4万亩、草原科研教学基地73.7万亩、其他草原40.7万亩。同时，各县绘制完成乡级1∶50000、县级1∶100000基本草原分布图，编制以村为单位的基本草原地块信息统计表，建立电子信息数据库，安装永久性基本草原保护标示标牌1026个。

3. 减轻现有产业对生态环境的影响

近几年，四川省以环保装备制造、环保材料生产、环境服务和资源综合利用为重点的环保产业发展迅速。全省环保产业集中发展趋势明显，成都、绵阳、攀枝花、自贡四市产值达539亿元，占全省的85%。同时，涌现了一批有核心竞争力的环保企业。

四川省副省长陈文华在四川首届环保科技产业工作会议（2014年）上强调，“环保科技产业发展要切实找准着力点和突破口，务必将节能减排目标任务、‘三大发展战略’、公众需求和市场导向结合起来，切实推动环保科技产业潜在市场向现实市场转化”①。

四川从区域环境质量入手，探索建立以环境质量改善为目的的区域环境质量管理评价模式，以此推动环保产业转化。集聚发展，增强产业优势，确立成都金堂、成都锦江、自贡板仓、绵阳游仙和广安武胜等5个环保产业园区作为集聚发展重点，积极培育催化剂、膜材料、声屏障、烟气脱硫成套装置、生活垃圾发电成套装置、环保监测仪器制造、乡镇污水处理成套装置、环境服务业等八大优势领域，支持有“头雁效应”的骨干企业②。

目前，四川省已经开始研究建立促进环保产业发展的市场机制，推进排污权交易、生态补偿、环境责任保险和绿色采购等工作。随着环保科技产业发展，环境服务的配套也逐渐受到关注。四川省环保厅研究制定了推进环境服务业发展的政策措施，建立环境服务业发展财政专项资金，支持环境污染第三方治理。同时，鼓励各地推行以效果为导向的综合环境服务试点，引导环境服务企业做大做强。此外，四川省还将充分发挥环保“整盘棋”的作用，通过完善各项机制保障环保科技产业发展③。

---

① 《四川召开首届环保科技产业工作会议，环保科技产业将面向市场》，《中国环境报》2014年9月9日。

② 王小玲、魏旭东：《环保科技产业将面向市场》，《中国环境报》2014年9月9日。

③ 王小玲、魏旭东：《环保科技产业将面向市场》，《中国环境报》2014年9月9日。

### 4. 环境教育

环境教育是在阐述环境价值并帮助人们理解人与自然环境之间以评价生存环境中的事件所必需的技能和态度的过程中实现环境保护的目标。它也包括要人们遵循为保护环境所作的决策及行为准则的教育。环境教育包括两个方面的任务，一方面是使整个社会对人类和环境的相互关系有一新的、敏锐的理解；另一方面是通过教育培养出消除污染、保护环境以及维护高质量环境所需要的各种专业人员①。

四川省政府及相关部门面向社会开展了广泛的环保宣传活动。2014～2015 年度，新的《中华人民共和国环境保护法》出台后，省委省政府及相关部门以新环境保护法出台为契机，创新运用各种形式和载体，开展了各式各样的宣传、教育、培训等活动。

四川省环保厅邀请环保部专家作辅导报告，向省法制办提供新法文本及解读资料，推动新《环境保护法》进入 2014 年省政府常务会学法内容。积极与省委组织部、省委党校、省行政学院进行协调，把新《环境保护法》纳入 2015 年党政领导干部培训的重要内容。成都、自贡、德阳等市（州）及部分县（市、区）举办了新《环境保护法》培训班。为满足不同行业对新《环境保护法》的学习需求，省环保厅实行差异化培训，先后举办全省市（州）及县（市、区）环保局长培训班、新任环保局长培训班，环境法制培训班、环保执法骨干培训班、媒体培训班、企业法人培训班等共 20 多个班次，参训人员 5300 余人。省环保厅还组织新《环境保护法》展板、宣传资料进机关（省人大、省政协及部分厅局）、进学校、进环境教育基地、进社区，送法到藏区，通过官方微博、微信对外宣传等，让更多群众认识新《环境保护法》。

### 5. 生态建设科研与保护模式创新

2014 年，四川省政府成立了四川省环境咨询委员会，建立了部门之间

① 于冬波、黄祖群：《西部地区环境问题与环境教育问题初探》，《吉林省教育学院学报》2006 年第 12 期。

的科研合作联动机制，对“四川农业大学土壤环境保护重点实验室”“四川农业大学农村环境保护工程技术中心”等进行命名、授牌。组织开展了“四川盆地城市群灰霾污染防控研究”和“四川及成都地区大气污染（灰霾）防控对策研究”。

根据生态保护与建设实践中存在的问题，一批科学技术被加以应用，为生态保护与建设提供了科技支撑。例如，为了更准确地计算四川森林资源的价值并开展生态补偿，中国科学院成都分院对四川森林生态水源涵养能力评估的方法进行研究并开始试点；大熊猫 DNA 等多项技术在全国第四次大熊猫调查中运用，使四川大熊猫分布动态情况能够被自然保护区更好地了解并能用于指导日常的监测和巡护；四川省林业科学院探索出适宜于川西北高寒沙地的植被恢复模式，提高了四川沙土土地治理的投资效率。

2015 年，四川探索环保领域 PPP 模式，开展环境污染第三方治理试点，大力促进环保科技产业发展，同时还将推广示范一批污染防治新技术、新工艺、新产品，建立环保科研产业信息发布平台。此外，四川将启动“川南地区城市群灰霾污染防控研究”、“岷沱江流域水环境容量测算及管理体系研究”、“四川省重点地区水污染防治技术与对策研究”三个重大环保科技专项，并开展省级环境保护重点实验室和工程技术中心建设，加快科研成果的产出和运用，推进成果产业化。

2015 年 1 月，四川省发展改革委会同科技厅、财政厅等部门联合印发了《四川省生态保护与建设规划（2014 ~ 2020 年)》，其规划内容界定为“以自然生态资源为对象开展的保护与建设”，明确了全省生态保护与建设的指导思想与总体目标，确定了规划布局和建设重点，提出了森林、草地、荒漠、湿地与河湖、农田、城镇等六大生态系统和防治水土流失、保护生物多样性、保护水资源、推进重点地区综合治理、强化气象保障等十一项主要任务。2015 年 4 月，国家发展改革委公布了各省《生态保护与建设示范区》名单，四川省阿坝州、华蓥市、南江县、西充县上榜，成为四川省第一批国家批复的创新生态文明机制体制的试点示范区。

## 三 四川生态建设存在问题及未来展望

### （一）存在问题

1. 全面建成小康社会过程中经济建设任务繁重

四川最大省情仍是“人口多、底子薄、不平衡、欠发达”，2014 年 GDP 总量居全国第八位，但人均 GDP 为倒数第九位，人均约 3.51 万元低于全国人均 4.67 万元的平均水平。发展仍是四川第一要务，针对发展不快、发展不足、发展不优，要求四川必须加快发展、协调发展、转型发展。在已经确定的全面建成小康社会奋斗目标中更强调了经济发展方式的转变，强调了“两个倍增”必须在发展平衡性、协调性、可持续性明显增强的基础上实现。经济建设既是促进生态建设的重要支撑点，也是制约生态保护的关键点。生态保护与建设如何协调生态保护与经济发展矛盾仍是不可回避的重大问题。

2. 经济下行压力将进一步制约生态保护与建设

国际金融危机深层次影响在相当长时间依然存在，未来一个时期全球经济贸易增长将持续乏力，出口增长面临较大压力，我国投资和消费需求增长放缓，“三驾马车”受阻，形成新的市场空间需要一个过程。经济运行中经济风险、债务等，都将对经济增长形成了制约。同时，随着经济总量不断增大，增长速度会相应慢下来。中国经济增长进入自 1991 年以来最低点，特别是进入“十二五”期间，经济增长持续下行，继金融危机之后再次以个位数增长，2014 年达到 7.4%。

四川发展轨迹与全国基本同步，2014 年达到 8.5%，是自 2001 以来最低点，促稳定、保增长的压力增大。投资下行、出口受阻、消费不畅，稳增长压力不断增大。投资对四川省而言，拉动经济增长的同时，发展不平衡、不协调、不可持续问题依然突出，发展亟待需求新的动力。到 2020 年全面建成小康社会在“十三五”期间年均增长率必须要高于全国平均水平，至少达到7%以上。在四川省经济结构、技术条件没有明显改善的条件下，资源安全供给、环境质量、温室气体减排等约束强化，将压缩经济增长空间，对生态保护与建设提出新的要求和挑战。此外，经济下行还可能导致生态保护资金减少，与此同时，基础建设加大和重化工产业布局给生态保护与建设带来更大的挑战。

3. 生态功能区与贫困区域高度重合

全面小康社会短板是贫困地区。贫困地区的发展压力常常将当地政府将目光转移到自然资源开发，对物质财富苛求压倒了生态环境保护、资源节约，囿于经济利益追求、科技支撑不足、人才保障缺乏等原因，大量浪费和环境的破坏难以承载经济社会发展需要，生态环境与经济社会的矛盾不断加剧，“贫困的富饶与富饶的贫困”成为小康建设进程中的巨大困惑。

四川区域发展不平衡，城乡、区域发展差距大。目前，全省仍有497.65万贫困人口，高原藏区、秦巴山区、乌蒙山区和大小凉山彝区等四大集中连片贫困地区无一例外处于重要生态功能区，生态资源丰富，生态地位重要。这些地区现有产业普遍存在产业结构不合理、增长方式粗放的情况，对资源环境的压力持续增大，生态环境质量恶化。此外，在资源开发过程中，还需要面临诸多利益协调的问题，利益分配、组织模式、原住民参与程度方面的偏差，往往关联到区域社会稳定。科学应对促进经济加快发展、保护生态环境双重任务，必须走出一条生产发展、生活富裕、生态良好的文明发展道路。

4. 跨区域管理中各方利益协调难度大

生态资源以其生态自身规律进行划分，许多重大生态功能区存在跨区域建设的问题，各个行政区域的经济发展水平、领导取向、民众综合素质和参与程度等存在差异，统一步调开展跨区域生态保护存在现实的困难。

四川与甘肃、青海、云南、西藏、贵州、重庆、陕西等周边地区存在多个交界处。如川甘青接合部的若尔盖湿地生态功能区涉及阿坝若尔盖县、红原县、阿坝县、松潘县，还包括甘肃的玛曲县、碌曲县，青海的久治县共7县，总面积约5万平方公里，总人口约20万，推动若尔盖湿地保护必须加强协调合作。再如水资源的完整性和流域性被人为分割，造成资源错配。流域管理体制不能与区域管理体制有机结合，在水污染减排与流域环境质量保护、水资源统筹调配方面缺乏法定约束。水量管理和水质管理相隔离，各自为政。

5. 部门之间存在管理职能分割与交叉矛盾

监管部门按照自然资源的类型和监管职能两种方式进行划分，这种管理模式导致一类自然资源由多个部门管理，或者一个部门管理多种自然资源，作为整体的生态空间在管理中被人为分割，造成多头管理的问题，出现部门之间职能交叉、职权不清晰、管理身份不明确的现象。自然资源的监管职能按照行政职能进行分割时，并未分离自然资源的所有权和监督权，导致自然资源的所有权缺失，自然资源的监管责任不明晰，出现自然资源滥用和浪费的现象。如水资源管理，防洪、灌溉、供排水、节水、污水处理及回用职能等分属水利、环保、住建、国土资源等部门负责，多龙管水、政出多门、内容交叉，不利于水资源监管综合施策，增加了管理难度和行政成本。

6. 气候变化对生态脆弱区的威胁加重

2009 年哥本哈根气候大会就全球温升控制不超过 2℃ 目标达成共识，并明确了实现 2℃ 目标的减排路径，全球二氧化碳排放到 2020 年左右必须达到峰值，2030 年要比 2010 年下降 15% ~40% 。2014 年中国提出 2030 年左右二氧化碳排放达到峰值，意味着碳排放有了“天花板”，即从 2031 年开始，经济发展将步入碳排放“零增长”状态，进入总量和强度的双控阶段。中国海岸线长、人口多、底子薄，能源单一，以煤炭为主，人均占有资源量低，能源资源相对不足，科技创新能力不强，生态环境脆弱、承载力不强，这就决定了中国易受到气候变化的不利影响。越来越多的事实和证据证实，全球气候变暖对生态系统和人类社会可持续发展构成严重威胁，减缓气候变化刻不容缓。

四川的人均碳排放为 3. 6 吨，尽管明显低于全国平均水平 7. 2 亿吨，但作为生态大省、长江上游生态屏障，生态退化依然突出，生物灾害突出，农业生产不稳定性增加，森林和草原退化，冰川加速退缩。如川西北等特殊生态脆弱区，由于气候变化因素，冰川融化，草原退化严重，进一步影响气候变化，形成循环累积效应。气候变化关系国土安全、人类生存安危。

7. 生态治理的市场化、社会化培育程度低，生态保护与建设动力不足

市场在资源配置中的决定性作用虽然整体而言初步形成，但在生态保护进程中，却是更多依靠政府力量、法治约束，引入市场机制进行生态治理的途径和手段不足，生态治理的市场化程度低，探索市场化来完善生态补充的模式和方法亟待提升。排污权交易市场不够规范，社会资本参与污染减排和排污权交易的积极性不高，排污权、碳排放权和节能量交易平台等没有建立，制约了社会公众进行生态保护与建设积极性。社会组织自十八届三中全会以来有了长足的发展，但社会组织如何与公众和政府形成互动、如何处理好与境外 NGO 关系都不够清晰，公众参与生态保护与建设缺乏有效、有序、有力的引导。民众参与缺乏专业性指导、规范性组织，加之，对生态保护与建设认识不够，对污染的危害、作用等方面认识不清，生态保护与建设的参与平台不够完善，社会保护与建设动力不足。

8. 科技对生态保护与建设的支撑和引领不够

科技是第一生产力，是生态保护与建设的核心支撑。生态保护与建设的科技支撑薄弱，科学性不强，科技作用还十分有限。一是从关键核心高端技术而言，针对性重大科技专项还不多，在该领域的科技投入不足，同生态保护与建设的实际需求相比，投入还有很大差距，缺乏应有的条件保障。二是基层操作性层面的科技普及、科技培训也存在诸多问题。部分基层科技机构只剩下牌子了，成了无项目、无基地、无成果的“三无”单位。三是科技人才支撑不足，科技基础设施建设不足，科技投入低，激励机制不健全，无法聚集有效的科技人才。

## （二）2016年展望

2016 年是“十三五”规划开篇之年，也是四川秉承创新发展、协调发展、绿色发展、开放发展和共享发展理念开展生态保护与建设，并融入全省全面建成小康社会的关键一年。虽然目前尚难看到短期内影响生态环境

“状态”大幅度改善的因素存在，但在2016年，四川生态保护与建设以下的几个方面值得关注，可能成为全社会关注的焦点。

1. 生态文明建设体制不断创新

全面深化改革是以习近平为总书记的党中央从坚持和发展中国特色社会主义全局出发提出的战略布局。

2014年，四川省委制定出台《中共四川省委十届四次全会重要改革举措实施规划（2014～2020年）》，为全面深化改革作出了长远规划。按该规划部署，到2017年以前，全省将完成所有改革方案的制订。2015年，四川省委全面深化改革领导小组共召开了四次会议，审议了超过20个专项改革方案，加上此前已推出的方案，省委十届四次全会以来，累计超过50个专项改革方案通过审议，如《四川省深化财税体制改革总体方案》《关于深化铁路投融资体制改革的指导意见》《四川省关于进一步深化价格改革的意见》《四川省幸福美丽新村建设行动方案（2014～2020年）》等。

相比四川国民经济建设的其他领域，生态保护与建设领域深化改革的步伐较为滞后，在《中共四川省委十届四次全会重要改革举措实施规划（2014～2020年）》的指引下，可以预计2016年和2017年，四川将加快生态文明建设的体制机制创新，多项相关政策可能出台，以切实助推全面建成小康社会目标，保持四川生态保护与建设在全国的引领地位。

在2016年生态文明建设领域深化改革可能涉及赋予特定区域在统筹生态保护与自然资源利用矛盾中更多的权力，应调动地方党委政府的积极性，发挥主动性和创造力，因地制宜地制定出适合各地实际情况、具有鲜明地方特色的政策。尤其值得关注的是大熊猫公园和生态保护与建设示范区的改革性举措，以及国有林场改革。

自然资源产权是制约四川生态保护与建设的深层次因素，其错综复杂的历史、涉及各个方面的利益和需要兼顾公平与效率两方面目标，导致了相关制度改革滞后。例如，集体林权制度改革，虽然中央和省委高度重视，但在川西高原区依然处于试点状态。以市场化资源配置为核心指导思想，自然资源产权界定、流转和考核或将成为未来1～2年四川深化改革的突破口。

2. 精准扶贫热潮中推进生态保护与建设

习总书记对扶贫工作强调，“贵在精准、重在精准、成败之举在于精准”。2016 年精准扶贫依然是全社会共同努力的目标。

高原藏区、秦巴山区、乌蒙山区和大小凉山彝区等四大连片贫困地区是四川扶贫工作的主战场，而这四个区域既是全省生物多样性最富集的区域，也是四川被划为国家级生态类型限制开发区的主要区域。

四川贫困人口由于缺乏其他收入来源，生产与生活对自然资源的依赖程度较非贫困人口往往更大，一方面收入水平比较低且受自然灾害影响大，另一方面常常被社会认为是生态环境的“破坏者”，很多环境问题都被归咎于高原贫困的牧民或山区农民。

随着以“精准识别、精准帮助、精准管理和精确考核”为特征的精准扶贫工作在 2016 年全面推开，购买参与监测巡护和资源管理的服务、提升生态产品价值、降低自然灾害影响、在可持续的前提下利用自然资源等多种扶贫举措势必将得到各种资源注入，生态保护与建设措施帮助贫困人口精准脱贫不仅将是四川各级林业、环保部门和各个自然保护区的工作方向，还将得到社会各界广泛支持。

3. 污染信息披露机制加强，社会参与环境治理形成双刃剑

雾霾、污水、食品农药与重金属残留和垃圾是城镇居民（无论是干部、企业家还是普通老百姓）高度关注的几个民生性问题。

环境信息作为一项公共产品，面对不断增加的需求所形成的倒逼机制，各级政府势必加大供给力度，提供本辖区内有关空气和水等环境指标更多、更及时的信息。2015 年末持续的雾霾和重度污染天气已经使越来越多的成都市民开始关心空气质量信息，国家气象局等通过各种网站发布空气质量指数不仅较好地满足了市民们的信息需求，而且对四川各级政府也形成了倒逼机制，未来环境信息披露力度必然更大。

2016 年，会有越来越多的市民关注身边的污染信息，在信息渴求被满足的同时，会产生越来越强的寻求改变、参与环境治理的想法。社会参与环境治理是双刃剑，甚至对社会稳定也可能造成一定程度的影响。

4. 观赏与药用植物引领植物保护模式创新

长期以来，野生动物保护一直是中国生态保护与建设的重点，尤其是一些濒危动物的状况更是受到全社会的高度关注，得到了大量的项目和资金支持。相比之下，植物即使是一些濒危珍稀植物，却没有得到足够的保护，反而因“被平均”“被代表”“被掩盖”在濒危动物保护成效的光环下面临严重的威胁。

随着城镇居民收入的提高和相应地对于改善和提升生活品质的追求，野生花卉观赏成为一个新的旅游热点，如杜鹃花、报春花，每年都吸引了大量的生态游客；药用植物价格上升也导致盆周山区和川西高原很多社区群众自发地开展以药用植物为主要保护对象的社区保护地建设。此外，一些资源型企业如水电企业、采掘性企业在相关政府部门和社会共同监督管理下，开始对受企业影响的植物采取保护措施。这些因素在2016年将会夯实植物保护的群众基础，使植物保护与利用问题升温，引起社会和政府部门更多的关注。

# 新技术应用篇

New Technology Applied

## B.2

## 新技术广泛应用的四川省第四次大熊猫及其栖息地调查

四川省第四次大熊猫调查队*

摘 要： 与前面三次调查相比，2015 年正式发布调查成果的全国第四次大熊猫调查充分应用了保护生物学、分子生物学、社会经济学等一系列相关学科的最新成果，不仅提高了对大熊猫及其栖息地状态、威胁认识的准确性，还将有力推动大熊猫常规性监测和大熊猫保护区的有效管理，为强化科技支撑引领生态保护与建设在四川全省起到了良好的示范作用。

* 课题组成员：杨旭煜，四川省野生动物资源调查保护管理站站长、高级工程师，研究方向为野生动植物保护与自然保护区管理；戴强，中国科学院成都生物研究所副研究员，研究方向为景观生态学、生态学模型；古小东，四川省野生动物资源调查保护管理站副站长，博士，研究方向为动物生态；冉江洪，四川大学生命科学学院教授，研究方向为动物生态与保护；杨彪，保护国际基金会野外项目主任，博士，研究方向为生态学；张文，四川省林业调查规划院，博士，研究方向为生态监测。

关键词： 第四次大熊猫调查 新技术应用 四川

大熊猫（*Ailuropoda melanoleuca*）是中国的“国宝”和全球自然保护的象征。四川是野生大熊猫的“故乡”，拥有全球74%的野生大熊猫和79%的野生大熊猫栖息地，在野生大熊猫保护上四川具有不可替代的重要地位。保护好野生大熊猫，不仅是生态文明建设的需要，而且是维护国家形象、履行国际公约的需要。

为摸清大熊猫资源现状，有针对性地制定大熊猫保护规划，进一步做好全省大熊猫保护管理工作，在国家林业局的统一部署和组织下，四川省自2011年6月启动了全省第四次大熊猫调查。经过全省100余家单位近700人历时3年时间的艰苦工作，至2014年8月，四川省全面完成了第四次大熊猫调查任务，调查区覆盖11个市（州）42个县（市、区），共完成大熊猫调查样线13737条、植物调查样线2173条。在第四次大熊猫调查中，充分应用了各个相关学科研究成果，强化了大熊猫保护的科技支撑作用。

## 一 关键技术问题

### （一）野生大熊猫保护支撑技术

野生动物的种群数量、栖息环境、干扰影响信息是一切保护工作的基础，也是保护成效的重要检验指标。在此领域前人研究和前期的大熊猫调查主要存在以下不足。

1. 缺乏区域性野生大熊猫种群数量测算方法

虽然过往研究提出了猎犬哄赶法、样线粪便计数法、横向密度估计法等测算方法，但准确率较低，同时，大熊猫粪便微卫星DNA法不适于大范围使用。缺乏大尺度、快速简便的野生大熊猫数量准确测算方法。

2. 缺乏大熊猫栖息地质量评价体系和科学方法

野生大熊猫取食竹种类与分布是大熊猫栖息地范围确定与质量评价的关

键，虽然前人做过很多研究工作，但一直缺乏划分竹种分布范围的技术，也缺乏一套对栖息地质量进行科学评价的方法。

3. 缺乏野生大熊猫干扰因子影响机理研究

人类活动干扰无时不在，对野生大熊猫栖息繁衍的影响客观存在。过往研究多是对干扰类型和频次的简单统计，缺乏深入、定量的统计分析，更没有从机制与机理角度进行系统研究。

## （二）野生大熊猫保护应用技术

保护技术是保护生物学的核心内容。以野生动植物种群生存状况为基础，研究科学的保护技术，是防止野生动植物种群灭绝、扩大野生动植物种群数量的关键和核心。

1. 损毁大熊猫栖息地恢复技术

现有造林技术和规程不适用于野生大熊猫栖息地的植被恢复，需要创新发展现有技术方法，实现地震损毁栖息地植被恢复，满足野生大熊猫生存发展的迫切需求。

2. 野生大熊猫遗传交流走廊构建技术

构建生态廊道是促进野生动物种群遗传交流、维系局域种群续存的主要手段。过往研究较多关注野生大熊猫走廊选址，没有一套成熟的技术体系，缺乏量化廊道范围的指标和方法。

3. 野生大熊猫生态监测技术

掌握野生大熊猫生存动态依赖于系统监测。虽然过往研究在方法、对象等方面都取得了一定成果，但大多局限于某一地点或较小范围，缺乏以现代信息技术为支撑的监测体系和科学方法。

4. 野生大熊猫保护红线划分技术

生态保护红线是近年来生物多样性保护的制度创新，目前还缺乏系统研究和具体操作办法，迫切需要在科学研究的基础上，探索红线划分标准和科学方法。

5. 大熊猫自然保护区管理技术

虽然野生大熊猫保护管理取得了积极进展，但保护区管理水平参差不齐，规范化、信息化程度不高等问题仍然十分突出，亟须开展综合研究，发展针对自然保护区管理的科学方法和技术。

## 二 大熊猫调查主要应用的新技术

### （一）野生大熊猫保护支撑技术方面

首次构建了野生大熊猫数量随机节点测算模型，解决了种群数量难以测算的技术难题，实现了野生大熊猫数量与分布格局的科学评判。

首次构建了野生大熊猫取食竹最大墒竞争分布模型，解决了乔木层下竹种判读的技术难题，实现了野生大熊猫取食竹分竹种分布格局的准确评估。

构建了野生大熊猫栖息地分级评价体系，解决了栖息地定量评估的技术难题，实现了野生大熊猫栖息地质量的定量分析。

首次构建了大熊猫栖息地干扰核密度模型，解决了人为干扰对野生大熊猫影响定量评价的技术难题，揭示了人为干扰影响野生大熊猫栖息繁衍的内在机制。

### （二）野生大熊猫保护应用技术方面

创建了地震损毁大熊猫栖息地恢复技术，解决了栖息地恢复无技术标准指导的现实问题。

创新了野生大熊猫栖息地破碎化评估与连接技术，解决了廊道范围划定的科学难题。

以智能化监测体系技术、保护红线划分技术以及标准化管理技术为核心，集成为管理技术体系，并应用于野生大熊猫保护管理。

## 三 野生大熊猫种群分布和数量

在前人研究以及前三次大熊猫调查的基础上，本次调查根据近年来野生大熊猫生态学研究取得的最新成果，使用野生大熊猫粪便宽径、咬节长度、粪便新鲜程度、空间位置、移动距离等参数，构建了野生大熊猫数量随机节点测算模型，创新了野生大熊猫数量测算方法。与之前的调查相比，本方法建立了野生大熊猫粪便咬节与粪便宽径的回归关系，解决了野生大熊猫食竹叶和竹笋季节因咬节缺乏而无法判断不同野生大熊猫个体的问题，同时优化了野生大熊猫数量测算中使用的时间－距离参数，创建了二次连接和随机节点的运算法则，提高了数量测算的准确度。

使用本方法，采用最保守的从高密度区到低密度区的策略，测算出四川省野生大熊猫总数为 1387 只，野生大熊猫种群密度为 0.0684 只/平方公里。与第三次大熊猫调查相比，野生大熊猫数量增长 15.01%，呈持续增加趋势。全省野生大熊猫分布县（市、区）的数量为 37 个，较第三次调查增加 4 个县。其中小金县、峨眉山市、乐山市沙湾区、沐川县和屏山县是第三次大熊猫调查以来新发现野生大熊猫实体和痕迹的县（市、区）；若尔盖县在第三次大熊猫调查时有野生大熊猫分布，由于 21 世纪初该县大熊猫取食竹大面积开花枯死，本次调查未发现野生大熊猫痕迹。本次调查结束后，四川省又在昭觉县和雅安市名山区发现了野生大熊猫实体，野生大熊猫分布县（市、区）的数量进一步上升至 39 个。

按行政区划对野生大熊猫数量进行统计，四川省野生大熊猫数量最多的市（州）是绵阳市，有野生大熊猫 418 只，其后是阿坝州和雅安市，分别有野生大熊猫 348 只和 340 只，再后面依次为乐山市、成都市、凉山州、广元市、眉山市、德阳市、甘孜州、宜宾市，分别有野生大熊猫 76 只、73 只、56 只、50 只、13 只、5 只、5 只、3 只。野生大熊猫数量最多的县（市、区）是平武县，有野生大熊猫 335 只，其后是宝兴县和汶川县，分别有野生大熊猫 181 只和 165 只，再后面依次为松潘县、天全县、北川县、峨边县、青川县、茂县、九寨沟县、芦山县、荥经县、崇州市、大邑县、石棉县、美姑县、雷波县、都江堰市、洪雅县、马边县、甘洛县、安县、彭州市、越西县、理县、绵竹市、峨眉山市、冕宁县、屏山县、乐山市沙湾区、乐山市金口河区、沐川县、康定县、九龙县、什邡市、小金县、泸定县，野生大熊猫数量分别为111只、78只、74只、54只、50只、35只、31只、28只、28只、26只、26只、25只、22只、14只、14只、13只、12只、10只、9只、7只、7只、5只、4只、4只、3只、3只、2只、2只、2只、2只、2只、1只、1只、1只。野生大熊猫种群密度最高的县（市、区）是平武县，为0.1162只/平方公里，其后依次是汶川县和松潘县，野生大熊猫密度分别为0.1112只/平方公里和0.1107只/平方公里；野生大熊猫密度最低的县（市、区）是泸定县，野生大熊猫密度为0.0046只/平方公里，其次是什邡市和冕宁县，野生大熊猫密度分别为0.0054只/平方公里和0.0087只/平方公里。与第三次大熊猫调查相比，第四次大熊猫调查中野生大熊猫数量增加的县（市、区）有25个，其中数量增加最多的是平武县，增加105只，其后依次是宝兴县、天全县、崇州市、石棉县、大邑县、松潘县、洪雅县、青川县、甘洛县、雷波县、安县、都江堰市、芦山县、峨眉山市、荥经县、屏山县、彭州市、乐山市沙湾区、沐川县、越西县、理县、乐山市金口河区、小金县、康定县，分别增加38只、26只、16只、10只、10只、9只、9只、8只、8只、8只、6只、5只、4只、4只、3只、3只、2只、2只、2只、2只、2只、1只、1只、1只；野生大熊猫数量减少的县（市、区）有10个，依次为北川县、汶川县、九寨沟县、冕宁县、马边县、绵竹市、什邡市、美姑县、峨边县、茂县，分别减少32只、22只、13只、12只、8只、5只、4只、3只、2只、1只；泸定县、九龙县的野生大熊猫数量持平。

按山系对野生大熊猫数量进行统计，四川省野生大熊猫数量以岷山山系最多，有666只，占四川省野生大熊猫总数的48.02%；其次是邛崃山山系，有野生大熊猫528只，占全省野生大熊猫总数的38.07%；凉山山系有野生大熊猫124只，在6个山系中位列第三，占全省野生大熊猫总数的8.94%；大相岭山系有野生大熊猫38只，占全省野生大熊猫总数的2.74%；小相岭山系有野生大熊猫30只，占全省野生大熊猫总数的2.16%；野生大熊猫数量最少的山系是秦岭山系四川部分，仅有1只。各山系野生大熊猫种群密度按从高到低排列依次为岷山山系、邛崃山山系、凉山山系、大相岭山系、小相岭山系和秦岭山系四川部分，密度分别为0.0844

只/平方公里、0.0767只/平方公里、0.0410只/平方公里、0.0309只/平方公里、0.0251只/平方公里、0.0218只/平方公里。与第三次大熊猫调查相比，岷山、邛崃山、大相岭、秦岭山系四川部分野生大熊猫种群数量均有增加，其中秦岭山系四川部分第三次大熊猫调查时无分布。其余四大山系中，大相岭野生大熊猫数量增长率最高，为137.50%；第二是邛崃山山系，增长率为17.33%；第三为岷山山系，增长率为12.69%；凉山山系增长率最低，为7.83%。从数量上统计，邛崃山山系增长的野生大熊猫个体数量最多，为76只；第二为岷山山系，增加了75只；第三为大相岭山系，增加了22只；除了秦岭山系四川部分新发现1只野生大熊猫外，凉山山系野生大熊猫数量增加最少，为9只；六大山系中，只有小相岭山系野生大熊猫数量降低，减少了2只。

四川省野生大熊猫分布区内共有保护地5类95个，包括自然保护区46个、风景名胜区22个、森林公园16个、地质公园7个以及世界自然遗产地4个，其中69个保护地内栖息有野生大熊猫1084只，占全省野生大熊猫总数的78.15%。5类保护地中，自然保护区中分布的野生大熊猫数量最多，共853只，分别占四川省野生大熊猫总数和保护地内野生大熊猫总数的61.50%和78.69%，其中野生大熊猫数量排名前三的为卧龙、雪宝顶和白羊自然保护区，分别有野生大熊猫104只、92只和82只，其后依次为小河沟、草坡、小寨子沟、唐家河、蜂桶寨、宝顶沟、黑竹沟、王朗、黑水河、栗子坪、勿角、美姑大风顶、喇叭河、马边大风顶、鞍子河、黄龙、龙滴水、千佛山、东阳沟、龙溪-虹口、瓦屋山、白水河、大相岭、片口、米亚罗、马鞍山、九顶山、老君山、九寨沟、麻咪泽、湾坝、贡杠岭、冶勒、申果庄、毛寨、白河、四姑娘山自然保护区，分别有野生大熊猫49只、48只、47只、39只、37只、35只、29只、28只、23只、22只、22只、22只、20只、18只、16只、15只、13只、12只、10只、9只、8只、7只、7只、7只、5只、4只、3只、3只、3只、3只、2只、2只、2只、2只、1只、1只、1只。与第三次大熊猫调查相比，两次调查时管理范围相同的32个自然保护区中，22个自然保护区内野生大熊猫数量增加，其中增加最多的是雪宝顶自然保护区，其后依次为小河沟、草坡、白羊、美姑大风顶等自然保护区，增加比例最大的是美姑大风顶自然保护区，其后依次为东阳沟、小河沟、鞍子河、瓦屋山等自然保护区；10个自然保护区内野生大熊猫数量减少，其中减少最多的是卧龙自然保护区，其后依次为片口、小寨子沟、九顶山、白河等自然保护区，减少比例最大的是贡嘎山自然保护区，其后依次为白河、冶勒、九顶山、片口、申果庄等自然保护区。

## 四　大熊猫栖息地分布和面积

本次调查在大熊猫栖息地划分中最关键因子野生大熊猫取食竹种类和分布格局测算中，使用平均气温、最高气温、最低气温、年降水量等气候参数，黏土、壤土、沙壤土、沙土等土壤参数，海拔高度、坡度、坡向、坡位、坡形、经度和纬度等地形参数，植被亚型等植被参数，太阳辐射指数等，创建了野生大熊猫取食竹最大熵竞争分布模型，引入种间竞争排斥原理，结合最大熵模型算法，通过竹种生境适宜度指数和核密度，解决了大熊猫取食竹预测分布区重叠的问题，创新了野生大熊猫取食竹分种类分布格局测算方法，大幅度提高了预测准确度。同时，采用遥感（RS）、地理信息系统（GIS）等空间信息技术手段，使用四川省森林资源连续清查、森林资源调查规划设计以及本次调查野外收集的植被数据，综合分析获取了最新四川省野生大熊猫分布区植被分布格局。运用上述数据和野生大熊猫痕迹点信息，计算出四川省大熊猫栖息地和潜在栖息地的最新数据。

结果显示，四川省大熊猫栖息地及潜在栖息地分布于11个市（州）41个县，总面积243.85万公顷，其中大熊猫栖息地面积202.72万公顷，较第三次大熊猫调查增长了14.3%。

按行政区域统计，四川省大熊猫栖息地面积最大的市（州）是雅安市，有大熊猫栖息地54.77万公顷，其次是阿坝州和绵阳市，分别有大熊猫栖息地40.62万公顷和40.03万公顷，其后依次为凉山州、乐山市、成都市、广元市、德阳市、眉山市、甘孜州、宜宾市，大熊猫栖息地面积分别为19.19万公顷、16.58万公顷、12.87万公顷、5.10万公顷、4.74万公顷、4.27万公顷、4.08万公顷、0.48万公顷。大熊猫栖息地面积占所在市（州）国土面积比例最大的市（州）是绵阳市，占比为39.19%，其次是雅安市和德阳市，占比分别为37.95%和22.91%，其后依次为眉山市、成都市、乐山市、广元市、凉山州、阿坝州、宜宾市、甘孜州，占比分别为22.51%、20.18%、19.57%、15.87%、13.52%、9.72%、3.20%、1.99%。与第三次大熊猫调查相比，大熊猫栖息地面积增长最多的市（州）是凉山州，其次是雅安市、绵阳市，分别增长8.47万公顷、6.55万公顷和2.51万公顷；增长率最高的市（州）是甘孜州，其次是眉山市和凉山州，分别增长142.13%、116.24%和79.12%；大熊猫栖息地面积减少的市（州）是阿坝州和德阳市，分别减少2.18万公顷和172公顷，主要是受2008年“5.12汶川大地震”的影响。

全省大熊猫栖息地面积最大的县（市、区）是平武县，有大熊猫栖息地28.83万公顷，其次是宝兴县和汶川县，分别有大熊猫栖息地19.28万公顷和14.83万公顷，其后依次为天全县、峨边县、松潘县、北川县、九寨沟县、荥经县、石棉县、芦山县、甘洛县、青川县、洪雅县、美姑县、都江堰市、茂县、大邑县、雷波县、冕宁县、马边县、绵竹市、崇州市、彭州市、越西县、理县、泸定县、什邡市、安县、乐山市金口河区、康定县、九龙县、峨眉山市、屏山县、乐山市沙湾区、邛崃市、小金县，大熊猫栖息地面积分别为14.26万公顷、11.31万公顷、10.03万公顷、9.57万公顷、9.42万公顷、8.53万公顷、6.60万公顷、5.57万公顷、5.56万公顷、5.09万公顷、4.27万公顷、4.05万公顷、3.83万公顷、3.74万公顷、3.72万公顷、3.65万公顷、3.46万公顷、3.18万公顷、2.87万公顷、2.59万公顷、2.53万公顷、2.49万公顷、2.43万公顷、2.17万公顷、1.86万公顷、1.63万公顷、1.05万公顷、1.01万公顷、0.90万公顷、0.68万公顷、0.48万公顷、0.36万公顷、0.20万公顷、0.17万公顷，沐川县、雅安市雨城区和若尔盖县无大熊猫栖息地，仅有大熊猫潜在栖息地。大熊猫栖息地面积占所在县（市、区）辖区面积比例最大的县（市、区）是宝兴县，占比为61.91%，其次是天全县和平武县，占比分别为59.68%和48.47%，其后依次为荥经县、峨边县、芦山县、汶川县、都江堰市、北川县、大邑县、甘洛县、石棉县、崇州市、绵竹市、什邡市、洪雅县、九寨沟县、彭州市、乐山市金口河区、美姑县、青川县、马边县、安县、雷波县、松潘县、越西县、泸定县、茂县、冕宁县、乐山市沙湾区、峨眉山市、理县、屏山县、邛崃市、九龙县、康定县、小金县，占比分别为48.08%、47.43%、46.81%、36.28%、31.74%、31.06%、28.98%、25.89%、24.66%、23.77%、23.02%、22.74%、22.51%、17.99%、17.81%、17.61%、16.12%、15.87%、13.87%、13.75%、12.81%、12.02%、10.91%、10.04%、9.60%、7.83%、5.94%、5.72%、5.63%、3.20%、1.45%、1.33%、0.87%、0.31%。与第三次大熊猫调查相比，大熊猫栖息地面积增加最多的是甘洛县，其次是雷波县和荥经县，分别增长3.85万公顷、2.83万公顷和2.42万公顷；大熊猫栖息地面积增长率最高的是乐山市金口河区，其次是理县和雷波县，增长率分别为733.1%、535.29%和344.21%，大幅增加的主要原因是在上述三个县均发现了野生大熊猫新的分布区域；大熊猫栖息地面积减少的县（市）包括若尔盖县、马边县、彭州市、什邡市、九寨沟县、汶川县、松潘县和宝兴县，减少率分别为100.00%、37.27%、28.70%、21.92%、11.38%、10.95%、9.93%和3.60%。其中，若尔盖县、九寨沟县大熊猫栖息地减少的主要原因是2004年原大熊猫栖息地内华西箭竹和缺苞箭竹大面积开花枯死，彭州市、什邡市、汶川县和宝兴县大熊猫栖息地的减少则可能与2008年“5.12汶川大地震”和2013年“4.29芦山地震”有关。

各山系中，岷山山系大熊猫栖息地面积最大，为78.93万公顷，占全省大熊猫栖息地总面积的38.93%，秦岭山系四川部分大熊猫栖息地的面积最小，为4584公顷，仅占全省大熊猫栖息地总面积的0.23%，其余各山系大熊猫栖息地面积分别为邛崃山山系68.88万公顷、凉山山系30.24万公顷、大相岭山系12.29万公顷、小相岭山系11.94万公顷。与第三次大熊猫调查相比，各山系大熊猫栖息地面积均有增加，其中增长率最高的是大相岭山系，增长51.64%；其次是小相岭山系，增长48.83%；凉山山系，增长37.18%；邛崃山山系，增长12.89%；岷山山系增长最少，为0.85%。大相岭山系大熊猫栖息地面积增长率高的原因是在峨眉山市、乐山市沙湾区和乐山市金口河区发现了新的野生大熊猫分布区。

四川省202.72万公顷大熊猫栖息地中，135.18万公顷位于自然保护区、风景名胜区、森林公园、地质公园、世界自然遗产等5类95个保护地内，占全省大熊猫栖息地总面积的66.68%；保护地外大熊猫栖息地面积为67.55万公顷，占全省大熊猫栖息地总面积的33.32%。5类保护地中，大熊猫栖息地面积最大的是自然保护区，有大熊猫栖息地100.27万公顷，分别占全省大熊猫栖息地总面积和保护地内大熊猫栖息地面积的49.46%和74.17%，其中大熊猫栖息地面积最大的是卧龙自然保护区，大熊猫栖息地面积为9.05万公顷，其次为雪宝顶和白羊自然保护区，大熊猫栖息地面积分别为5.42万公顷和5.24万公顷，其后依次为小寨子沟、九顶山、栗子坪、美姑大风顶、宝顶沟、草坡、马边大风顶、唐家河、蜂桶寨、瓦屋山、勿角、黑竹沟、龙溪－虹口、大相岭、黑水河、小河沟、九寨沟、白水河、马鞍山、龙滴水、米亚罗、黄龙、喇叭河、片口、麻咪泽、王朗、申果庄、冶勒、千佛山、白河、东阳沟、鞍子河、八月林、毛寨、贡嘎山、老君山、湾坝、贡杠岭、四姑娘山、余家山自然保护区，大熊猫栖息地面积分别为4.01万公顷、3.88万公顷、3.85万公顷、3.59万公顷、3.46万公顷、3.34万公顷、3.33万公顷、3.30万公顷、3.29万公顷、3.12万公顷、3.06万公顷、2.94万公顷、2.67万公顷、2.65万公顷、2.61万公顷、2.59万公顷、2.47万公顷、2.36万公顷、2.25万公顷、2.02万公顷、2.01万公顷、1.99万公顷、1.78万公顷、1.60万公顷、1.50万公顷、1.47万公顷、1.38万公顷、1.19万公顷、1.13万公顷、1.13万公顷、1.06万公顷、1.02万公顷、0.52万公顷、0.46万公顷、0.39万公顷、0.32万公顷、0.31万公顷、0.25万公顷、0.17万公顷、0.08万公顷，芹菜坪、羊子岭、包座自然保护区无大熊猫栖息地分布，仅有大熊猫潜在栖息地分布。

## 五　大熊猫栖息地质量

本次调查，根据野生大熊猫生存需求的最新研究成果，筛选出海拔高度、坡度、坡向、坡位、坡形、经度和纬度等地形参数，栽培作物、栽培竹林、栽培森林植被、灌草丛、常绿灌丛、落叶灌丛、竹林、常绿阔叶林、硬叶常绿阔叶林、常绿与落叶阔叶混交林、落叶阔叶林、暖性针叶林、温性针叶林、温性针阔叶混交林、寒温性针叶林、草甸等地表覆盖类型参数，建设用地、道路等人为干扰参数，太阳辐射指数，基于最大墒原理，构建了大熊猫栖息地质量评价模型，创建了大熊猫栖息地分级评价体系，对全省范围的大熊猫栖息地质量进行了评价。

评价结果显示，四川省大熊猫栖息地中适宜栖息地面积123.24万公顷、次适宜栖息地面积79.49万公顷，分别占全省大熊猫栖息地总面积的60.79%和39.21%，平均生境适宜性指数为0.2496。

11个市（州）中，绵阳市大熊猫栖息地质量最高，平均生境适宜度指数达0.4280；其次为阿坝州，平均生境适宜度指数为0.3542；其后依次为德阳市、成都市、乐山市、雅安市、眉山市、广元市、凉山州、甘孜州、宜宾市，平均生境适宜度指数分别为0.3437、0.3364、0.3359、0.3312、0.3111、0.3030、0.2420、0.2129、0.1243。各市（州）中，适宜栖息地面积最大的是雅安市，为54.8万公顷，其次为绵阳市，适宜栖息地面积为42.9万公顷，其后依次为阿坝州、乐山市、成都市、凉山州、广元市、眉山市、德阳市、甘孜州、宜宾市，适宜栖息地面积分别为25.57万公顷、10.33万公顷、8.08万公顷、5.95万公顷、2.73万公顷、2.49万公顷、1.27万公顷、0.70万公顷、0.07万公顷。适宜栖息地面积占栖息地面积比例最高的市（州）是绵阳市，占比为79.98%，其次为德阳市，占比为68.09%，其后依次为阿坝州、成都市、乐山市、眉山市、雅安市、广元市、凉山州、甘孜州、宜宾市，占比分别为62.95%、62.82%、62.32%、58.28%、57.92%、53.56%、31.02%、17.14%、15.26%。

全省大熊猫栖息地分布的38个县（市、区）中，平武县大熊猫栖息地质量最好，平均生境适宜度指数达0.4465，其次为松潘县，平均生境适宜度指数为0.4266，其后依次为彭州市、宝兴县、汶川县、北川县、茂县、美姑县、绵竹市、芦山县、峨边县、马边县、什邡市、崇州市、安县、天全县、大邑县、洪雅县、都江堰市、青川县、乐山市金口河区、康定县、荥经县、峨眉山市、石棉县、甘洛县、九寨沟县、泸定县、冕宁县、雷波县、九龙县、小金县、理县、越西县、汉源县、屏山县、邛崃市、乐山市沙湾区，平均生境适宜度指数分别为0.4250、0.4203、0.4133、0.4043、0.4043、0.4001、0.3832、0.3612、0.3551、0.3479、0.3437、0.3414、0.3185、0.3180、0.3139、0.3111、0.3102、0.3030、0.2710、0.2380、0.2303、0.2292、0.2202、0.2195、0.2182、0.2137、0.2006、0.1988、0.1828、0.1596、0.1583、0.1545、0.1335、0.1243、0.0690、0.0188。适宜栖息地面积最大的县（市、区）为平武县，达23.85万公顷，其次为宝兴县，达15.74万公顷，其后依次为汶川县、天全县、松潘县、峨边县、北川县、芦山县、美姑县、茂县、青川县、九寨沟县、荥经县、洪雅县、彭州市、都江堰市、绵竹市、马边县、大邑县、崇州市、石棉县、什邡市、安县、甘洛县、冕宁县、雷波县、乐山市金口河区、越西县、泸定县、康定县、峨眉山市、理县、九龙县、屏山县、小金县、邛崃市、乐山市沙湾区，适宜大熊猫栖息地面积分别为11.78万公顷、8.26万公顷、8.02万公顷、7.53万公顷、7.36万公顷、3.78万公顷、3.26万公顷、2.86万公顷、2.73万公顷、2.68万公顷、2.51万公顷、2.49万公顷、2.21万公顷、2.18万公顷、2.15万公顷、2.13万公顷、2.08万公顷、1.62万公顷、1.45万公顷、1.27万公顷、0.95万公顷、0.86万公顷、0.78万公顷、0.70万公顷、0.41万公顷、0.36万公顷、0.33万公顷、0.28万公顷、0.25万公顷、0.20万公顷、0.09万公顷、0.07万公顷、0.03万公顷、0.004万公顷、0.003万公顷，汉源县无适宜栖息地。适宜栖息地占大熊猫栖息地比例最高的县（市、区）是彭州市，占比为87.3%，平武县次之，占比为82.7%，其后依次为宝兴县、美姑县、松潘县、汶川县、北川县、茂县、绵竹市、什邡市、芦山县、马边县、峨边县、崇州市、安县、洪雅县、天全县、都江堰市、大邑县、青川县、乐山市金口河区、峨眉山市、荥经县、九寨沟县、康定县、冕宁县、石棉县、雷波县、甘洛县、屏山县、泸定县、小金县、越西县、九龙县、理县、邛崃市、乐山市沙湾区，占比分别为 81.6%、80.4%、80.0%、79.4%、76.9%、76.5%、74.9%、68.1%、67.8%、67.0%、66.6%、62.5%、58.5%、58.3%、57.9%、56.8%、55.9%、53.6%、39.2%、37.1%、29.4%、28.4%、27.7%、22.4%、21.9%、19.2%、15.4%、15.3%、15.0%、14.9%、14.7%、10.4%、8.4%、2.1%、0.8%。

各山系中，岷山山系大熊猫栖息地质量最高，平均生境适宜度指数达0.3904；其次为邛崃山山系，平均生境适宜度指数为0.3567；其后依次为凉山山系、大相岭山系、小相岭山系，平均生境适宜度指数分别为0.3006、0.2375 和0.2081；秦岭山系四川部分大熊猫栖息地质量最低，平均生境适宜度指数仅为0.0042。各山系中，适宜栖息地面积最大的是岷山山系，为56.58 万公顷，其次为邛崃山山系，适宜栖息地面积为44.95 万公顷，其后依次为凉山山系、大相岭山系、小相岭山系，适宜栖息地面积分别为14.99 万公顷、4.28 万公顷、2.44 万公顷，秦岭山系四川部分无大熊猫适宜栖息地。适宜栖息地面积占栖息地面积比例最大的山系是岷山山系，占比为71.7%，其后为邛崃山山系，占比为65.3%，再后依次为凉山山系、大相岭山系、小相岭山系，占比分别为49.57%、34.82%、20.44%。

四川省43 个有大熊猫栖息地分布的自然保护区中，鞍子河自然保护区的大熊猫栖息地质量最好，平均生境适宜度指数达到0.5158；其次为小河沟自然保护区，平均生境适宜度指数为0.5106，其后依次为王朗、雪宝顶、蜂桶寨、白羊、小寨子沟、卧龙、千佛山、白水河、龙滴水、喇叭河、九顶山、美姑大风顶、黑水河、黑竹沟、宝顶沟、草坡、龙溪－虹口、片口、勿角、唐家河、马边大风顶、瓦屋山、黄龙、余家山、八月林、大相岭、冶勒、栗子坪、贡嘎山、马鞍山、东阳沟、老君山、米亚罗、麻咪泽、白河、湾坝、申果庄、九寨沟、四姑娘山、贡杠岭、毛寨自然保护区，平均生境适宜度指数分别为 0.4995、0.4861、0.4794、0.4747、0.4570、0.4512、

0.4351、0.4347、0.4337、0.4269、0.4220、0.4163、0.4157、0.4114、0.4097、0.4078、0.4051、0.3996、0.3978、0.3884、0.3677、0.3445、0.3239、0.2760、0.2562、0.2417、0.2337、0.2249、0.2200、0.2144、0.2098、0.1719、0.1631、0.1286、0.1153、0.0970、0.0834、0.0801、0.0343、0.0101、0.0041。适宜栖息地面积最大的是卧龙自然保护区，为7.85万公顷，其次为雪宝顶自然保护区，为4.94万公顷，其后依次为白羊、小寨子沟、九顶山、蜂桶寨、美姑大风顶、草坡、宝顶沟、小河沟、马边大风顶、唐家河、黑竹沟、瓦屋山、白水河、龙溪-虹口、黑水河、勿角、龙滴水、喇叭河、王朗、片口、黄龙、鞍子河、栗子坪、千佛山、大相岭、冶勒、东阳沟、马鞍山、湾坝、米亚罗、八月林、四姑娘山、老君山、余家山、贡嘎山、九寨沟、申果庄、麻咪泽自然保护区，适宜栖息地面积分别为4.63万公顷、3.54万公顷、3.33万公顷、3.11万公顷、3.07万公顷、2.70万公顷、2.68万公顷、2.42万公顷、2.36万公顷、2.35万公顷、2.27万公顷、2.13万公顷、2.11万公顷、2.09万公顷、1.99万公顷、1.90万公顷、1.74万公顷、1.51万公顷、1.37万公顷、1.24万公顷、1.17万公顷、1.00万公顷、0.99万公顷、0.95万公顷、0.75万公顷、0.38万公顷、0.34万公顷、0.28万公顷、0.24万公顷、0.203万公顷、0.201万公顷、0.15万公顷、0.07万公顷、0.04万公顷、0.038万公顷、0.03万公顷、0.01万公顷、0.003万公顷，贡杠岭、白河、毛寨自然保护区无适宜栖息地。适宜栖息地占大熊猫栖息地面积比例最大的自然保护区为鞍子河自然保护区，其次为蜂桶寨自然保护区，占比分别为97.40%和94.52%，其后依次为小河沟、王朗、雪宝顶、白水河、白羊、小寨子沟、卧龙、龙滴水、九顶山、美姑大风顶、四姑娘山、喇叭河、千佛山、草坡、龙溪-虹口、片口、宝顶沟、黑竹沟、湾坝、黑水河、唐家河、马边大风顶、瓦屋山、勿角、黄龙、余家山、八月林、东阳沟、冶勒、大相岭、栗子坪、老君山、马鞍山、米亚罗、贡嘎山、九寨沟、申果庄、麻咪泽自然保护区，占比分别为93.51%、92.62%、91.05%、89.59%、88.34%、88.19%、86.75%、86.39%、85.81%、85.65%、85.11%、84.81%、83.88%、80.80%、

78.35%、77.75%、77.55%、77.18%、77.15%、76.37%、71.34%、71.04%、68.25%、62.03%、58.64%、51.53%、38.56%、31.92%、31.60%、28.16%、25.73%、22.94%、12.54%、10.11%、9.42%、1.04%、1.01%、0.19%。

## 六　大熊猫栖息地内的人为干扰因子

四川省大熊猫栖息地内各类干扰因子的野外调查样线遇见率从高到低依次为放牧、交通道路、采药、采伐、用火痕迹、狩猎、耕种、采笋、采矿（石）、水电站、砍柴、其他、输电线路、旅游和休闲、割竹、其他采集、火灾，其样线遇见率分别为0.2829个/条、0.0832个/条、0.0579个/条、0.0435个/条、0.0406个/条、0.0354个/条、0.0343个/条、0.0342个/条、0.0271个/条、0.0243个/条、0.0187个/条、0.0177个/条、0.0171个/条、0.0156个/条、0.0066个/条、0.0041个/条、0.0021个/条。

四川省第四次与第三次大熊猫调查相同的11类人为干扰因子的排位相比，放牧由第二位上升到第一位，交通道路由第三位上升为第二位，采药由第四位上升至第三位，采伐由第一位下降到第四位，狩猎、耕种、采笋、采矿（石）分别保持第六位、第七位、第八位、第九位不变，其他下降至第十二位，旅游和休闲、火灾分别保持第十四位、第十七位不变。

各山系中，大熊猫栖息地内放牧、割竹、采笋、采伐、砍柴、用火痕迹样线遇见率最高的是凉山山系；采药、狩猎样线遇见率最高的是岷山山系；耕种、旅游和休闲样线遇见率最高的是邛崃山山系；交通道路、采矿、水电站、输电线路样线遇见率最高的是大相岭山系；秦岭山系四川部分大熊猫栖息地内未记录到人为干扰点。岷山山系大熊猫栖息地内各干扰因子的样线遇见率从高到低依次为放牧、采药、狩猎、用火痕迹、交通道路、耕种、采矿（石）、采伐、其他、砍柴、旅游和休闲、其他采集、采笋、割竹、输电线路、水电站、火灾。其中，放牧最高，样线遇见率为0.3411个/条；其次为采药，样线遇见率为0.0848个/条；再次是狩猎，样线遇见率为0.0543个/

条。邛崃山山系大熊猫栖息地内各干扰因子的样线遇见率从高到低依次为放牧、交通道路、耕种、采药、输电线路、水电站、采笋、狩猎、旅游和休闲、采矿（石）、采伐、用火痕迹、其他、砍柴、割竹、其他采集、火灾。其中，放牧最高，样线遇见率为 0. 1297 个/条；其次是交通道路，样线遇见率为 0. 1063 个/条；再次是耕种，样线遇见率为 0. 0444 个/条。大相岭山系大熊猫栖息地内各干扰因子的样线遇见率从高到低依次为交通道路、水电站、采笋、采伐、采矿（石）、狩猎、输电线路、采药、放牧、其他、耕种、用火痕迹、割竹、旅游和休闲、火灾、砍柴、其他非木材产品采集。其中，交通道路最高，样线遇见率为 0. 1226 个/条；其次是水电站，样线遇见率为 0. 1073 个/条；再次是采笋，样线遇见率为 0. 0843 个/条。小相岭山系大熊猫栖息地内各干扰因子的样线遇见率从高到低依次为放牧、交通道路、采伐、水电站、采矿（石）、用火痕迹、输电线路、砍柴、其他、狩猎、采笋、采药、割竹、耕种、火灾、旅游和休闲、其他采集。其中，放牧遇见率最高，样线遇见率为 0. 4120 个/条；其次为交通道路，样线遇见率为 0. 0792 个/条；再次是采伐，样线遇见率为 0. 0759 个/条。凉山山系大熊猫栖息地内各干扰因子的样线遇见率从高到低依次为放牧、采笋、采伐、交通道路、用火痕迹、采药、砍柴、水电站、耕种、狩猎、其他、输电线路、采矿（石）、割竹、旅游和休闲、其他采集、火灾。其中放牧最高，样线遇见率为 0. 5248 次/条；其次为采笋，样线遇见率为 0. 1160 次/条；再次是采伐，样线遇见率为 0. 1036 次/条。

岷山山系第三次大熊猫调查样线遇见率居前五位的干扰因子依次为采伐、放牧、采药、竹子开花、狩猎，本次调查居前五位的干扰因子依次为放牧、采药、狩猎、用火痕迹、交通道路，两次调查相比，放牧的样线遇见率由第二位上升为第一位，其分布除在九寨沟北部有一定程度增加外，其他区域没有明显变化，采伐遇见率由第一位变为第八位，并在山系各区域明显减少。邛崃山山系第三次大熊猫调查样线遇见率居前五位的干扰因子依次为采伐、放牧、交通道路、采药、耕种，本次调查居前五位的干扰因子依次为放牧、交通道路、耕种、采药、割竹，两次调查相比，采伐的样线遇见率由第一位变为第十一位，在整个山系明显减少，交通道路的样线遇见率由第三位变为第二位，其分布除新调查的小金县有明显增加外，其他区域没有明显变化。大相岭山系第三次大熊猫调查样线遇见率居前五位的干扰因子依次为割竹、采笋、采伐、交通道路、采药，本次调查居前五位的干扰因子依次为交通道路、水电站、割竹、采笋、采伐，两次调查相比，采伐的样线遇见率由第二位变为第五位，在山系发生明显变化，交通道路的样线遇见率由第四位变为第一位，其中在荥经县有明显增加，其他区域没有明显变化。小相岭山系第三次大熊猫调查样线遇见率居前五位的干扰因子依次为采伐、放牧、采药、交通道路、狩猎，本次调查居前五位的干扰因子依次为放牧、交通道路、采伐、水电站、采矿（石），两次调查相比，采伐的样线遇见率由第一位变为第三位，在石棉县明显减少，其他区域有一定减少，交通道路的样线遇见率由第四位变为第二位，在石棉县、九龙县有一定增加，其他区域变化较小。凉山山系第三次大熊猫调查样线遇见率居前五位的干扰因子依次为采伐、放牧、割竹、采笋、交通道路，本次调查居前五位的干扰因子依次为放牧、割竹、采笋、采伐、交通道路，两次调查相比，采伐的样线遇见率由第一位变为第四位，在整个山系都有明显减少，放牧的样线遇见率由第二位变为第一位，在峨边县有明显增加，其他区域没有明显变化。

四川省 11 个市（州）中，总干扰样线遇见率最高的为凉山州，其次为甘孜州、乐山市，总干扰样线遇见率最低的 3 个市（州）依次是德阳市、雅安市和广元市。从干扰因子的排序看，放牧的样线遇见率在各干扰因子中排第一位的有绵阳、广元、乐山、甘孜、阿坝、凉山等 6 个市（州）；交通道路的样线遇见率排第一位的为雅安市；采笋的样线遇见率排第一位的有成都市、宜宾市；采矿（石）的样线遇见率排第一位的为德阳市；水电站的样线遇见率排第一位的为眉山市。

四川省有大熊猫分布的 38 个县（市、区）中，总干扰样线遇见率最高的县（市、区）是康定县，其后为甘洛县和越西县，再后依次为美姑县、茂县、冕宁县、马边县、峨眉山市、九寨沟县、松潘县、安县、彭州市、九龙县、屏山县、峨边县、平武县、理县、崇州市、雷波县、芦山县、北川县、乐山市沙湾区、都江堰市、什邡市、洪雅县、小金县、青川县、宝兴县、荥经县、泸定县、汶川县、大邑县、绵竹市、天全县、石棉县、乐山市金口河区、汉源县、邛崃市。从干扰因子的排序看，放牧的样线遇见率在各干扰因子中排第一位的县（市、区）有北川、平武、青川、峨边、马边、汉源、宝兴、石棉、九龙、康定、茂县、九寨沟、理县、松潘、汶川、小金、越西、雷波、甘洛、冕宁、美姑等21个县；交通道路的样线遇见率排第一位的有芦山、泸定、天全、荥经、峨眉山等县（市）；采药的样线遇见率排第一位的有崇州市和都江堰市；采笋的样线遇见率排第一位的有邛崃市、屏山县和大邑县；采矿（石）的样线遇见率排第一位的是绵竹市；耕种的样线遇见率排第一位的是乐山市沙湾区；狩猎的样线遇见率排第一位的是什邡市和汉源县；水电站的样线遇见率排第一位的是洪雅县和汉源县；其他干扰的样线遇见率排第一位的是安县。

大熊猫栖息地内有干扰因子记录的40个大熊猫自然保护区中，总干扰因子样线遇见率最高的自然保护区是王朗自然保护区，其次为马鞍山、申果庄自然保护区，其后依次为美姑大风顶、马边大风顶、余家山、宝顶沟、龙滴水、黄龙、勿角、白河、千佛山、老君山、东阳沟、麻咪泽、白水河、瓦屋山、片口、米亚罗、雪宝顶、贡杠岭、大相岭、黑水河、九寨沟、白羊、冶勒、鞍子河、黑竹沟、唐家河、贡嘎山、小寨子沟、八月林、九顶山、龙溪-虹口、小河沟、草坡、卧龙、栗子坪、蜂桶寨、喇叭河自然保护区。各干扰因子中，放牧的样线遇见率排第一位的有白羊、宝顶沟、草坡、东阳沟、蜂桶寨、贡嘎山、贡杠岭、黑竹沟、黄龙、九寨沟、栗子坪、龙滴水、麻咪泽、马鞍山、马边大风顶、美姑大风顶、米亚罗、申果庄、王朗、卧龙、勿角、雪宝顶、冶勒、白河等24个自然保护区；采药的样线遇见率排第一位的有鞍子河、黑竹沟、龙溪-虹口、小河沟、小寨子沟、余家山等6个自然保护区；采笋的样线遇见率排第一位的有大相岭、黑水河和老君山3个自然保护区；交通道路的样线遇见率排第一位的有喇叭河、唐家河2个自然保护区；狩猎的样线遇见率排第一位的有九顶山、片口2个自然保护区；水电站的样线遇见率排第一位的有大相岭、瓦屋山2个自然保护区；用火痕迹的样线遇见率排第一位的有八月林、白水河2个自然保护区；采矿（石）的样线遇见率排第一位的为瓦屋山自然保护区；其他干扰的样线遇见率排第一位的为千佛山自然保护区。

## 七　野生大熊猫面临的主要威胁

尽管通过强化野生大熊猫保护管理措施，全省野生大熊猫数量和大熊猫栖息地面积出现持续恢复性增长，但四川省野生大熊猫的生存仍然面临着一些威胁，主要包括以下几个方面。

一是社会在野生大熊猫保护上的两面性和分裂性。一方面希望保护野生大熊猫，享受大熊猫及其栖息地带给人们的精神愉悦和生态服务；另一方面又不愿放弃对野生动物的“朵颐之快”，拉动了市场对野生大熊猫分布区内牛羚、林麝、斑羚、水鹿、小麂、毛冠鹿等野生动物产品的需求，抬高了市场价格，同时，部分大熊猫栖息地内和周边社区原住民的生活状况尚未得到根本改善，盗猎野生动物在部分野生大熊猫产区对原住民来说仍是高收入的经济来源，导致大熊猫栖息地内部分区域盗猎、偷猎活动未得到根本遏制，增加了野生大熊猫在盗猎、偷猎活动中非正常死亡的风险。与此同时，社会公众对食品安全和自身健康的关注引发对竹笋等野生蔬菜、野生药材以及天然放养的牦牛、山羊等畜牧产品的需求激增，市场价格持续上涨，导致大熊猫栖息地内和周边社区原住民在大熊猫栖息地放牧、采集竹笋等的规模不断扩大，另外，大熊猫栖息地内盗伐林木虽有所减少，但在部分地区因房屋建设对自用材和薪炭材等的需求，盗伐林木仍然在一定程度上存在，并直接导致大熊猫栖息地遭到破坏，降低了大熊猫栖息地质量和对野生大熊猫的承载力。

二是随着四川省基础设施建设加快，近年来穿越大熊猫栖息地的铁路、公路、输电线路等大型线性工程大幅增加。尽管原有越岭道路废弃和改作应急线路及其植被恢复可能在一定程度上降低原有设施的隔离作用，但线性工程特别是沿线的人口定居和开发利用除将直接占用大熊猫栖息地外，新工程建设和运营期间的人为活动仍将形成野生大熊猫种群之间交流的新障碍，导致野生大熊猫廊道遗传交流功能受损，大熊猫栖息地进一步破碎化，野生大熊猫种群之间隔离程度加剧。同时，随着地方经济发展需求的扩展和现有开发区域资源的逐渐枯竭以及单纯以 GDP 考核衡量政府绩效的缺陷和社会资本逐利的投资冲动，四川省大熊猫栖息地内矿产资源开采、中小型水电资源开发、旅游资源开发等面状开发的规模增长较快，导致开发区域内大熊猫栖息地成片消失，野生大熊猫不得不向远离开发的区域迁移，野生大熊猫的分布格局发生较大改变。

三是集体林权制度改革后，全省大熊猫栖息地内约 24.16% 的林木的所有权被直接授予当地的原住民。由于大熊猫栖息地内被划入国家和四川省重点生态公益林的集体林的生态效益补偿标准低于林木生产经营可能获取的收益，原住民将生态公益林转为商品林并进行经营利用的意愿强烈，同时，大熊猫栖息地内现划为商品林的集体和个人所有的林木经营和转流的压力加大，如依法管理和控制不好，将可能导致大熊猫栖息地内大面积集体和个人所有的林木被采伐，大熊猫栖息地面积减少，野生大熊猫分布范围收窄。

四是尽管采取了有针对性的保护管理措施，但近 20 年来，小相岭山系、九顶山区域等孤立野生大熊猫小种群的野生大熊猫数量一直呈持续下降趋势，大熊猫栖息地面积也无显著增加，现存野生大熊猫种群的遗传多样性持续减少，加之采集竹笋、矿产资源开采、水电资源开发和旅游活动等人为干扰未能显著改善，野生大熊猫孤立小种群进入灭绝漩涡的风险进一步加大，并增加了全省现存野生大熊猫种群部分遗传基因丢失的风险。

总体来看，与 10 年前相比，四川省野生大熊猫面临的威胁在种类上基本无变化，但威胁程度变化明显：盗伐、采集非木材林产品等的威胁有所下降，盗猎在部分区域趋于严重，而在另一些区域呈下降的趋势，矿山开采以及交通、旅游、能源等大型工程和经营活动的影响显著上升，同时，出现了大熊猫栖息地内野生大熊猫保护与集体林和个人林木经营管理冲突等威胁。

# 八 野生大熊猫保护建议

一是科学划定和管理大熊猫保护红线。应在统筹人与自然和谐、科学协调四川省野生大熊猫长期续存与大熊猫分布区社会经济可持续发展的需求的基础上，尽快划定全省野生大熊猫栖息地保护红线，为野生大熊猫长期续存保留基本的生存空间。将全省大熊猫栖息地内大熊猫自然保护区的核心区和缓冲区，风景名胜区的严格保护区和景观保育区，森林公园的生态保育区，世界自然和文化遗产的核心区，地质公园的保护区以及国家一级、二级重点生态公益林全部划为大熊猫保护一级红线；将未纳入大熊猫保护一级红线的大熊猫保护关键区和大熊猫栖息地内自然保护区、风景名胜区、森林公园、地质公园、世界自然和文化遗产以及国家三级重点生态公益林、四川省重点生态公益林的剩余部分划为大熊猫保护二级红线；将大熊猫保护一级红线、二级红线外的全省其余大熊猫栖息地划为大熊猫保护三级红线。对大熊猫保护一级红线实行封禁保护，对大熊猫保护二级红线实行严格保护，对大熊猫保护三级红线实行科学保护，并将一级红线和二级红线纳入《四川省主体功能区规划》中的省级禁止开发区域，将三级红线纳入限制开发的省级生态功能区加以管理。

二是完善政府主导的大熊猫保护体制机制。成立四川省大熊猫保护专家咨询委员会，改革大熊猫栖息地国有土地政府分级管理体制，建立大熊猫栖息地管理联合执法机制，建设全省大熊猫栖息地卫星遥感监视系统，加强野生大熊猫分布区野生大熊猫及其栖息地保护法制宣传，将大熊猫栖息地内国有林场和国有小型采伐企业全部转型为社会公益性林场；扩大中央财政重点生态功能区、禁止开发区专项转移支付范围至各级别大熊猫自然保护区、森林公园、社会公益性林场或者整合后的大熊猫国家公园，建立全省大熊猫栖息地专项生态补偿机制，研究和开展野生大熊猫分布区横向生态补偿机制试点，将大熊猫栖息地内存量和增量森林碳汇纳入碳汇交易范畴；完善四川省野生大熊猫保护县级政府行政首长负责制，编制县级野生大熊猫及其栖息地资源资产台账和负债表，明确地方政府及相关部门在野生大熊猫及其栖息地保护中的职责和考核指标，建立野生大熊猫保护损害赔偿、责任追究等制度，取消野生大熊猫分布县地区生产总值 GDP 考核，建立和实行野生大熊猫分布县政府野生大熊猫保护考核一票否决制和县级政府主要负责人野生大熊猫及其栖息地资源资产离任审计制度。

三是建设野生大熊猫友好型社区。引导和支持全省野生大熊猫保护关键区原住民自愿和有序向附近城镇自然流动和集中，发展生态休闲、度假旅游等生态旅游产业和服务业，建设野生大熊猫友好型生态小镇，为大熊猫栖息地内和周边社区迁出人口和劳动力提供就业机会，减少乃至消除野生大熊猫与人的资源利用冲突；通过优先建设新农村、政府购买社区野生大熊猫及其栖息地保护服务、加快社区公共服务设施建设、发展生态旅游配套服务业和大熊猫友好型生态林农产品等途径，提高大熊猫栖息地内和周边社区发展水平和原住民收入。以政府特许经营、资源配额调节、原住民自主管理和科学控制利用规模的方式，建立野生大熊猫分布区原住民对大熊猫栖息地内非木材林产品的协议和可持续利用制度以及牲畜数量总额控制制度；建立和推广大熊猫友好型林农产品和大熊猫栖息地林农产品原产地标识认证体系，制定大熊猫栖息地采集中药材和森林蔬菜的生产流程和质量标准，在大熊猫栖息地周边社区发展基于有机农林业和自然生产概念的野生大熊猫分布区特色林农产品体系。

四是改革和完善野生大熊猫保护地体系。建设和完善由大熊猫自然保护区、大熊猫国家公园、社会公益性大熊猫保护地等组成的野生大熊猫保护地网络。扩建王朗、大相岭、蜂桶寨、黑竹沟、喇叭河、申果庄等自然保护区，新建黄水河、巨北峰等自然保护区，建立大熊猫国家公园，调整四姑娘山、湾坝两个大熊猫自然保护区的行政隶属关系，形成四川省大熊猫保护主管部门统一管理全省大熊猫自然保护区的格局。将全省国家级大熊猫自然保护区管理机构全部调整为国务院有关自然保护区主管部门的直属事业单位，由其直接管理或委托省级有关自然保护区主管部门管理，基础设施建设投资由国家发展改革委安排，事业经费、能力建设和日常管理经费由中央财政保障；地方级大熊猫自然保护区管理机构全部调整为省级有关自然保护区主管部门的直属事业单位，由其直接管理或委托市（州）有关自然保护区主管部门管理，基础设施建设投资由省发展改革委安排，事业经费、能力建设和日常管理经费由省级财政保障。恢复和重建全省大熊猫自然保护区森林公安派出所（分局）。

五是推进野生大熊猫孤立小种群复壮。扩建和完善中国大熊猫保护研究中心、成都大熊猫繁育研究基地圈养大熊猫野化培训基地，新建大相岭、岷山南段、凉山东部 3 个大熊猫野化培训和放归自然适应基地，扩建小相岭大熊猫野化放归基地，科学划定小相岭、九顶山野生大熊猫孤立小种群复壮范围，建设覆盖小相岭、九顶山等放归区域的大熊猫追踪监测系统，推进小相岭、九顶山等野生大熊猫孤立小种群复壮，研究和启动人工主动性野生大熊猫跨种群、跨山系遗传交流迁移性放归行动。开展野生大熊猫历史分布区生境调查和评估，启动岷山北段、大渡河西岸、大相岭峨眉山等地野生大熊猫重引入研究和试验，扩大野生大熊猫分布范围。完成泥巴山大熊猫遗传交流关键廊道建设，续建黄土梁廊道、土地岭廊道，启动拖乌山廊道、小河廊道、紫石 - 二郎山廊道、黄茅埂廊道及山棱岗廊道建设，开展梅花廊道的调查和建设可行性研究。制定和发布四川省野生大熊猫遗传交流廊道管理办法，完成全省野生大熊猫遗传交流关键廊道范围界定以及打桩定界和向社会公布工作，建立和实行建设项目进入野生大熊猫遗传交流廊道影响评价制度。

# B.3 四川山地生态治理理念与技术应用

张黎明*

摘　要：　四川山地生态系统治理意义重大。本文在简述四川主要山地生态治理类型的基础上，分析归纳了四川多类型山地生态治理的理念运用，重点介绍了通过合作项目本土化的林业治山技术，简述了2015年度与山地生态治理相关的10件大事，讨论和评估了四川山地生态治理面临的主要问题、挑战及2016年的发展趋势。

关键词：　四川　山地　生态治理

## 一　四川山地生态系统重要性及治理的战略意义

四川，盆地区域面积17万平方公里，四周由海拔1000～4000米的山地所环抱。以龙门山－大凉山一线为界，东部为四川盆地及盆缘山地，西部为川西高山高原及川西南山地。因此，山地生态系统对四川举足轻重。

### （一）四川山地生态系统的重要性

#### 1. 山地生态系统是天府文明发育的重要庇护

被天下人誉为“天府之国”的主体地理空间，从地形地貌来看，是以

* 张黎明，发展管理学硕士，四川省林业厅国际合作处副处长，高级工程师，研究方向为区域可持续发展与管理、生态旅游、现代林业建设。

成都平原为中心的盆地区域，而保障“天府之国”物产丰饶、风调雨顺、自然灾害少、宜居等的重要自然屏障就是环绕于盆地四周的山地生态系统（包括高原），正是它们以高大绵延的山体阻挡了来自北方的寒流对四川盆地的侵扰，保障了四川盆地冬季气温不至于太低，也因为这些山体的存在形成了对物流和能流①的阻挡、阻滞与分流、储存、缓冲、过滤和调节，成就了“天府之国”独特的自然生态环境、能流循环系统、物产，奠定了“天府文明”孕育和发展的重要环境基础，对中华民族的发展发挥了重要作用。

2. 山地生态系统是四川可持续发展的重要载体

山地是四川不可替代的生物资源宝库。四川生物种类极其丰富，主要分布在山地生态系统。有高等植物1万余种，占全国总数的1/3，其中裸子植物种类数量居全国第一位，被子植物种类数量居全国第二位。脊椎动物近1300种，占全国总数的45%以上，居全国第二位。拥有大量属于四川特有的物种如大熊猫、川金丝猴、四川山鹧鸪等，其中大熊猫资源占全国资源总量的70%以上，被作为国家野生动物保护的旗舰物种发挥了重要的引领作用。拥有丰富的森林资源，被称为全国第三大林区。山地也是四川自然景观资源最富集的区域，四川绝大多数高品质的自然景观资源集中在山地区域，包括五处世界遗产地“童话世界”九寨沟、“人间瑶池”黄龙、大熊猫栖息地、“佛教圣地”峨眉山－乐山大佛、都江堰－青城山，卧龙等168处自然保护区，剑门关等126处森林公园，蜀南竹海等90处风景名胜区，龙门山等20余处地质公园，以及国际重要湿地若尔盖和部分湿地公园。

3. 山地生态系统脆弱性强、易遭破坏、治理难度大

“山地最显著的特征是拥有高能量的斜坡环境，斜坡环境的梯度过程决定了山地物流、能流具有输出为主的特点，由此形成山地系统具有脆弱性特性，表现为对外力作用的敏感性和山地特有灾害的易发性。”② 四川山地生

① 钟祥浩：《中国山地生态安全屏障保护与建设》，《山地学报》2008年第1期。

② 钟祥浩：《中国山地生态安全屏障保护与建设》，《山地学报》2008年第1期。

态系统的这些特征更为明显。源于此，任何来自于自然和人为的持续性、规模性干扰都可能破坏山地生态系统的稳定性，诱发或直接导致山地系统发生洪水、山体崩塌、滑坡和泥石流等自然灾害，或导致生物多样性损失，例如四川曾经发生的大面积森林砍伐、过度垦荒、规模性露天开矿与大型水电站建设导致的20世纪70~80年代大熊猫栖息地严重退化。森林大面积砍伐也同时被认为是1998年长江特大洪水的直接诱因。对山地而言，不管何种因素，一旦其生态系统遭受严重破坏，治理恢复的难度都十分巨大，治理周期长，既无法在短期内从根本上消除系统破坏带来的次生灾害与威胁，也无法在短期内恢复山地生态系统应有的生态功能。例如，“5·12”汶川大地震虽已过去8年，但其造成的大面积山体破碎化以及引发的潜在次生灾害威胁仍然存在，还将持续十数年或更久，治理技术难度大，且治理的经济成本大大超出当下区域经济发展的可承受能力。

### （二）四川山地生态治理的战略意义

山地生态治理，简言之，就是运用生态学等学科原理对山地生态系统、生态环境进行宏观调控与管理，意义重大。

#### 1. 四川山地生态治理是生态文明建设赋予的历史使命

十八大指出“必须树立尊重自然、顺应自然、保护自然的生态文明理念”①，“坚持节约资源和保护环境的基本国策”，尤其强调“要实施重大生态修复工程，增强生态产品生产能力，推进荒漠化、石漠化、水土流失综合治理，扩大森林、湖泊、湿地面积，保护生物多样性。加快水利建设，增强城乡防洪抗旱排涝能力。加强防灾减灾体系建设，提高气象、地质、地震灾害防御能力”。因此，山地生态治理不仅是一项重要的生态建设任务，更是生态文明建设赋予的历史性战略使命。

#### 2. 山地生态治理是全面建成小康社会的目标要求

十八大指出“良好生态环境是人和社会持续发展的根本基础”。《中共

---

① http://www.xj.xinhuanet.com/2012-11/19/c_113722546.htm。

中央关于制定国民经济和社会发展第十三个五年规划的建议》[1] 在全面建成小康社会的目标中明确要求“生态环境质量总体改善”、“主体功能区布局和生态安全屏障基本形成”。小康社会既要民富国强、政治稳定、社会和谐，也要生态安全、环境美好。因此，四川山地生态系统得不到维护、生态退化得不到妥善治理、山地生态安全与生态环境质量无法保障必将成为制约四川与全国同步小康的短板，山地生态系统服务民生、服务四川可持续发展、服务四川同步小康的目标就难以实现。

3. 四川山地生态治理是四川经济可持续发展的必然诉求

四川山地生态治理不仅是要治理现有和潜在的自然生态灾害与危机、增强山地生态系统安全性、改善全川人居与生产环境、最大化提升生态产品供给能力与水平的重要选择，也是在现有生存空间状态下，坚持四川生态红线、耕地红线原则，满足日益增长的人口生存与发展，向自然要土地的重要举措和客观需求之一。

4. 四川山地生态治理关乎长江中下游的生态安全

由于四川地处长江上游的独特地理生态位置，以及山地在四川地形构成中的主体性地位，四川山地生态治理将不仅仅是一项关乎四川本区域生态安全的重大任务，更是一项长期而持久的关系长江中下游地区生态安全的战略性任务，换句话说，四川山地生态治理得好与坏，必然影响长江中下游地区国民经济、社会事业发展等诸多领域，因此，必须从国家生态安全高度予以深刻认识和重视。

## 二　四川山地生态治理的主要实践

从20世纪80年代到现在，四川通过国家和省各类专项生态工程建设以及国际合作，在山地生态治理上开展了大量实践探索，生态治理涉及面十分

① 《中共中央关于制定国民经济和社会发展第十三个五年规划的建议》，http：//www.whb.cn/sbjwzqhwzxw/42186.htm。

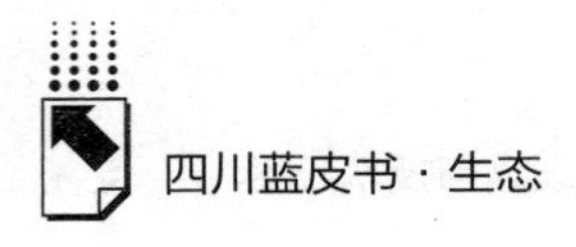


广，从治理对象来识别，仅自然生态与环境治理就有很多类别（见表1，不含治污），本文重点介绍10个方面。

**表1　四川山地生态治理概览**

| 治理类别 | 主要目的 | 相关案例 | 责任部门 |
|---|---|---|---|
| 山地灾害治理 | 对泥石流、崩塌地进行治理，减少安全威胁、水土流失与次生灾害威胁 | 汶川县棋盘沟泥石流治理；筠连县巡司镇"六项举措"治理山地灾害案例 | 国土 |
| 流域治理 | 以流域为单元进行水土流失综合治理是水土保持生态建设的核心 | "长治工程"，20世纪80年代开始全国小流域综合治理工程*，25年间治理小流域5万多条，治理水土流失105万平方公里 | 水利 |
| 山地防洪治理 | 增强抵御洪水能力，减少洪水及次生灾害威胁 | 都江古堰工程；《长江上游干流四川段防洪治理工程可行性研究报告》2015年通过水利部复审 | 水利 |
| 干热（旱）河谷治理 | 改良干热（旱）河谷生境状况，增强水源涵养能力，减少水土流失，增强地力 | 20世纪70年代开始直到现在；茂县干旱河谷及攀枝花干热河谷治理 | 林业、农业等 |
| 物种退化治理 | 繁育物种、修复栖息地 | 大熊猫保护工程 | 林业 |
| 天然林区生态治理 | 停止天然林采伐，保护天然森林植被及其生态系统 | 1998年，四川在全国率先启动天然林保护工程 | 林业 |
| 坡耕地生态环境治理 | 减少坡耕地水土流失，改善坡地生态环境 | 四川省退耕还林工程，截至2013年底，退耕还林1336.4万亩、封山育林217.5万亩、荒山造林1418.5万亩 | 林业、农业等 |
| 湿地治理 | 保护现存湿地资源、恢复已退化湿地 | GEF若尔盖湿地保护项目、国家湿地保护工程 | 林业 |
| 沙化治理 | 遏制沙化趋势，改善已沙化区域生态环境 | 四川沙化治理工程 | 林业、农业 |
| 病虫害防治 | 针对农、林生态系统病虫害的治理 | 四川松材线虫防治 | 林业、农业、畜牧业 |
| 石漠化治理 | 遏制石漠化趋势，改良已石漠化土地 | 石漠化治理工程 | 林业 |
| 高寒山地治理 | 改良高寒山地植被状况，提升水源涵养等能力 | 红原县高寒草地沙化治理 | 林业 |

续表

| 治理类别 | 主要目的 | 相关案例 | 责任部门 |
| --- | --- | --- | --- |
| 矿山迹地治理 | 恢复矿山迹地植被生态环境，减少水土流失，恢复生态功能 | 攀枝花市矿山迹地治理 | 国土、林业 |
| 地震灾后生态治理 | 对地震造成的现状及潜在次生灾害体进行人工干预，最大限度地减少危害，恢复生态 | “5·12”汶川及“4·20”芦山地震灾后生态重建工程 | 国土、林业、农业等 |

资料来源：参见张新玉、杨元辉《我国水土保持小流域综合治理模式研究》，《水土保持特刊》2011年第12期。

### （一）山地灾害治理

针对明显或潜在山地灾害威胁的治理。治理举措主要包括修建堤坝、水库、分洪或调洪设施，整治河道等。主要理念是疏导与调蓄相结合，因河因地施策。山地灾害是四川自然灾害中十分常见和严重的自然灾害，主要包括泥石流、滑坡、崩塌以及地震造成的系列综合型次生灾害等类型①，其致灾因素有自然、人为和自然人为叠加影响等。自然因素中暴雨是主要诱因之一。就人为因素而言，历史上的大面积森林砍伐、农垦、采矿、道路与水利工程建设等重要致灾因素，危害明显。治理举措主要包括灾害普查与预防、生物措施防治、工程防治、监测预报和群报群防等方面。

### （二）山地防洪治理

以预防、控制山地洪水为目的的治理。因山地自然特征如河道陡、流速急和暴雨性洪水多以及地震引发的潜在次生灾害，四川防洪任务十分艰巨。1998年长江特大洪灾后，中央和省委对四川防洪治理高度重视，大江大河主要城区河段、重要设防河段防洪工程基本形成较为完善的体系。根据四川省《关于加快城镇基础设施建设实施意见》，岷江、沱江、涪江、嘉陵江、

① 邓绍辉：《建国以来四川山地灾害的特点及防治对策》，《西南民族大学学报》2004年第4期。

渠江、雅砻江、长江上游干流和重点中小河流沿岸城镇将实施重点堤防工程建设，预计到2020年，基本建成较为完善的城镇排水防涝、防洪工程体系①。

### （三）坡耕地生态环境治理

针对山地陡坡耕地水土流失问题进行治理。坡耕地尤其是坡度超过25度的坡耕地，不仅易于水土流失，影响地力，制约经济社会发展，给其下游区域江河湖库造成淤塞，加剧洪涝灾害，也可能引发潜在泥石流灾害。坡耕地生态治理的目的是减少水土流失和潜在次生灾害，增强地力和降雨拦蓄能力，涵养水源。针对坡耕地治理的工程，首推“退耕还林”，该工程以保护和改善生态环境为目的，将易造成水土流失的坡耕地（坡度25度以上）和易造成土地沙化的耕地，有计划、分步骤地停止耕种，本着“宜乔则乔、宜灌则灌”原则退耕还林还草。四川于1999年10月至2013年末完成退耕还林首期工程，2014年启动第二期工程。农业、水利等部门通过农业综合开发项目、生态环境重点县治理、国土整理、坡耕地综合治理工程等对坡耕地生态环境进行了应有治理。

### （四）天然林区生态治理

针对日益消失的天然林区生态系统及生态环境进行抢救性治理。除传统的治理恢复措施，如采伐天然森林后在采伐迹地上植树造林等之外，最彻底、最根本的治理措施是举国实施的“天然林保护工程”。该工程的宗旨就是从根本上遏制生态环境恶化，保护生物多样性，促进社会、经济的可持续发展。四川于1998年率先在全国试点天保工程，到2010年末，四川全面停止天然林商品性采伐，落实常年森林管护责任面积3.23亿亩（包括灌木林和疏林地），营造公益林8082万亩，完成森林抚育870万亩次，森林面积由工

---

① 《2015年四川重要防洪城市将达国家防洪标准》，http：//sc.newsccn.com/2014－05－19/279022.html。

程实施前的1.76亿亩上升到2.5亿亩（不含灌木林和疏林地），森林覆盖率由24.23%提高到34.41%。2011年，四川启动天然林保护工程二期。

### （五）物种退化治理

物种退化治理是针对退化过程中的物种进行的综合治理。主要目的是通过保护和改善退化物种赖以生存和繁衍的栖息地，恢复连通被割裂的栖息地，增强现存小种群之间的交流，并通过人工繁育及复壮等方式拯救濒危、退化的野生动植物物种。四川最著名的物种退化治理实践是大熊猫保护，其具体举措包括20世纪70～80年代开展的两次野外病饿大熊猫抢救，大熊猫主食竹恢复，尤其是1993年开始实施的《中国保护大熊猫及其栖息地工程》。通过该工程，四川建成大熊猫保护区46个，使70%以上的野生大熊猫资源及其栖息地受到良好保护。全国第四次野生大熊猫种群调查显示，现存野生大熊猫种群数量比第三次调查的结果增长了15%。大熊猫人工种群数量接近学术界认同的自我维系的基线水平（大于等于400只）。人工繁育大熊猫放归野外试验取得初步成功。

### （六）湿地治理

湿地治理是针对退化或被污染的湿地生态系统进行的治理。通过补充湿地生态用水、污染控制以及对退化湿地的全面恢复和治理，使丧失的湿地面积较多得到恢复，使湿地生态系统进入一种良性发展状态。主要目的是全面维护湿地生态系统的生态特性和基本功能，使国家天然湿地的下降趋势得到遏制。四川省从20世纪90年代起，开始湿地保护区和重要湿地建设，编制完成《四川省湿地保护工程规划（2006－2030）》，全面治理以若尔盖为核心的四川湿地420多万公顷，从源头上有效解除湿地退化带给长江、黄河的威胁，使70%的天然湿地得到有效保护。截至目前，建成湿地保护区52处、湿地公园40处。

### （七）沙化治理

沙化治理是针对已沙化或潜在沙化土地进行的治理。从2007年开始，四川启动了川西北防沙治沙工程建设，并持续在阿坝、甘孜两州投入资金开展省级防沙治沙试点工程，取得阶段性成功。2013 年，四川省林业厅编制完成《四川省防沙治沙规划（2011 ~2020 年）》，将防沙治沙工作进一步升级强化，使川西北防沙治沙工程成为四川省迄今为止最大规模的防沙治沙工程①。

## （八）石漠化治理

石漠化治理是针对石漠化和潜在石漠化土地进行的治理。四川石漠化土地主要分布在长江上游的雅砻江、金沙江、大渡河、岷江、渠江、沱江流域。石漠化致使当地生态恶化、自然灾害频发，严重危害所在地区的社会经济发展。石漠化不仅是岩溶地区的首要生态问题，也是四川面临的最严重的三大生态问题之一。研究表明，导致石漠化因素中，自然因素约占 36.9%，人为因素约占 63.1%②。事实上，林业、农业、水利等部门实施的系列水土流失治理工程都或多或少地覆盖了石漠化分布地区，产生了一定效果。但因石漠化的独特性，治理难度远远超出一般水土流失。2008 年，国家发改委、水利部 4 部（委、局）联合印发了《关于下达 2008 年岩溶地区石漠化综合治理试点工程中央预算内投资计划的通知》，标志着四川省岩溶地区石漠化综合治理试点工程正式进入实施阶段。项目区涉及四川省宁南县、攀枝花仁和区、汉源县、兴文县、华蓥市五个县（市、区），综合治理岩溶面积 809 平方公里，主要建设内容为坡改梯及配套田间生产道路、引水渠、沉沙凼、蓄水池等水土保持坡面沟道工程，以及林草畜等相关措施，由水利、农业、林业等部门共同负责工程的具体实施。

## （九）地震灾后生态治理

地震灾后生态治理是对因地震破坏的生态进行重建修复。近 10 年间，地震上升为破坏四川生态的显著因素，尤其是“5·12”汶川大地震和

① 李晟之等：《四川生态建设报告（2015）》，社会科学文献出版社，2015。

② 左明华等：《四川省石漠化现状成因及治理措施》，《四川林勘设计》2007 年第 2 期。

"4·20"芦山地震，给四川生态系统、野生动植物栖息地、自然景观、自然河床等造成了严重破坏。信息显示，通过积极实施建设，"5·12"汶川大地震灾后生态恢复任务已经全面完成。"4·20"芦山地震灾后生态重建截至2015年末，已累计恢复震损林地植被44万亩、大熊猫基因交流走廊8.33万亩，修复大熊猫栖息地21.28万亩①。以重建为契机，以大熊猫模式标本采集地宝兴为中心的大熊猫国家公园探索建设列入议事日程，已经启动相关工作。

### （十）日本治山技术四川试点

为科学促进"5·12"汶川大地震后的生态重建，四川省林业厅于2010年启动实施了"中日技术合作四川省地震灾后森林植被恢复项目"，于2015年1月结束。该项目的主要目标是通过引进日本治山与生态植被恢复技术，提高中方技术人员相关领域能力和水平，建立地震灾后生态恢复示范和技术规范，促进四川省"5·12"汶川大地震灾区森林植被恢复工作持续、自主地开展。项目开发出了适合中国国情的"林业治山"技术，研发了《林业治山调查规划设计技术规程》（DB51/T 1806－2014），建成汶川、北川、绵竹和彭州4个林业治山示范区、15个示范点，示范治山21公顷，推动县市自主治山99公顷。项目推动了四川省政府启动实施了"四川省生态修复示范试点工程"，"林业治山"理念不仅融入该项工程，还全面融入"4·20"芦山地震灾后生态重建规划的技术思路，写进了《四川省林业促进生态文明建设规划纲要》，纳入了《森林法》的修订内容②。

## 三　四川山地生态治理的理念与技术

山地生态治理是一项庞大而复杂的系统工程，涉及的专业学科门类众多，关联的政府行政主管部门多，覆盖面广，交叉性、关联性非常强。

---

① 《芦山地震灾后重建生态环境修复新进展》，http://www.scly.gov.cn/scly/zhuzhan/yaowenzhuandi/20160108/12371483.html。

② 四川省林业厅：《四川省林业治山技术手册》，2014。

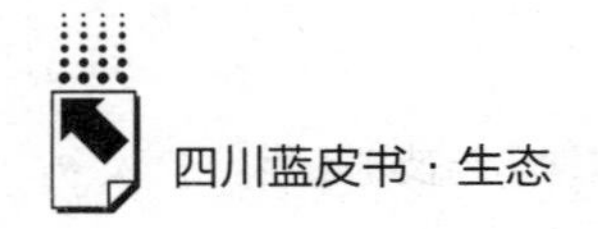


## （一）四川山地生态治理理念

山地生态治理，因为针对的治理领域、治理对象、治理类型、治理地点以及治理阶段等不同，治理目标不同，由此确立的治理理念也有很大不同。表2根据调研摸底，对四川生态治理相关工程与项目运用的一些基本理念进行了简要梳理和归纳，不尽全面，同时对一些理念的认识也是仁者见仁、智者见智。

**表2　四川山地生态治理相关理念一览**

| 治理类别 | 治理理念内涵 |
| --- | --- |
| 山地灾害治理 | 以人为本，防治结合，综合治理，社会参与 |
| 流域治理 | 全域整治，综合治理，部门配合，社会参与 |
| 山地防洪治理 | 蓄泄结合，综合治理，以人为本，部门配合，社会参与 |
| 干热(旱)河谷治理 | 养用结合，以人为本，社会参与 |
| 物种退化治理 | 抢救保护，繁育复壮，部门配合，社会参与 |
| 天然林区生态治理 | 封山育林，植树造林，合理利用，部门配合，社会参与 |
| 坡耕地生态环境治理 | 退用结合，综合治理(山水田林路整治)，部门配合 |
| 湿地治理 | 抢救性保护，近自然恢复，部门配合，社会参与 |
| 川西北草原沙化治理 | 治用结合，企业主体，牧民参与，市场运作 |
| 病虫害防治 | 防治结合，生防优先，部门联动，社会参与 |
| 石漠化治理 | 治用结合，综合治理，以人为本，社会参与 |
| 高寒山地治理 | 以草为本，标本兼治，牧民参与 |
| 矿山迹地治理 | 生物与工程措施结合，社会参与 |
| 震后生态治理 | 以人为本，封山育林，植树造林，部门配合，社会参与 |

### 1. 综合治理

中国古典哲学思想与文化精髓给予了生态治理重要启发。在生态治理技术与方法层面，不单纯强调某一项技术措施的作用，即便某些措施具有主导性、主体功能作用，但仍然注重“综合治理”理念的运用，肯定综合治理在统筹治理功效上的科学性，充分考虑和发挥治理举措的全局性、综合性与系统性作用，措施设计与配置恰如中医药“配方”，保养、疏导、治疗兼顾，措施之间相得益彰，既强筋固本，又去疾疗伤。防洪治理中，既要蓄，也要泄，同时对河道河岸进行整治，深淘滩、低作堰，主次分明，分类施策就是最好的实证。

2. 部门共治

地区生态治理工作涉及面广、工程量大、牵扯部门非常多。尤其是事关一个或多个、多层次行政区划内的生态治理工作，单靠政府某个部门、某个行业系统往往难以完成，必须政府多部门、多行业齐心协力，方可完成。例如，四川松材线虫防治，从疫源到林区，中间流程跨度大，治理环节涉及林业、交通运输、铁路、民航、邮政、电力、通信、城乡住房建设、工商、公安、海关、出入境检验检疫等部门（单位），在治理上如果不能围绕治理行动目标，各司其职，就难以形成治理联动，导致顾此失彼的后果。

3. 社会参与

生态治理作为社会公益，常常被当成是政府应该做的事情，因此，很多时候，治理工作总是由政府主体实施，老百姓虽然也参与，但是参与的方式不同。例如，在封建社会，民众更多的属于被强迫的参与。新中国改革开放后，参与日渐成为一种理念逐渐被社会认识、接受和行使。因此，在生态治理上，治理主体也由过去的政府向政府主导、社会参与转变，强调社会多层面、多角度参与，并根据治理对象特征，引入不同的参与方式。例如，1996 年四川引进的社区林业将社区参与作为社区林业发展中的重要理念在基层推进，有效地调动了当地社区参与林业建设的积极性，让社区认识到自身在当地林业建设中的主人翁责任与义务，激活了社区共治森林的意识，增强了社区林业管理综合能力。今天，社会参与已经被运用到生态治理多个领域。

4. 尊重自然

“人定胜天”作为一个历史时期最具鼓动性、激励性的思想，影响了很多代人，并成为人们试图改造自然、战胜自然的坚定信念，但经过无数次的历史验证之后，人们最终发现和认识到尊重自然规律、顺应自然才是真理。改革开放以来，尊重自然逐渐引起人们的关注，在生态保护领域不同程度地被认同和实践，例如病虫害防治中以鸟治虫害、治鼠害，是充分认识自然界一物降一物的客观规律后运用生物相生相克原理选择的结果。尊重自然成为国家的施政理念，或许应从十六大首次提出生态文明开始算起。十八大明确提出了必须树立“尊重自然、顺应自然、保护自然”的生态文明理念，正式确立了“尊重自然”等在人类文明发展中的重要地位。近年来，“尊重自然”正不断深入渗透到生态治理领域。

5. 以人为本

2003 年 10 月，《中共中央关于完善社会主义市场经济体制若干问题的决定》明确提出“坚持以人为本，树立全面、协调、可持续的发展观，促进经济社会和人的全面发展”，将以人为本作为中国共产党人坚持全心全意为人民服务的根本宗旨的体现。2007 年，中共十七大报告《高举中国特色社会主义伟大旗帜，为夺取全面建设小康社会新胜利而奋斗》再次明确指出，深入贯彻落实科学发展观，第一要义是发展，核心是以人为本。今天“以人为本”已经成为引领全国生态治理的重要理念。尤其是在事关民生、安全等的生态治理具体任务中，“以人为本”成为确定治理任务优先时序、优先空间顺序的决定性理念。例如，汶川地震灾后重建，“民生优先”充分体现出以人为本的思想理念。

## （二）四川山地生态治理技术

四川山地生态治理技术因其被关注度以及治理对象、类型等的不同，被研究和培育发展的深度不同，技术成熟度、技术体系完整度差别很大。一些治理技术，例如防洪治理等均已形成非常成熟的体系，有专门技术规程，并已普及推广。根据四川生态治理现状，本文重点就近年来发展起来的“林业治山”进行分析。

1. 林业治山的由来与定义

如前所述，“5 · 12”汶川特大地震发生后的 2010 年，为提升四川地震灾区生态治理可持续化水平，四川省林业厅通过中日技术合作项目引进日本治山的理念和技术，在结合四川生态治理传统知识的基础上，开发出“林业治山”的理念与技术模式。

林业治山是指针对林区范围内受自然灾害的损毁林地，通过传统造林绿化工程不能恢复森林植被，必须通过简易工程措施稳固坡面，改善植物生长条件，再结合生物措施进行的森林植被恢复治理工程①。

该项技术的成功之处在于工程措施和生物措施的有机结合，其治理技术思路如图 1 所示。该项治理技术在四川示范区成本大约每亩 2 万元。

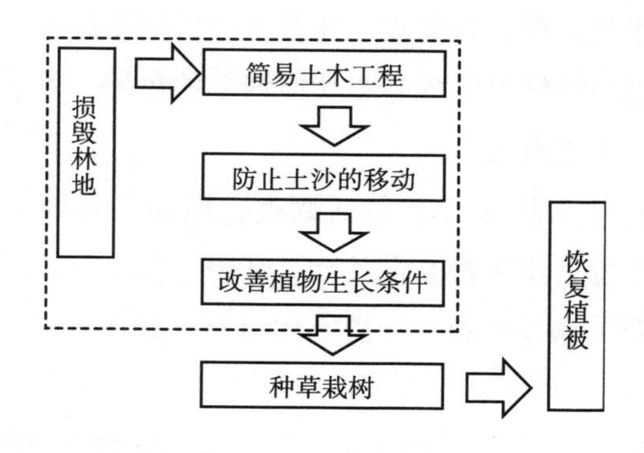


**图 1　林业治山流程**

2. 林业治山的核心理念

汶川地震灾后的植被恢复中，很多地方开展植被恢复的方式是直接在破碎的坡地或者崩塌地上种树，这种手段和表现形式，正好印证了过去社会上一些人形容林业工作的那句老话——“挖坑种树”。对比这样的植树造林恢复植被的方式，林业治山最大的不同在于“先固山再植树”。所谓“固山”是把植物赖以立足生长的“地基”通过工程措施优先进行稳定，使得治理区的水土得到有效保持。表面看虽然都是通过种树恢复植被，但林业治山在传统“整地、打坑、造林”的恢复程序上，前置了关键环节，即“用工程措施稳定与改善林地”。目前，所开发的林业治山技术，重点关注 2 米深的根系影响层。换句话说，“固山”重点针对 2 米根系层以上部分地表层。

如果进一步深究会发现，林业治山的技术要点可以用“挡、固、导、

① 《林业治山调查规划设计技术规程》（DB51/T 1806－2014），2014。

涵、植”五个字来细化解读。挡，即挡住坡体及地表土壤，以减少坡面可能的滑坡压力和潜在的土壤流失；固，通常采用工程措施，例如以石砌堡坎、钢结构挡土架等进行固定；导，就是通过修建排水沟渠，将可预见的一定规模的地表径流水合龙归入修建的排水沟渠中，减少其对治理区地表的冲刷威胁；涵，就是通过挡、导合力，使一定的地表水能够缓慢地渗透到土壤中，增强土壤含水量；植，在完成上述技术环节的基础上，植树造林，强化地表覆盖，并通过植被恢复实现生态功能恢复的目标。

3. 林业治山技术模式

林业治山在具体工作流程上包括调查、规划、测量、设计、施工、造林、管护等七个步骤，步步都非常关键。其中，技术模式设计环节通常考虑组合技术模式，即工程技术和生物措施相结合，如图 2、图 3 所示[①]。

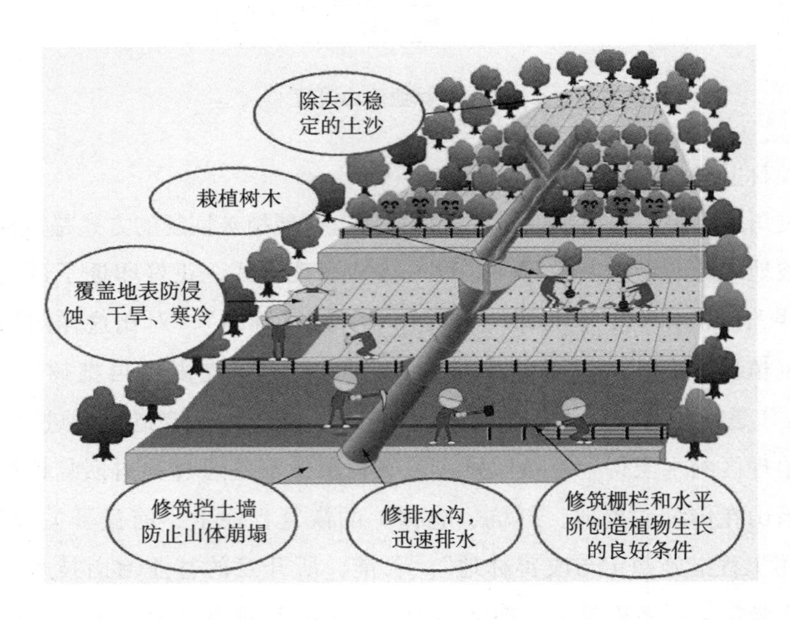


**图 2　林业治山模式**

资料来源：由日本林野厅提供。

① 四川省林业厅：《四川省林业治山技术手册》，2014。

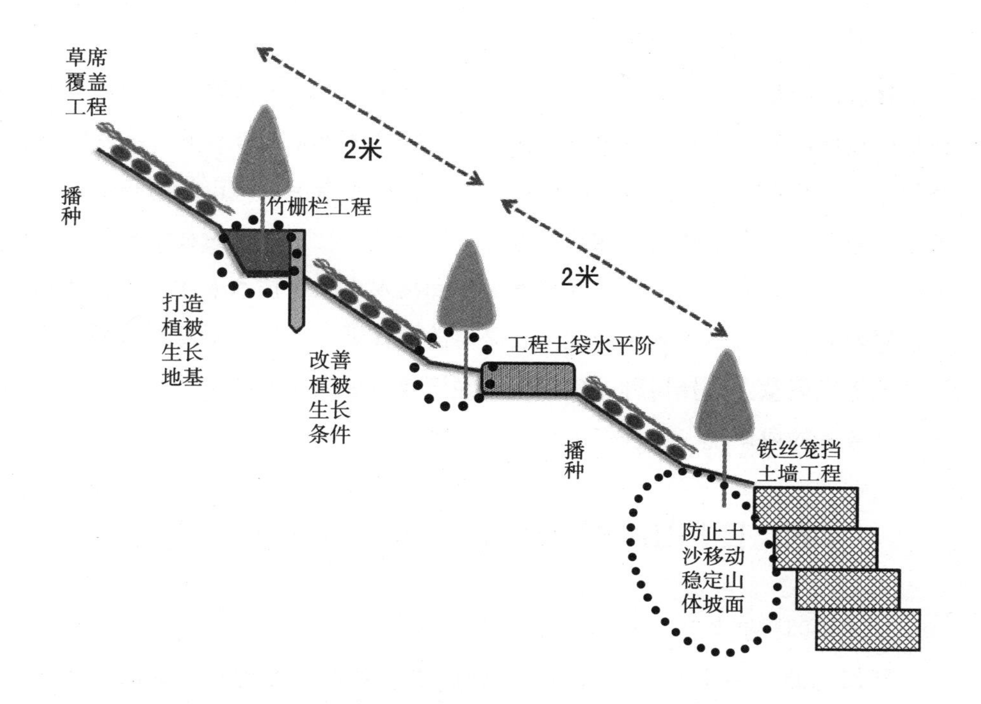


**图3　工程措施与生物措施结合运用剖面**

林业治山的四川示范工程中，具体工程措施主要包括浆砌挡土墙、钢架框挡土墙、钢铁框挡土墙、铁丝笼挡土墙、土袋阶梯工程、竹栅栏阶梯工程、草席覆盖工程、铁丝笼水系工程等核心技术。生物措施则主要运用了四川传统的林草植被恢复技术，从技术上组合来看也彰显了明显的“综合治理”思路。

4. 林业治山的普及推广价值

林业治山技术适用范围广泛，可用于高寒山地、干热干旱河谷地、大型工程迹地植被恢复等方方面面，已被纳入全国林业发展“十三五”规划思路。由四川省质量技术监督局发布的《林业治山调查规划设计技术规程》（DB51/T 1806－2014）为该技术的推广提供了技术标准。不过，目前标准还相对单一，还有待于继续研究开发，使之更加完善，形成技术体系。

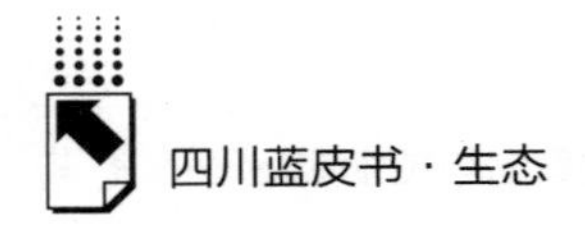


5. 林业治山的社会学启示

林业治山作为一项引进基础上开发的技术手段，在具体普及运用中，必须与所在地区的经济水平（经济实力）、生态安全诉求、生产需求等紧密结合起来。一是在选择治山对象和地点时，应当优先考虑那些可能给当地社区带来生态、生产、生命安全威胁的地方进行治理；二是在考虑技术转移、用工时，应当优先考虑当地社区的劳务输出和技术需求与技术人才培养；三是种植树木时，在考察和满足当地生态需要的前提下，应最大限度地兼顾当地社区经济发展意愿选择树种，确保生态经济效益最大化；四是注重权属和责任、义务等的协调统一，确保后续维护落到实处。

## 四 四川山地生态治理重大事件（2015）

1.《新环保法》2015年1月1日正式实施①

新修订的《中华人民共和国环境保护法》被民间称为新环保法，法律条文从原来的47条增加到70条。环保专家认为，修订后的环保法有可能成为现行法律里面最严格的一部专业领域行政法，亮点纷呈，例如，首次将“保障公众健康”写入总则第一条；首次明确规定“保护优先”原则；专列第五章“信息公开和公众参与”，明确公民依法享有获取环境信息、参与和监督环境保护的权利；环境公益诉讼主体扩大到在设区的市级以上人民政府民政部门登记的相关社会组织；加大了排污惩治力度。对拒不改正的排污企业，罚款金额可以“按日连续处罚”，同时赋予环保部门查封扣押等权力；实施生态保护红线，实行严格保护；建立环境违法“黑名单”制度；等等。

2.《党政领导干部生态环境损害责任追究办法（试行）》

7月1日，习近平主席主持召开中央全面深化改革领导小组第十四次会

① 《新环保法“史上最严”明年1月1日起实施》，http://news.sina.com.cn/o/2014-04-25/072030008503.shtml。

议并发表重要讲话①。会议审议通过了《环境保护督察方案（试行）》《关于开展领导干部自然资源资产离任审计的试点方案》《党政领导干部生态环境损害责任追究办法（试行）》（以下简称《办法》）等一系列重要文件②，其中《办法》于8月9日正式生效，规定了对25种情形予以追责，并将"终身追究"作为生态环境损害责任追究的一项基本原则，规定对违背科学发展要求、造成生态环境和资源严重破坏的责任人不论是否已调离、提拔或者退休，都必须严格追责。同时，《办法》也是首次以中央文件形式提出"党政同责"要求，充分彰显中央对环境的重视程度已提高到史无前例的水平，可以预见，《办法》将极大地推动四川山地生态治理工作。

3. 四川启动干旱半干旱地区生态综合治理试点工作

为改善干旱半干旱地区生态环境，2015年，四川省启动了干旱半干旱地区生态综合治理试点工作，投入资金3000万元专项用于干旱半干旱地区生态综合治理涉及的种苗、化肥、蓄水池、灌溉设施、提灌设备和沟渠建设等。四川省干旱半干旱区域主要位于东经98°~104°、北纬26°~35°，总面积约2000万亩，占全省辖区面积的2.8%，分布在甘孜州、阿坝州、凉山州、攀枝花市及雅安市等5个市（州）的40个县（市、区）。受气候等自然因素和过牧等人为因素综合影响，域内植被退化，水土流失严重，严重危害生态环境安全和国民经济发展。该项试点意义重大。林业治山理念和技术模式已被纳入治理思路。

4. 若尔盖湿地入选《国际重要湿地100名录》③

2015年科技部发布的《全球生态环境遥感监测2014年度报告》指出，2001~2013年，全球100处大型国际重要湿地面积保持稳定（减少不足

① 《习近平主持召开中央全面深化改革领导小组第十四次会议强调把"三严三实"贯穿改革全过程努力做全面深化改革的实干家》，http://news.cntv.cn/2015/07/01/VIDE1435749764082250.shtml。

② 中共中央办公厅、国务院办公厅印发《党政领导干部生态环境损害责任追究办法（试行）》，http://news.sina.com.cn/c/2015-08-17/190832214756.shtml。

③ 《若尔盖自然保护区入选〈国际重要湿地名录〉》，http://www.lstfw.com/index/goods/information/id/2112.html。

1%），其中，四川若尔盖国家级自然保护区等46处中国湿地自然保护区被列入《国际重要湿地名录》，若尔盖保护区主要保护对象为高寒沼泽湿地生态系统和黑颈鹤等珍稀动物。

5. “四川岩溶区石漠化土地植被恢复应用技术研究”重大成果通过鉴定①

5月22日，四川省科技厅组织专家对“四川岩溶区石漠化土地植被恢复应用技术研究”成果进行鉴定认为，此项成果“为石漠化区域的植被恢复与生态治理提供了有力的技术支撑，具有重要科学价值，研究成果总体居于国际同类研究先进水平，在立地分类系统、典型治理模型的建立等方面居国际领先水平”。研究在实地调查5.8万个图斑资料的基础上，利用3S技术和层次分析法，首次系统地对四川岩溶区生态环境脆弱性进行了综合评价；创建了石漠化土地信息管理系统以及四川岩溶区石漠化土地立地分类系统；首次筛选出适宜石漠化治理的树（草）种45个，建立技术措施配套的治理模型61个。成果具有创新性。

6. 松材线虫生物疫区扩展

根据四川省人民政府公布的2015年度林业检疫性有害生物疫区名单，松材线虫病乡镇级疫点已达34个，较上年新增10个，年扩展速度41.7%。据不完全估计，松材线虫等13种主要农林入侵物种危害巨大，不仅每年对全国造成近574亿元的直接经济损失，而且严重破坏生态环境，致使生态退化和生物多样性丧失。

7. 生态治理与美丽中国主题论坛举行②

6月26日，以“生态治理与美丽中国：新常态下的机制创新与能力建设”为主题的生态治理与美丽中国论坛在贵阳国际生态会议中心召开，发布了《面向未来的中国生态治理机制创新与能力建设政策建议书》。针对我国生态治理机制创新与能力建设政策的实际情况，提出了牢固树立系统化的

---

① 《四川岩溶区石漠化土地植被恢复应用技术研究取得重大成果》，http://www.scly.gov.cn/scly/zhuzhan/huangmohuafangzhi/20150818/12366219.html。

② 《生态治理与美丽中国主题论坛举行》，http://gzrb.gog.com.cn/system/2015/06/27/014403926.shtml。

生态治理理念，以治理体系建设及制度创新为动力，实施生态保护和建设新战略；发挥政府主体作用，坚持多元合作，构建开放合作的生态治理参与体系；大力实施生态绿色外交战略，提高生态治理国际合作的主动权等建议。

8. 林业治山政策研讨会

9 月 25 日，四川省林业厅与日本海外协力机构中国事务所联合主办了治山政策研讨会。云南、河北、山东、浙江等十三省林业厅（局）代表参加了会议。会议围绕山区生态治理的理念、技术、模式，对将林业治山理念和技术纳入国家十三五发展规划进行了研讨。

9. 四川省与丹麦王国签署土地与矿山环境恢复治理技术研究合作谅解备忘录①

9 月 17 日，四川省国土资源厅、四川省环境保护科学院、中丹新能源环保研发应用中心、丹麦土地联盟、丹麦中区发展与环境部门在成都共同签署《土地与矿山环境恢复治理技术研究合作谅解备忘录》，开了四川国土资源携手环保部门在该领域国际合作的先河。合作内容涵盖开展土地整理项目、耕地污染调查与治理研究示范项目、废弃矿山地质环境恢复治理技术方法研究、村庄整治景观与生态环境修复研究示范项目。

10. 第一届海峡两岸湿地保护交流研讨会召开②

10 月 23 日，首届海峡两岸湿地保护交流研讨会在成都市新津县顺利召开。在湿地国际帮助下，中国湿地保护协会与社团法人台湾湿地学会达成共识，为促进两岸湿地领域开展广泛合作，在平等互利的基础上，创造良好环境与机制，开展湿地保护交流与合作，双方在会议期间签署了《海峡两岸湿地保护和可持续发展民间合作备忘录》，着力建立长效合作机制，确定了合作领域及对象。

---

① 《四川省国土部门与丹麦王国签署土地与矿山环境恢复治理技术研究合作谅解备忘录》，http://www.scdlr.gov.cn/sitefiles/services/cms/page.aspx?s=2&n=237&c=142591。

② 《第一届海峡两岸湿地保护交流研讨会召开》，http://www.scly.gov.cn/scly/zhuzhan/shidiguanli/20151026/12368629.html。

## 五　四川山地生态治理面临的主要问题与挑战

### （一）全球气候变暖带来的挑战

全球气候变暖的影响没有国界，没有完全的地理阻隔。深处中国内陆的四川，和全球任何一个地方一样，受全球变暖影响。世界气象组织发布的《世界气候状况年度临时声明》① 显示，2015 年全球平均地表温度可能成为有气象记录以来的最高纪录，而 2011～2015 年也是有气象记录以来最热的五年，受此影响，许多极端天气事件在全球各地频繁发生。气候变暖不可避免地将使自然灾害发生的风险升级。例如病虫害，因为气温升高，传播扩散的速度必将加快。一些外来入侵植物也有可能向高海拔、高纬度地区扩散。与此同时，洪涝灾害等的发生概率也会显著增大。因此，四川山地生态治理也将不可避免地面临着因气候变暖所带来的系列问题。

### （二）四川山地生态治理的本土挑战

经过长期生态治理和地震灾后生态重建，四川生态状况较历史水平明显好转，长江上游生态屏障基本建成。但是，与生态文明建设的目标要求和全面小康社会的生态要求相比，客观上还存在着这样那样的差距。习近平总书记说“山水林田湖是一个生命共同体，人的命脉在田，田的命脉在水，水的命脉在山，山的命脉在土，土的命脉在树。用途管制和生态修复必须遵循自然规律”，这一论述给生态治理体制机制提出了明确的系统观和新方法。本文借助这样的系统思维，结合治理体系进行分析后，简要归纳了当下四川生态治理中面临的诸多挑战。

1．“山”

《国语·周语》说“山，土之聚也”，意思是由土堆积或岩石隆起形成

---

① 《世界气象组织称 2015 年或成为有气象记录以来最热年份》，http：//news. sina. com. cn/o/2015 - 11 - 26/doc - ifxmazpa0227978. shtml。

的高出地面的部分。通常人们说山，不仅指土，也包括其上所有的附着物，指一个系统。但是，在现实生态治理中，这种依存关系却又被割裂。分析与山相关的挑战，既说“土”，又不能简单地只说“土”。与山关联的主要挑战有以下几点。

（1）山地、高原的沙化趋势明显，荒漠化蔓延势头未根本遏制①。

（2）鼠虫害及毒草危害还没有得到根本治理，例如草原的鼠害面积年均达到4300万亩以上，虫害面积达到1300万亩以上，毒害草分布面积9400.7万亩。

（3）道路、开矿等致使山地生态系统受损严重，物种栖息地被割裂。

（4）“5·12”及“4·20”地震造成山体破碎化程度严重，次生灾害突出，滑坡、泥石流、水土流失发生明显、发生面宽，治理任重道远。

（5）干旱干热河谷生态脆弱区植被维护和再造压力巨大。

2.“水”

古语说“太一生水，水反辅太一，是以成天”，水是万物之源。“田的命脉在水”，水多水少、水好水坏，直接影响着田。四川山地生态治理中与水相关的挑战主要有以下几点。

（1）受诸多自然与人为因素影响，四川江河生态功能退化。

（2）水电站建设导致河道生态受损严重，一些河道长期断流，一些河道流量严重不足，影响当地的生物多样性。

（3）河道库糖化、污浊化、渠道化现象明显。

（4）长江干流（四川段）、金沙江、岷江、沱江、嘉陵江五大水系水质轻度污染②，部分河段污染较为严重。

（5）水资源矛盾较为突出。

3.“林”

四川是全国重点林区。目前，四川森林面临的主要挑战包括以下几点。

---

① 《四川省生态保护与建设规划（2014～2020）》，2014，第6页。

② 《2014年四川省环境状况公报》，http：//www.schj.gov.cn/cs/hjjc/zkgg/201506/P020150605606595714588.pdf。

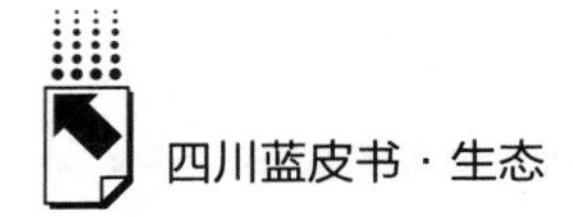


（1）森林结构不尽合理，森林在涵养水源、保护土壤、维护生物多样性以及固碳汇碳等方面的能力与综合功能整体偏低。

（2）仍有大量低效商品林亟待抚育改造，林地逆转压力未减，森林资源培育与保护任务艰巨①。

（3）松材线虫等的危害风险显著增高。

（4）紫荆泽兰等外来入侵植物的危害范围还在继续扩展。

（5）森林火灾隐患因全球气候变暖等原因而增大。

4.“田”

“人的命脉在田”，田好，粮食就有丰收的重要基础，田不好，粮食就难以有好收成，就威胁人的生存。山地生态治理中，田生态面临的问题与挑战主要有以下几点。

（1）人地矛盾突出，沙化、石漠化地区更加明显。

（2）农田生态环境整体不容乐观。化肥、农药、农膜等用量大，土壤污染点位超标率达28.7%②，耕地质量退化。

（3）农田水生态脆弱，旱涝问题突出。

（4）坡耕地水土流失问题仍然存在。

5.“湖”

湖与江河等水体、泥炭等是自然湿地的重要组成部分。目前，四川湖泊面临的主要挑战包括以下两点。

（1）高原湖泊干涸加剧。

（2）水体污染与富营养化明显。

6.“物”

本文增加一项，那就是物种。物种是人类赖以生存的食物来源。物种的丰富度直接影响着人类的生存质量。

（1）部分珍稀濒危物种栖息环境日益被压缩、被隔离。

① 《四川省生态保护与建设规划（2014～2020）》，2014，第6页。

② 《我省发布〈四川省土壤污染状况调查公报〉》，http：//sichuandaily. scol. com. cn/2014/11/29/20141129555193967520. htm。

（2）野生物种资源日益减少。

（3）大量道地农作物、土著家畜禽品种消失。

7. “人”

人既是生态中的一部分，又是生态治理的执行者。我们不主张人定胜天，但也不能否定人的绝对主体作用。一切治理最终服从于人类生存发展的需求。在四川生态治理中与人相关的挑战主要有以下几方面。

（1）沙化、石漠化等灾害治理机制不尽协调。

（2）生物多样性管护体系尚不健全。

（3）社会参与生态治理的深度不够，机制还不完善。

（4）违法违规、乱挖乱采及过度利用资源的行为仍然明显。

（5）公众生态环境保护的公共责任意识仍然有待提高。

（6）国家对生态治理的投入还严重不足。

## 六　四川山区生态治理2016年展望

### （一）山地生态治理必将成为四川贯彻绿色理念的重大使命

十八届五中全会提出的“创新、协调、绿色、开放、共享”五大发展理念，绿色上升到国家战略高度，无疑给四川山地生态系统保护与山地生态治理带来更大机遇。尤为重要的是，新年伊始，习近平总书记5日在重庆召开推动长江经济带发展座谈会上，强调指出当前和今后相当长一个时期，要把修复长江生态环境摆在压倒性位置，共抓大保护，不搞大开发。生态工程建设已被明确作为国家促进长江经济带建设的优先选项。在此背景下，长江防护林体系建设、水土流失及岩溶地区石漠化治理、退耕还林还草、水土保护、湿地恢复、天然林保护、自然保护区建设等一系列事关生态环境建设与治理的重大生态工程成为重要抓手。四川作为长江上游生态屏障建设的主体，作为全国重要生态主体功能区，生态治理无疑是重中之重，必将赋予重大使命，担当更大责任，迎来重大新机遇。与此同时，美丽四川建设，尤其是四川与全国同步小康的目标要求，也倒逼四川必须在“十三五”期间通过扎实的自然生态治理、污染物综合防治、大气和水体污染防治行动等，为绿色发展、协调发展和全面小康从根本上夯实生态基础，将四川全面建成“小康生态”。

## （二）“绿化全川”理念将引领城乡绿化全域提档升级

2015年召开的中共四川省委第十届七次全会强调指出，建设长江上游生态屏障，开展大规模绿化全川行动。“绿化全川”从1989年四川省委、省政府作出“治水兴蜀，绿化全川”的决定到2015年，前后已历经26年，其间诸如天然林保护、退耕还林等系列国家重大生态工程不断将“绿化兴川”推向新高度。“十三五”继续强调大规模“绿化全川”，是四川省委根据四川“十三五”国民经济和社会发展战略提出的新要求，不仅从量上提出了绿化新使命，更从理念和思路上给四川生态建设提出了新课题和新目标。例如，在四川48.5万平方公里的土地上，森林覆盖率已达到36%，还有多少林地空间可以造林？大面积干热干旱河谷、高寒山地、造林困难地最终确立什么样的“绿化定位”，是着力造林还是乔灌草结合，分类施策，能造才造，能种草就种草？乡村与城市绿化如何提质增效？诸如此类的问题必将纳入议事日程进行深度研究，提出科学实施方案。

## （三）生态红线制度必将更加完善并助推生态治理提速

2014年四川林业发布森林和林地、湿地、沙区植被、物种四条生态红线，2015年11月四川省委十届七次全会明确提出“划定农业空间和生态空间保护红线”，无疑再次给生态红线提出了新的、更高的和系统化的要求。这些要求促使政府相关部门认真深入研究诸多“红线问题”，例如生态空间红线还应当包含哪些红线指标？划出的红线如何具体落实到全省不同地理空间与生态空间？管理上如何监测控制？在红线范围内的自然资源在利用方式上将做哪种限制？对于红线管理如何考评？等等。有理由相信，新的时期，红线制度体系将更加完善，红线制度的真正落地也助推四川山地生态治理换挡提速，推动生态治理在未来相当长的时间内成为改善国土空间质量的关键举措。

## （四）污染治理将真正上升到人民健康安全的认识高度

2015年发布的《中共中央国务院关于加快推进生态文明建设的意见》（以下简称《意见》）中明确提出，“按照以人为本、防治结合、标本兼治、综合施策的原则，建立以保障人体健康为核心、以改善环境质量为目标、以防控环境风险为基线的环境管理体系，健全跨区域污染防治协调机制，加快解决人民群众反映强烈的大气、水、土壤污染等突出环境问题”①，全面推进污染防治。《意见》与《党政领导干部生态环境损害责任追究办法（试行）》等的扎实有效实施，必将促使各级党委、政府深度认识绿色发展，不能以消耗后代人的资源和以牺牲当地人、当代人和后代人的健康为代价；还必将促使各级党委、政府以对人民健康安全高度负责任的态度，全面严格地强化新项目环境影响评价管理；更要敢于担当，对那些被社会强烈反映涉嫌重大环境污染、危害人民健康安全的在建项目重新评估和再决策。

① 《中共中央国务院关于加快推进生态文明建设的意见》，http：//politics.people.com.cn/n/2015/0506/c1001－26953754.html。

# B.4
# 四川川西北防沙治沙

余凌帆　鄢武先　邓东周*

摘　要：　四川省西北部土地沙化是一种完全不同于我国北方沙化的特殊沙化类型，已经影响到区内生态安全和民生民计发展，造成的危害和影响已受到全社会的广泛关注。四川省委、省政府也高度重视，并启动了防沙治沙试点工程建设。在目前的川西北防沙治沙试点工程中，创建了川西北高寒沙地立地分类系统，选育出了一批优良治沙植物并实现规模化繁育，创新了川西北高寒沙地林草植被恢复技术体系，提出了川西北高寒沙地林草植被恢复有效模式。

关键词：　防沙治沙　川西北　新技术

四川省西北部地处青藏高原东南缘、横断山北段，区域内天然高原湿地富集，是长江、黄河上游的重要水源涵养地，有“中华民族水塔”之誉，生态区位十分重要，土地沙化造成的危害和影响已受到全社会的广泛关注。2014 年公布的《中国荒漠化和沙化状况公报》显示，我国土地荒漠化和沙化整体得到初步遏制，仅有川西北、塔里木河下游等局部地区沙化土地仍在扩展。川西北沙化土地达 82.2 万公顷，区内也是藏族等少数民族聚居区域，

* 余凌帆，四川省林业科学研究院林业研究所副所长、副研究员，川西北高寒地区防沙治沙、湿地保护研究；鄢武先，四川省林业科学研究院林业研究所副所长、研究员，研究方向为生态学与林学；邓东周，四川省林业科学研究院林业研究所副研究员，研究方向为生态学。

沙化已经影响到区内生态安全和民生发展。为进一步遏制土地沙化的趋势，四川省委、省政府高度重视，并启动了防沙治沙试点工程建设。

荒漠化和沙化是当前全球广泛关注的重大环境问题之一，全球荒漠化和沙化的土地已达到3600万平方公里，占干旱地带总面积的70%，占整个地球陆地面积的1/4，相当于俄罗斯、加拿大、中国和美国国土面积的总和，且以每年5万~7万平方公里的速度扩大。全球每年因此损失100~130平方公里土地。荒漠化涉及世界六大洲100多个国家，威胁着世界上1/5的人口。①

荒漠化和沙化是我国当前面临的最为严重的生态问题之一，也是我国生态建设的重点和难点。截至2014年，我国荒漠化土地面积261.16万平方公里，沙化土地面积172.12万平方公里。与2009年相比，5年间荒漠化土地面积净减少12120平方公里，年均减少2424平方公里；沙化土地面积净减少9902平方公里，年均减少1980平方公里。监测结果说明我国土地荒漠化和沙化整体得到初步遏制，荒漠化和沙化土地面积持续减少，仅有川西北、塔里木河下游等局部地区沙化土地仍在扩展。但土地沙化总面积仍然很大，土地沙化不仅严重破坏生态环境，导致沙区贫困，而且吞噬中华民族的生存与发展空间，阻碍全面建设小康社会的进程，给国民经济和社会可持续发展造成了极大危害。

## 一 四川西北部沙化土地治理现状及存在的问题

川西北长期受到沙害侵扰，20世纪70年代，阿坝州若尔盖县林业部门职工和辖曼乡干部群众就开始在辖曼乡附近沙地上不断摸索、总结，营造了30余公顷高山柳固沙林。1993年以来，阿坝州的若尔盖县和甘孜州石渠县先后被纳入全国治沙综合示范区，先后治理各类型沙化土地约2000公顷，这些治沙实践取得了一定成效，为治沙工作积累了经验。

① 李福兴：《全球荒漠化现状和我国荒漠化研究的动向》，《水土保持研究》1996年第4期。

但是，由于川西北多数地区环境特殊、条件恶劣，海拔在3000米以上，高寒与干旱共同作用使区域生态环境极为脆弱，植被一旦被破坏极难恢复，再加之沙化治理具有长期性、艰巨性、复杂性等特点，总体来看，治理区尚未恢复稳定林草植被，不能有效发挥生态功能，存在着很多突出问题（见图1）。

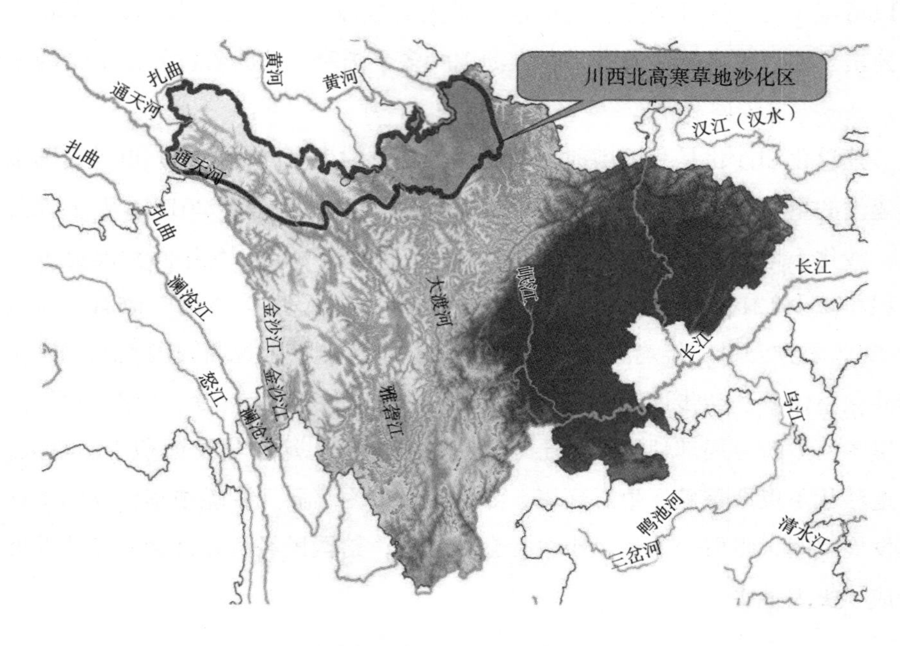


**图1　四川西部沙化土地主要分布区域示意**

1. 沙化治理范围窄、规模小，川西北高寒沙地分布广而零星，不能满足指导生产的需要

四川省前期仅有若尔盖和石渠县被纳入全国治沙综合示范区，沙化治理的实践从范围上和规模上看都比较小，由于川西北地区高寒沙化土地零星分布于四川省的29个县，具有分布广、类型多、成因复杂的特点，仅有2个县的示范难以支撑指导整个川西北高寒沙地的林草植被恢复。

2. 治沙乔灌木材料匮乏

由于川西北高寒沙地海拔高、积温低、生长期短、大风天数多，环境条件极为恶劣，适宜该区域的治沙乔灌木极少，基本以康定柳为主，前期若尔盖曾开展过引种樟子松的试验，目前已基本无存活。治沙乔灌木品种的单一，一方面会导致植被恢复过程中群落结构不稳定，另一方面会造成大规模治理工程开展的植物材料来源难以得到保障，下一步《川西藏区生态保护与建设规划（2013～2020年）》全面实施，植物材料缺口会很大。

3. 沙地土壤瘠薄，不适宜植物生长

分析数据显示，川西北高寒沙化土地土壤有机质、全N和水解N较天然草地都减少85%以上，全P减少61%～68%，速效P减少18%～28%，土壤全K减少21%～34%，速效K减少57%～89%（见表1）。随着沙化程度的加深，土壤质量不断变差，适宜植物生长的土壤条件仍然非常差，植被恢复难度增大。

**表1　不同沙化类型土地土壤养分特性分析**

| 项　目 | 有机质（克/千克） | 全N（克/千克） | 全P（克/千克） | 全K（克/千克） | 水解氮（毫克/千克） | 速效磷（毫克/千克） | 速效钾（毫克/千克） |
|---|---|---|---|---|---|---|---|
| 流动沙地 | 1.64 | 0.15 | 0.31 | 9.34 | 9.55 | 1.69 | 43.73 |
| 半固定沙地 | 4.40 | 0.30 | 0.33 | 10.87 | 12.00 | 1.93 | 82.87 |
| 固定沙地 | 5.34 | 0.33 | 0.37 | 11.18 | 29.76 | 3.53 | 103.57 |
| 露沙地 | 8.50 | 0.51 | 0.34 | 11.08 | 52.32 | 10.39 | 175.00 |
| 草地 | 74.94 | 3.51 | 0.97 | 14.18 | 373.30 | 2.36 | 411.60 |

4. 模式单一，恢复群落稳定性差

由于前期川西北高寒区沙化治理实践开展较少，模式也比较单一，若尔盖县辖曼乡基本以营建康定柳固沙林为主，石渠县基本以撒播牧草为主，尽管治理区植被盖度有了一定程度的提高，但植被调查和生产力测定等调查数据表明沙化地植被保存率普遍偏低，植物群落结构脆弱，部分流动沙地仅有草地覆盖，未能起到固定流沙、改善微生境的效果，不能形成稳定的群落结构。

上述这些问题制约了川西北生态保护与治理工作的成效，需要开展系统研究指导下一步国家启动的重点沙化治理工程的实施。

## 二　目前川西北防沙治沙研究的目标、方法

1. 研究目标

川西北防沙治沙工作本身具有多样化和复杂性的特点，是一项系统性的工程，因此目标也是多样化的，最少应该包括以下几项。

第一，针对川西北高寒沙地海拔高、分布区域广、类型复杂等特点，科学划分川西北高寒沙地立地类型，为因地制宜、分类治理、分区施策提供重要依据。

第二，配合川西北地区防沙治沙试点示范工程建设，突破沙地植被恢复材料单一、优良治沙植物匮乏等技术瓶颈，重点研究沙地植被恢复植物材料筛选与扩繁技术体系，筛选、培育出适合川西北高寒沙地植被恢复的优良植物材料，为沙地治理提供优质苗木。

第三，遏制川西北沙化土地进一步恶化的趋势，防治土地退化、进一步沙化，进行沙地土壤改良和流动沙地固定技术的研发，为沙地植被恢复创造适宜的生长条件，加速植被恢复的进程，加快流动沙地的固定，减缓沙害的发生。

第四，构建川西北高寒沙地植被恢复模式与技术体系，为不同类型的沙地治理和应用推广提供实用技术，为进一步做好防沙治沙工作、促进川西藏区生态文明建设提供理论和技术支持。

2. 研究方法

川西北防沙治沙需要依据生态学、植被生态学、群落生态学、水土保持与荒漠化防治等学科的相关理论，根据研究区的特点，遵循典型性、代表性的原则，采用试验研究与省级防沙治沙试点示范工程全面调查相结合，野外调查、试验示范、室内分析、文献查阅、专家咨询等相结合的方法，围绕研究目标，重点开展立地分类、植物选择、土壤改良、流沙固定等方面的研究，其主要研究方法如下。

（1）重点研究区域法及重点区域的样带设置法

川西北高寒区 29 个县都存在不同程度的沙化，涉及的范围比较广，既

有点状的零星分布，也有面积相对较大的集中成片分布，但真正影响区域生态环境的沙化地或严重影响当地社会经济的沙化地，还是集中在高寒草地区，即2007~2012年先后启动的能够代表整个川西北沙化情况的若尔盖、理塘、红原、石渠、阿坝、壤塘、色达、稻城8个县。因此，防沙治沙研究区域应主要在上述8个县开展。此外，在若尔盖、稻城、阿坝、石渠、壤塘5个县还需要设置试验样地、野外长期调查样带，做到基本覆盖研究区内所有流动沙地、半固定沙地、固定沙地、露沙地所有类型，从海拔、气候特点、降雨状况基本覆盖所研究的全部区域。

（2）植物材料的筛选试验设计

根据沙生植物资源的调查分析结果，选择具有一定优良生长特性的植物，进行盆栽和大田种植，进行生理生态特性试验研究。

观测移栽的沙生植物在沙地上的成活生长情况，测定固沙效果、植物形态特征、地上地下部分生物量的分配以及光合特性、抗旱性指标。

植株处理方法：各种植物选取长势良好的苗木10株，胁迫前将所选材料一次性浇透，然后进行断水处理。随断水时间的延长，干旱程度逐日加深。各种植物选取长势良好的苗木5株正常浇水作为CK。

叶片采集：分别于断水后5天、10天、15天、20天、25天取样进行各生理指标的测定，取样时各处理随机选取3盆，每盆自顶端以下第5片功能叶开始往上取，叶片清除表面污物后去叶脉剪碎混匀备用。各项生理指标的测定均进行3次重复。

抗旱性评价：隶属函数分析，各综合指标的隶属函数值用下列公式计算：

$$\mathrm{U}(X_n) = \frac{(X_n - X_{\min})}{(X_{\max} - X_{\min})} \text{或} \mathrm{U}(X_n) = 1 - \frac{(X_n - X_{\min})}{(X_{\max} - X_{\min})}$$

公式中，$X_n$为第$n$个综合指标测定值，$X_{\max}$以及$X_{\min}$为第$n$个综合指标的最大值和最小值。

权重的确定根据综合指标贡献率大小，用下列公式求出各个综合指标权重（$W_n$）。

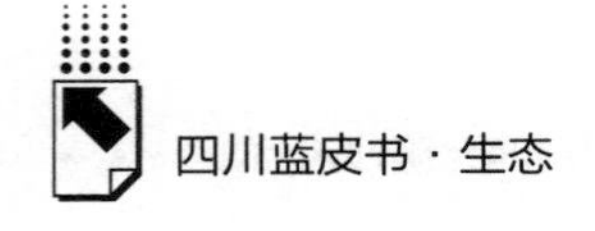


$$W_n = P_n / \sum_{k}^{n} = 0^{P_n}$$

公式中，$W_n$ 为第 $n$ 个综合指标的权重，$P_n$ 为各种灌木第 $n$ 个综合指标的贡献率。

抗旱性综合评价，用下列公式计算各种植物抗旱性综合评价（D）。

$$D = \sum_{n}^{n} = 1^{[U(X_n)W_n]}$$

（3）植物群落特征调查

根据若尔盖县、阿坝县、理塘县、稻城县、色达县5个典型县的沙化情况设置调查样线，样线需沿海拔梯度尽可能囊括所有沙化类型。在设置的样线上每隔100米设置20米×20米的标准样地，乔木通过每木检尺，测定胸径、树高、冠幅面积，灌木设置2米×2米的调查样方，草本设置5个1米×1米的调查样方。本次调查共计设置样线条21条、样方400个，其中覆盖露沙地105个、流动沙地60个、半固定沙地90个、固定沙地145个。植物群落学特征调查方法包括调查灌木测定高度、冠幅、株数、生长势，草本测定多度、盖度、平均高度、频度、生长阶段。样地坡向、坡度及海拔：用手持罗盘测定坡度和坡向，用GPS测定海拔。植物鉴定方法：利用《中国植物志》《四川植物志》《甘孜州高等植物》和《中国高等植物图鉴》对采集的标本进行鉴定，建立植物种类数据库。

（4）沙化特征调查及判别方法

①沙化土地技术指标

沙化土地技术指标依据《四川省沙化监测技术操作细则》（2009年）中的相关标准执行。

1）沙化土地类型

a. 流动沙地，指土壤质地为沙质、植被覆盖度<10%、地表沙物质常处于流动状态的沙地。

b. 半固定沙地，指土壤质地为沙质，10%≤植被盖度<30%（乔木林冠下无其他植被时，郁闭度<0.5），且分布比较均匀，风沙流活动受阻，

但流沙纹理仍普遍存在的沙地。

c. 固定沙地，指土壤质地为沙质，植被覆盖度≥30%（乔木林冠下无其他植被时，郁闭度≥0.5），风沙活动不明显，地表稳定或基本稳定的沙地（丘）。

d. 露沙地，指土壤表层主要为土质，有斑点状流沙出露（<5%）或疹状灌丛沙堆分布，能就地起沙的土地。

2）土地沙化程度

a. 轻度。植被盖度>50%、基本无风沙活动的沙化土地，或一般年景作物能正常生长、缺苗少（一般作物缺苗率<20%）的沙化耕地。

b. 中度。30%<植被盖度≤50%、风沙流活动不明显的沙化土地，或作物长势不旺、缺苗较多（一般20%≤作物缺苗率<30%）且分布不均的沙化耕地。

c. 重度。10%<植被盖度≤30%、风沙流活动明显或流沙纹理明显可见的沙化土地，或作物生长很差、作物缺苗率≥30%的沙化耕地。

d. 极重度。植被盖度≤10%的沙化土地。

（5）土壤特征与样品采集、分析方法

样地样方内的土样用土钻分层（0~20厘米，20~40厘米）采集，5~8次，混合取样，土样重量500克以上，并将写明样地编号、采样深度、采样日期、采集人姓名的土壤标签放入土壤袋中，扎紧袋口。同时，每个样地分层（0~20厘米，20~40厘米）测定土壤含水量3次。每一样带挖掘典型土壤剖面1个，记录剖面详细信息。

采用烘干法测定土壤含水量，试纸法测定土壤pH值。分别采用钼锑抗比色法、凯氏定氮法、火焰光度法、稀释热法、土壤颗粒分析吸管法等，测定土壤养分含量、机械组成等土壤指标，见《土壤农业化学分析方法》。

（6）模糊聚类分区方法

采用SPSS17软件聚类分析模块，进行立地类型分级分区研究。模糊聚类是研究样本或变量指标的一种多元统计分析方法。模糊聚类分析方法是利用模糊集理论处理分类问题，它对于具有模糊特征的两态数据具有明显的分类效果。聚类分析根据分类对象的不同分为Q型和R型两大类，Q型是对样本进行分类处理，R型是对变量进行分类处理。Q型聚类分析的优点：一是能综合利用多个变量对样本进行分类；二是分析结果直观，聚类谱图明确、清楚地表现其数值分类结果；三是聚类分析所得到的结果比传统分类方法更加细致、全面、合理。因此，本研究使用了聚类分析方法中的Q型聚类分析。变量采用了影响立地质量的多变量因素，包括主导因子、辅助因子等。

（7）植物固沙效果测定方法

①风速测定

利用十路风速风向自动采集仪器，对比测定有无植物措施下流动沙地0米和1米高度的瞬时风速；同时在试验样地中，利用十路风速风向自动采集仪器，测定有沙障流动沙地中距离沙障20厘米、50厘米、100厘米处测点0米和1米高度的瞬时风速；每个测点测定100组数据，并对实测风速进行随机抽样分析。

②沙尘测定

选取具有代表性的地段，无沙障、2米×2米沙障、3米×3米沙障、2米×4米沙障的流动沙地在迎风面的边缘线和背风面的沙化地靠近边缘线分别打10个定桩，定桩间距离为5米，定桩向下打40厘米，沙面上以50厘米高为标准高度，共计设定桩80个，用高度来测定沙移动的量，当年8月采集数据。

③植物群落特征

植被调查采用样方法，在样方中记录每种植物的高度、盖度、株数等因子。

（8）植物群落特征分析方法

物种多样性指数反映群落结构和功能复杂性以及组织化水平，能比较系统和清晰地表现各群落的生态习性。

重要值，用重要值作为多样性指数的计算依据，其计算公式如下：

$$物种重要值(Iv) = (相对高度 + 相对盖度 + 相对密度)/3$$

α 多样性测度，主要采用群落物种丰富度、Shannon - Wiener 信息指数、Simpson 多样性指数和均匀度指数（Pielou 指数）等。

Margalef 丰富度指数：

$$R = (S - 1)/\ln N$$

Simpson 多样性指数：

$$D = 1 - \sum_{i=1}^{s} P_i^2$$

Shannon - Wiener 信息指数：

$$P_n = \frac{\alpha I + P_{n\max} - \sqrt{(\alpha I + P_{n\max})^2 - 4\theta\alpha I P_{n\max}}}{2\theta} - R_d$$

Pielou 均匀度指数：

$$J = (-\sum_{i=1}^{s} P_i \text{In} P_i)/\text{In} S$$

式中，$N_i$ 为第 $i$ 种的个体数量（物种重要值），$N$ 为所有种的个体总数（物种重要值总和），$P_i$ 为物种 $i$ 的个体数量（物种重要值）$N_i$ 占所有个体总数（物种重要值总和）$N$ 的比例，即 $P_i = N_i/N$，$i = 1$，2，3……$S$，$S$ 为物种总数。

## 三　四川省西北部防沙治沙总体策略

通过对四川西北高寒区所开展的沙化治理模式进行全面的分析，针对不同沙化土地类型，其林草植被恢复的总体策略概括如下。

### 1. 流动沙地林草植被恢复应“固沙措施先行，以灌为主、灌草结合”

川西北高寒区一个突出的气候特点就是风速大、强风天数多，以若尔盖为例，该地区平均风速 2.4 米/秒，最大风速可达 40 米/秒，大风日数多达 50 余天，因此流动沙地的治理首要的是固定流沙，如不首先采用工程措施进行流沙固定，单纯采取植灌种草措施，一旦春天大风起，灌木幼苗和牧草种子都被席卷一空，不能达到林草植被恢复的目的；采取方格沙障措施进行流沙固定后，还要转变以往以草为主的传统治理思路，不同模式的成效分析结果表明流动沙地上仅采取播种牧草措施后群落结构脆弱，部分流动沙地仅有草地覆盖，不能起到固定流沙、改善微生境的效果，不能形成稳定的群落结构，而辅以灌木栽植措施后林草盖度平均提高20%以上，流沙亦基本固定，因此流动沙地的林草植被恢复要遵循“固沙措施先行，以灌为主、灌草结合”的总体原则。

2. 固定半固定沙地治理林草植被恢复应“以草为主、草灌结合”

固定半固定沙地属中度沙化类型，根据对该类型的沙化土地治理模式进行对比分析，结果表明治理4年后，灌草复合的治理措施使植被盖度平均提高25%，而补播牧草措施的植被盖度仅提高10%，因此固定半固定沙地的治理要遵循“以草为主、草灌结合”的原则，致力于构建高寒草地上群团状分布灌丛的稳定植被群落。

3. 露沙地林草植被恢复应“预防为主，补草补肥”

露沙地类型沙化程度较轻，仅有斑点状流沙出露或疹状灌丛沙堆分布，一般来说植被较好，通过适当补草补肥措施即可达到植被恢复的目的。

综上所述，根据对不同类型沙化土地林草植被恢复的系统研究，提出流动沙地林草植被恢复应“固沙措施先行，以灌为主、灌草结合”、固定半固定中度沙化土地林草植被恢复应“以草为主、草灌结合”、露沙地林草植被恢复应“预防为主、补草补肥”的总体策略，为区域林草植被恢复的基本方向提供指导，为政府的宏观决策提供依据。

## 四　四川省西北部防沙治沙恢复模式与技术措施

从流沙固定、植被盖度提高、植物多样性增加、灌木保存率提高等多个指标出发，对8个试点县32个林草植被恢复治理模式的治理成效进行全面分析，通过技术的集成和组合，针对不同立地类型沙地构建川西北高寒沙化土地林草植被恢复治理三大模式11项技术，为川西藏区沙化土地治理提供技术支持（见表2）。

**表2　川西北高寒沙地林草植被恢复模式汇总**

单位：元/亩

| 模式号 | 模式 | 治理技术 | 关键技术 | 模式单价 |
| --- | --- | --- | --- | --- |
| 1 | 流动沙地治理模式 | 方格沙障固沙与灌草栽植复合技术 | 沙障营建技术、土壤改良技术、乔灌木栽植技术 | 3200～3700 |
| | | 挡沙墙防侵蚀、方格沙障固沙与灌草栽植复合技术 | 沙障营建技术、土壤改良技术、乔灌木栽植技术 | 3700～4500 |
| | | 防风林带锁边、方格沙障固沙与灌草栽植复合技术 | 沙障营建技术、土壤改良技术、乔灌木栽植技术 | 3500～4000 |
| 2 | 固定、半固定沙地治理模式 | 灌草栽植技术（半固定） | 土壤改良技术、乔灌木栽植技术 | 650～800 |
| | | 局部方格沙障固沙与群团状灌木栽植复合技术 | 沙障营建技术、土壤改良技术、乔灌木栽植技术 | 850～1150 |
| | | 灌草栽植与鼠害防治复合技术 | 土壤改良技术、乔灌木栽植技术 | 750～900 |
| | | 局部方格沙障固沙、群团状灌木栽植与鼠害防治复合技术 | 沙障营建技术、土壤改良技术、乔灌木栽植技术 | 950～1350 |
| | | 岛屿状灌木栽植与牧草播种复合技术 | 土壤改良技术、乔灌木栽植技术 | 470～560 |
| | | 岛屿状灌木栽植、牧草播种与鼠害防治复合技术 | 土壤改良技术、乔灌木栽植技术 | 580～680 |
| 3 | 露沙地治理模式 | 牧草播种技术 | | 180～310 |
| | | 牧草播种与鼠害防治复合技术 | | 300～400 |

1. 流动沙地治理模式

技术1：方格沙障固沙与灌草栽植复合技术

适用立地类型：极重度沙化土地。

治理思路：该立地类型的沙化土地是影响和危害最重的沙化类型。主要采取生物措施和工程措施相互结合的方式进行综合治理，以流动沙地地块（沙斑）为基本单元，对流动沙地进行围栏封禁后，设置沙障阻风，增施有机肥，栽植灌木，撒播草种，逐步恢复流动沙地的灌草植被，遏制流动沙地的扩张蔓延。

技术要点：围栏设置。主要分为机械围栏（刺丝围栏、网围栏及土石墙围栏等）和生物围栏（密集栽植灌木或灌木状小乔木）两大类。原则上以相对完整的流动沙地地块为基本单元进行封围，多个流动沙地地块紧邻且相对集中适当合并封围，每块围封面积不大于333公顷。规格等详见《川西北地区沙化土地治理技术规程》（DB51/T1892－2014）。

沙障设置。主要有植物沙障和机械沙障两种，禁用不可降解的合成材料。植物沙障选择生长快、萌蘖能力强、纤维长的乔灌木（如康定柳、高山杨等植物）进行主干密插、枝条人工编织沙障，主要适用于灌木材料来源较丰富区域；机械沙障使用竹帘沙障、草（草帘）沙障、秸秆沙障、石砾沙障、生态袋沙障及其他材料沙障等，主要适用于灌木来源较缺乏区域，其中石砾沙障、生态袋沙障尤其适用于坡度较缓的重度极重度沙化土地。沙障一般采用网格状设置，全面覆盖需治理的流动沙地，网格规格控制在1米×1米～4米×4米。沙障建设主要技术流程为将沙障主要材料运至实施地块分类堆放，按沙障规格形成施工平面图，按施工图用石灰进行放线，按不同沙障类型营建沙障，沙障规则几何分布，并与主风向呈垂直关系，达到治理小班内95%以上的流动沙地都需设置完整的沙障。沙障营建完成后，清除沙障施工产生的一切剩余物，恢复保持沙化土地现状。

施肥。选择腐熟的牛羊粪或者其他有机肥，禁用化学肥料。一般采用穴状、沟施、撒施三种方式。底肥施肥量为腐熟牛羊粪（自然风干重）9～15吨/公顷，其他有机肥按其有效成分进行相应计算；追肥量（次年）为腐熟牛羊粪（自然风干重）4.5～7.5吨/公顷，以后逐年递减。底肥在围栏封禁后灌草种植前的15～30天内进行；穴状施肥主要针对灌木种植，在挖好的种植穴内每穴施0.5～0.75千克腐熟牛羊粪；沟状施肥主要针对人工撒播草种，在沙地平整前按间距1.0～1.5米挖出深30厘米宽30～40厘米的施肥沟，沿沟进行施肥，施肥量按沟长度计算为0.5千克/米；撒施主要针对种植后植物生长的追肥，按施肥量达到基本均匀撒施，从次年开始每年追肥，一般连续追肥3次以上。

灌木栽植。选择适应性强、耐低温、耐沙埋、耐瘠薄、抗干旱、抗风，生长旺盛、根系发达、固土力强的灌木树种，优先选用乡土灌木；若采用新品种灌木植物，必须是经过品种鉴定或认定的适生植物；若采用外来植物，选择经过引种试验并已取得成功的优良植物。栽植采用单植和丛植两种方式。单株栽植株行距为1.0米×1.0米~1.0米×2.0米，灌木栽植面积不低于小班面积的75%，且分布均匀，栽植密度为3750~7500株/公顷；丛植按每穴3~5株进行，丛栽植株行距为2.0米×2.0米~2.0米×3.0米，栽植密度为4000~8000株/公顷。灌木种苗优先推广使用生态袋、营养袋等容器，裸根苗尽量保证苗木根系完整，禁用无须根的苗木。种植穴规格为30厘米×30厘米×40厘米~40厘米×40厘米×60厘米；栽植季节为春季（4月下旬至5月下旬）或秋季（9月中旬至10月中旬）；栽植前对种苗进行泥浆浸根、修枝、断梢等苗木处理；栽植根据树种生物学特性适当深栽，培土壅蔸，栽紧压实；对有水源条件的治理小班浇足定根水；栽植完成后清除剩余物，轻耙松土，平整地表。对栽植成活率低于80%的治理小班在次年进行灌木补植，连续补植2年；对具有萌蘖能力的灌木树种从次年开始每年春季进行一次平茬复壮。

牧草播种。选择耐低温、耐瘠薄、抗干旱、萌生能力强的一年生和多年生草种，优先使用国家、省及地方审（认）定的优良适宜草种。人工撒播须采取多草种混播，筛选3个以上适宜优良草种，并分别有一年生和多年生草种。多年生与一年生草种的比例为7∶3或8∶2。草种在播种前进行变温、去芒、消毒三个环节处理，按照NY/T 1342－2007相关规定执行。草种撒播前对沙地进行轻耙松土和平整，注意保护好原生植被和栽植植物；在春季（5月中下旬）进行人工撒播，雨后进行；将混播的所有草种充分拌匀，混合草种的播种量为50~75千克/公顷。对草本盖度低于80%的治理小班在次年进行补撒播，视盖度高低确定播种量；对治理小班连续8年封禁保护草本植被。

封禁管护。施围栏封围后除进行与沙化治理相关的活动外，实施连续8

年以上封禁，进行8年以上的管护，参照GB/T15163－2004相关规定，采取固定人员长期巡护，设置相对固定、醒目的标示标牌、注明封禁方式、封禁期限、注意事项等，禁止各种人为干扰和牲畜进出。已达封禁期限并实现封禁目标的及时解封；对已达封禁期限但未实现封禁目标的继续进行封禁管护。

典型案例：若尔盖县2007年度省级防沙治沙试点工程中涉及了该技术，项目区位于若尔盖县辖曼乡的文戈村，2008年实施沙化治理，针对流动沙丘的治理措施为首先设置康定柳沙障（网格2米×2米），再栽植康定柳（株行距2米×2米）、撒播牧草种（播种量60千克/公顷），撒施牛羊粪（施肥量10吨/公顷）。2014年在当年的流动沙丘上设置样方进行调查，结果表明康定柳沙障增加了地表粗糙度，降低了近地面风速，减少风沙流对地表的吹蚀；地面植被得到了一定程度的恢复，植被盖度由5%提高到35%，康定柳灌木保存率达到70%以上，草本层物种也由6种增加到20种，植被开始了恢复演替，一年生植物种明显增加，治理前赖草、绳虫实等植物优势种和次优势种地位减弱，群落向多优并存的局面发展。

技术2：挡沙墙防侵蚀、方格沙障固沙与灌草栽植复合技术

适用立地类型：该技术主要适用于具有构造剥蚀特征的沙化土地。

治理思路：该立地类型以理塘县最为典型，主要是由于降雨形成的地表径流冲刷形成冲蚀沟，在风蚀作用下冲蚀沟的剥蚀特征会愈发严重，因此该立地类型的林草植被恢复按照生物措施和工程措施结合的综合治理原则，围栏封禁后，需在沟蚀发生区的源头等关键节点上首先设置挡沙墙降低地表径流及风蚀的影响，并设置沙障防风固沙，然后增施有机肥改良土壤，接着辅以栽植灌木和撒播草种的生物措施，加速林草植被恢复，最后聘专人进行管护，及时补植补播，防止牲畜干扰。

技术要点：挡沙墙建设。采取工程措施等进行治理，按照分层拦截的原则，一般从沙源的上部开始往下依次设立挡沙墙，挡沙墙采取块石浆砌或干砌，断面呈梯形结构，挡沙墙长度依地形而定，高度一般不超过8米。挡沙墙实施选择在地质基础相对稳定、能有效发挥挡沙效果的地段，在简易地勘基础上进行设计形成施工图，严格按图施工。施工完成后进行场地清理，定

期检查挡沙墙的安全性，并进行日常工程维护。

沙障设置。该立地类型下的沙障类型主要有植物沙障和机械沙障两种，植物沙障选择生长快、萌蘖能力强、纤维长的乔灌木进行主干密插、枝条人工编织沙障，如康定柳、高山杨等植物；机械沙障使用竹帘沙障、草（草帘）沙障、秸秆沙障、石砾沙障、生态袋沙障及其他材料沙障等，具体技术措施同技术 1。

灌木栽植、围栏设置、施肥、牧草播种、封禁管护同技术 1。

典型案例：理塘县 2009 年度省级防沙治沙试点工程中涉及了该技术，项目区位于理塘县奔戈乡，针对治理区冲蚀沟，设置宽 × 高为 0.5 米 ×2 米的挡沙墙，再在流动沙地中设置草方格沙障（方格 1 米 ×1 米）和康定柳沙障（1 米 ×1 米），点播白刺花（用种量 30 千克/公顷），撒播牧草种（播种量 45 千克/公顷），撒施牛羊粪（施肥量 8 吨/公顷）。2012 年在当年的治理区内设置样方进行调查，结果表明：挡沙墙使冲蚀沟内流沙得到阻挡而固定，挡沙墙外沙的流动距离也由治理前的 4 米/年到调查时的 0.4 米/年；两种沙障增加了地表粗糙度，起到防风固沙的作用，为灌草植被的生长提供有利环境；在调查时，白刺花在沙地内株高平均达 0.4 米，草本物种由治理前 4 种增加到 18 种，地表盖度由治理前 5% 提高到 35%，沙地内植被也已启动了恢复演替，一年生植物种明显增加，治理前青藏苔草等植物优势种地位削弱，老芒麦、马蹄黄、沙蒿等多年生和一年生植物种相对占优势，群落向多优群落发展。

技术 3：防风林带锁边、方格沙障固沙与灌草栽植复合技术

适用立地类型：该技术主要适用于沙化扩张趋势严重的极重度沙化土地。

治理思路：针对扩张趋势明显的极重度沙化土地及河滩地立地类型，首先在小班外围或河流两侧营建防风林带，然后采取生物措施和工程措施相互结合的方式进行综合治理，以流动沙地地块（沙斑）为基本单元，对流动沙地进行围栏封禁后，设置沙障阻风，增施有机肥，栽植灌木，撒播草种，逐步恢复流动沙地的灌草植被，遏制流动沙地的扩张蔓延。

技术要点：防风林带建设。选择在沙化严重并对沙化治理成果构成威胁的最外层地段，以及河滩地立地类型的河流两岸实施。根据林带庇护范围大小分为小班防风林带（主要针对治理小班相对独立的沙化治理区）和区域

防风林带（针对多个治理小班集中在一个相对集中区域）两种。小班防风林带宽 10 ~ 15 米，区域防风林带宽 50 ~ 100 米。树种选择以乔木栽植为主、混交灌木构成复层林。乔木树种选择抗性强、栽植容易、枝叶发达的乡土树种（如云杉、高山杨等）；灌木选择生长快、萌蘖性强、枝叶浓密的品种（如康定柳、变叶海棠、花叶海棠等）。防风林带乔木栽植采取密株距、宽行距，在乔木造林行间再密植灌木。造林季节为春季（4 月下旬至 5 月下旬）或秋季（9 月中旬至 10 月中旬）；造林前必须对种苗进行泥浆浸根、修枝、断梢等苗木处理；造林栽植根据树种生物学特性适当深栽，培土壅蔸，栽紧压实；栽后浇足 1 次定根水；栽植完成后清除剩余物，轻耙松土，平整地表。防风林带乔木造林成活率低于 80% 的进行补植补造，连续补植补造 2 年；防风林带连续 8 年封禁保护栽植植物。

围栏设置、沙障设置、灌木栽植、施肥、牧草播种、封禁管护等同技术 1。

典型案例：红原县 2008 年度省级防沙治沙试点工程中涉及了该技术，项目区位于红原县瓦切镇，首先在流动沙地中每隔 100 米左右用康定柳大苗（高 2 ~2. 5 米）建一条宽为 8 米的防风林带（株行距 1 米 ×1. 5 米），设置康定柳沙障（方格 1 米 ×3 米），再栽植康定柳（株行距 2 米 ×2 米），撒播牧草种（播种量 60 千克/公顷），撒施牛羊粪（施肥量 10 吨/公顷）。2014 年在治理区流动沙地上设置样方进行调查，结果表明：防风林带明显降低区域内的风速，同时康定柳沙障增加了地表粗糙度，起到防风固沙的作用，为灌草植被营造了生长环境，促进了地表植被的恢复，康定柳灌木保存率达到 75% 左右，地表草本层盖度由治理前的 3% 提高到了调查时的 35%，植物种也由 5 种增加到 19 种，植物种类数量变化明显，启动了恢复演替，即从退化的沙化草地植物群落阶段开始，进入了植物物种增加阶段，植被开始了恢复演替，物种多样性明显提高，群落向多优群落发展。治理区已由极重度的流动沙地向中度的固定沙地转变。

2. 固定、半固定沙地治理模式

技术 4：灌草栽植技术（半固定）

适用立地类型：该技术主要适用于流沙特征不明显的重度沙化土地。

治理思路：该类型沙化土地是影响和危害较重的沙化类型，针对其中流沙特征不明显的重度沙化土地，以小班为基本单元，对沙化土地进行围栏封禁后，首先增施有机肥改良土壤，然后辅以栽植灌木和撒播草种的生物措施，加速林草植被恢复，最后聘专人进行管护，及时补植补播，防止牲畜干扰，逐步恢复灌草植被，使其沙化类型逐步向固定沙化类型转换，形成比较稳定的自然生态系统。

技术要点：施肥。施肥的肥料种类、施肥类型、施肥方式等与技术 1 一致。施肥量为底肥施腐熟牛羊粪（自然风干重）7.5 ~9.0 吨/公顷，其他有机肥按其有效成分进行相应计算（以下类同）；追肥量（次年）为腐熟牛羊粪（自然风干重）3.0 ~6.0 吨/公顷，以后逐年递减。底肥在围栏封禁后灌草种植前的 15 ~30 天内进行；穴状施肥主要针对灌木种植，在挖好的种植穴内每穴施 0.5 ~0.75 千克腐熟牛羊粪；沟状施肥主要针对具有流动特征的斑块人工撒播草种，在沙地平整前按间距 1.0 ~1.5 米挖出深 30 厘米、宽 30 ~40 厘米的施肥沟，沿沟进行施肥，施肥量按沟长度计算为 0.5 千克/米；撒施主要针对种植后植物生长的追肥，按施肥量达到基本均匀撒施，从次年开始每年追肥，一般连续追肥 3 次以上。

灌木栽植。树种选择、种苗质量、栽植要求、后期管护与技术 1 一致。灌木配置方式根据现有植被的分布状况采取带状、片状、块状等群团状的配置形式。采用单植和丛植两种方式。单株栽植株行距为 1.0 ×1.0 米 ~1.0 ×2.0 米，灌木栽植面积为小班面积的 40% ~60%，且分布均匀，栽植密度为 2400 ~4800 株/公顷；丛植按每穴 3 ~5 株进行，丛栽植株行距为 2.0 米 ×2.0 米 ~2.0 米 ×3.0 米，栽植密度为 3000 ~5400 株/公顷。

牧草播种。草种选择、草种配置、草种质量、草种处理和后期管护与技术 1 一致。播种量降低，一般为 35 ~50 千克/公顷。

围栏设置、封禁管护等技术要求同技术 1。

典型案例：若尔盖县 2007 年度省级防沙治沙试点工程中涉及了该技术，项目区位于若尔盖县辖曼乡的文戈村，2008 年实施沙化治理，针对半固定沙地的治理措施首先增施牛羊粪（施肥量 8 吨/公顷），再栽植康定柳（株行距1米×2米），撒播牧草种（播种量45千克/公顷），并进行人工管护。2014年在当年的治理区上设置样方进行调查，结果表明：治理区灌木保存率达60%左右，植被盖度由15%提高到了45%，物种丰富度也由10种提高到25种；围栏、灌草种植和增施有机肥等措施促进了植被恢复，植被已经开始恢复演替，草本植物物种多样性提高，优势种由青藏苔草、赖草等转变为群落多优并存的局面，鹅绒委陵菜、多种毛茛科、菊科和莎草科分布于天然草地中的物种在治理区中已有分布，沙地已基本转变为固定沙地或有向露沙地转变的趋势。

技术5：局部方格沙障固沙与群团状灌木栽植复合技术

适用立地类型：该技术主要适用于有一定流沙特征的重度沙化土地。

治理思路：针对其中有一定流沙特征的重度沙化土地，按照生物措施和工程措施结合的综合治理原则，以小班为基本单元，对沙化土地进行围栏封禁后，首先在有流动特征的沙化区域设置局部沙障防风固沙，然后增施有机肥改良土壤，接着辅以栽植灌木和撒播草种的生物措施，加速林草植被恢复，最后聘专人进行管护，及时补植补播，防止牲畜干扰，逐步恢复灌草植被，使其沙化类型逐步向固定沙化类型转换，形成比较稳定的自然生态系统。

技术要点：沙障设置。小班内具有流动特征的斑块在90%以上需设置完整的沙障，沙障设置覆盖面积占治理小班总面积的40%～60%。沙障规格适当加大，一般控制在2米×2米～6米×6米。沙障设置主要技术指标与技术1基本一致。

围栏设置、施肥、灌木栽植、牧草播种、封禁管护等技术要求同技术4。

典型案例：红原县2009年度省级防沙治沙试点工程中涉及了该技术，项目区位于红原县瓦切镇，首先在有流动特征的沙化区域的迎风面（西北方向）用柳笆设置沙障（方格2米×3米），再群团状栽植康定柳（株行距2米×2米），撒播牧草种（播种量45千克/公顷），增施牛羊粪（施肥量8吨/公顷），并进行人工管护。2014年在当年的治理区上设置样方进行调查，结果表明：对沙化严重区域的沙障设置改变了地表的蚀积状况，阻止沙的移动，减轻了植物遭受风蚀、沙割的危害，促进了植被在沙地上定居；群团状栽植康定柳保存率达到65%左右，在固沙的同时也有防风的作用，降低对地表的风蚀；草本层植被盖度由15%提高到了50%，物种丰富度也由11种增加到25种，生物措施和工程措施促进了植被的恢复，草本植物物种多样性高，优势种已由适应旱生的植物向天然草种中分布的毛茛科、菊科等植物种转变。

技术6：灌草栽植与鼠害防治复合技术

适用立地类型：该技术主要适用于流沙特征不明显、鼠害严重的重度沙化土地。

治理思路：针对流沙特征不明显、鼠害严重的重度沙化土地，以小班为基本单元，对沙化土地进行围栏封禁后，首先采取相应措施进行鼠害防治，然后增施有机肥改良土壤，接着辅以栽植灌木和撒播草种的生物措施，加速林草植被恢复，最后聘专人进行管护，及时补植补播，防止牲畜干扰，逐步恢复灌草植被，使其沙化类型逐步向固定沙化类型转换，形成比较稳定的自然生态系统。

技术要点：鼠害防治。在有效保护鼠类天敌的基础上，主要采用器械防治和药物防治的方法。器械防治主要采用弓箭、招鹰架器械灭鼠；药物防治主要采用生物诱饵灭鼠。器械防治结合网围栏等配套建设同时进行，生物防治5~10月进行。对于鼠害严重的沙化土地采用弓箭、招鹰架和生物诱饵三种方式协同灭鼠；对鼠害较严重的沙化土地选择其中1~2种方式灭鼠。最后，将回收的鼠类尸体集中，做深埋处理，并撒施石灰消毒，掩埋后进行植被恢复。

围栏设置、施肥、灌木栽植、牧草播种、封禁管护等技术要求同技术4。

典型案例：若尔盖县2007年度省级防沙治沙试点工程中涉及了该技术，项目区位于若尔盖县辖曼乡的文戈村，2008年实施沙化治理，针对半固定沙地的治理措施首先增施牛羊粪（施肥量8吨/公顷），再栽植康定柳（株行距2米×2米），撒播牧草种（播种量45千克/公顷），并对鼠害进行防治，最后进行人工管护。2014年在当年的治理区上设置样方进行调查，结果表明：治理区鼠害得到基本控制，遏制了对植被的破坏；康定柳灌木保存率达40%左右，草本层盖度也由15%提高到了50%，物种丰富度也由9种增加到24种以上，围栏、灌草种植、鼠害防治和增施有机肥等措施促进了植被向天然草地演替，草本植物物种多样性得到提高，旱生植物优势地位明显降低，而禾本科、毛茛科、菊科、莎草科等高原草本植物占优势，沙地已基本转变为固定沙地或有向露沙地转变的趋势。

技术7：局部方格沙障固沙、群团状灌木栽植与鼠害防治复合技术

适用立地类型：该技术主要适用于有一定流沙特征、鼠害严重的重度沙化土地。

治理思路：针对有一定流沙特征、鼠害严重的重度沙化土地，按照生物措施和工程措施结合的综合治理原则，以小班为基本单元，对沙化土地进行围栏封禁后，首先在有流动特征的沙化区域设置局部沙障防风固沙，并采取相应措施进行鼠害防治，然后增施有机肥改良土壤，接着辅以栽植灌木和撒播草种的生物措施，加速林草植被恢复，最后聘专人进行管护，及时补植补播，防止牲畜干扰，逐步恢复灌草植被，使其沙化类型逐步向固定沙化类型转换，形成比较稳定的自然生态系统。

技术要点：沙障设置。小班内具有流动特征的斑块在90%以上需设置完整的沙障，沙障设置覆盖面积占治理小班总面积的40%～60%。沙障规格适当加大，一般控制在2米×2米～6米×6米。沙障设置主要技术指标与技术1基本一致。

鼠害防治。主要采用器械防治和药物防治的方法。器械防治主要采用弓箭、招鹰架器械灭鼠；药物防治主要采用生物诱饵灭鼠。对鼠害严重的沙化土地采用弓箭、招鹰架和生物诱饵三种方式协同灭鼠；对鼠害较严重的沙化土地选择其中1～2种方式灭鼠。具体技术要求同技术6。

围栏设置、施肥、灌木栽植、牧草播种、封禁管护等技术要求同技术4。

典型案例：红原县2009年度省级防沙治沙试点工程中涉及了该技术，项目区位于红原县瓦切镇，首先在有流动特征的沙化区域的迎风面（西北

方向）用柳笆设置沙障（方格2米×3米），再在治理区内群团状栽植康定柳（株行距2米×2米），撒播牧草种（播种量45千克/公顷），增施牛羊粪（施肥量8吨/公顷），并对鼠害进行防治，最后进行人工管护。2014年在当年的治理区上设置样方进行调查，结果表明：对沙化严重区域的沙障设置改变了地表的蚀积状况，阻止沙的移动，减轻了植物遭受风蚀、沙割的危害，促进了植被在沙地上定居，同时，鼠害已得到基本控制，遏制了对植被的破坏，促进了植被的正常生长；群团状栽植康定柳保存率达到70%左右，在固沙的同时也有防风的作用，降低对地表的风蚀；草本层植被盖度由12%提高到了50%以上，物种丰富度也由10种增加到25种，生物措施和工程措施促进了植被的恢复，草本植物物种多样性高，优势种已由适应旱生的植物向天然草种中分布的禾本科、毛茛科、菊科等植物种转变。

技术8：岛屿状灌木栽植与牧草播种复合技术

适用立地类型：该技术主要适用于中度沙化土地。

治理思路：该技术的沙化土地是沙化土地中规模最大、潜在威胁最严重的沙化类型。主要采取生物措施为主进行综合治理，逐步恢复区域原有植被，形成比较稳定的草原生态系统。

技术要点：围栏设置。本技术围栏仅在人畜活动频繁的区域设置，具体技术要求同技术1。

施肥。施肥的肥料种类与技术1一致。施肥类型为追肥；施肥方式为撒施，施肥量为腐熟牛羊粪（自然风干重）3～6吨/公顷，以后逐年递减。施肥在围栏封禁后草种撒播前的15～30天进行，按施肥量达到基本均匀撒施，从次年开始每年追肥，一般连续追肥3次以上。

灌木栽植。树种选择、种苗质量、栽植要求、后期管护与技术1内容一致。栽植方式采取群团状。按治理小班内无植被分布、适宜灌木种植的自然地块，采取群团状自然分布形式人工栽植灌木，群团状地块内灌木株行距为1.0米×1.0米～1.0米×2.0米，灌木栽植密度依无植被群落地块而定。

牧草播种。草种选择、草种配置、草种质量、草种处理和后期管护与技术1内容一致。播种量降低，一般为25～40千克/公顷。

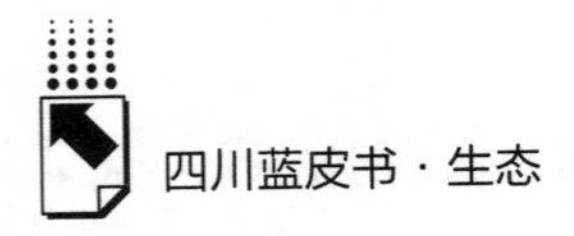


封禁管护等技术要求同技术1。

典型案例：红原县2008年度省级防沙治沙试点工程中涉及了该技术，项目区位于红原县瓦切镇，首先在沙地区域内岛屿状栽植康定柳（株行距2米×2米），撒播牧草种（播种量30千克/公顷），增施牛羊粪（施肥量6吨/公顷），最后进行人工管护。2014年在当年的治理区上设置样方进行调查，结果表明：群团状栽植康定柳保存率达到70%左右，在固沙的同时也有防风的作用，降低对地表的风蚀；草本层植被盖度由30%提高到了70%以上，物种丰富度也由11种增加到27种，生物措施和工程措施促进了植被恢复，植被已经开始恢复演替，草本植物物种多样性提高优势种已由适应旱生的植物转变为群落多优并存，鹅绒委陵菜、多种毛茛科、菊科和莎草科分布于天然草地中的物种在治理区中已有分布，沙地已基本转变为固定沙地或有向露沙地转变的趋势。

技术9：岛屿状灌木栽植、牧草播种与鼠害防治复合技术

适用立地类型：该技术主要适用于鼠害严重的中度沙化土地。

治理思路：针对鼠害严重的中度沙化土地，在人畜活动频繁的关键地段设置围栏封禁后，首先采取相应措施进行鼠害防治，然后主要采取生物措施进行综合治理，逐步恢复区域原有植被，形成比较稳定的草原生态系统。

技术要点：鼠害防治。在有效保护鼠类天敌的基础上，主要采用器械防治和药物防治的方法。器械防治主要采用弓箭、招鹰架器械灭鼠。药物防治主要采用生物诱饵灭鼠。器械防治结合网围栏等配套建设同时进行，生物防治5~10月进行。对鼠害严重的沙化土地采用弓箭、招鹰架和生物诱饵三种方式协同灭鼠；对鼠害较严重的沙化土地选择其中1~2种方式灭鼠。最后，将回收的鼠类尸体集中，做深埋处理，并撒施石灰消毒，掩埋后进行植被恢复，具体技术要求同技术6。

围栏设置、施肥、灌木栽植、牧草播种、封禁管护等技术要求同技术8。

典型案例：红原县2008年度省级防沙治沙试点工程中涉及了该技术，项目区位于红原县瓦切镇，首先在沙地区域岛屿状栽植康定柳（株行距2米×2米），撒播牧草种（播种量30千克/公顷），增施牛羊粪（施肥量6吨/公

顷），并对鼠害进行防治，最后进行人工管护。2014 年在当年的治理区上设置样方进行调查，结果表明：鼠害已得到基本控制，遏制了对植被的破坏，促进了植被的正常生长；岛屿状栽植康定柳保存率达到 70% 左右，在固沙的同时也有防风的作用，降低对地表的风蚀；草本层植被盖度由 30% 提高到了 70% 以上，物种丰富度也由 11 种增加到 26 种，生物措施和工程措施促进了植被恢复，植被已经开始恢复演替，草本植物物种多样性提高优势种已由适应旱生的植物转变为群落多优并存，鹅绒委陵菜、多种毛茛科、菊科和莎草科分布于天然草地中的物种在治理区中已有分布，沙地已基本转变为固定沙地或有向露沙地转变的趋势。

3. 露沙地治理模式

技术 10：牧草播种技术

适用立地类型：该技术主要适用于轻度沙化土地。

治理思路：该类型沙化土地是沙化分布规模最大、可变性最大的沙化类型。主要采取增施有机肥、补撒草种等生物治理措施进行治理，逐步恢复天然草原的植被水平，形成稳定的草原生态系统。

技术要点：施肥。施肥的肥料种类与技术 1 一致。施肥类型为追肥，施肥方式为撒施，施肥量为腐熟牛羊粪（自然风干重，3～5 吨/公顷），以后逐年递减。施肥在春季（4 月中旬至 5 月中旬）进行，按施肥量达到基本均匀撒施，一般连续施肥 3 次以上。

牧草播种。草种选择、草种配置、草种质量、草种处理和后期管护与技术 1 内容一致。播种量降低，一般为 20～40 千克/公顷。

典型案例：若尔盖县 2007 年度省级防沙治沙试点工程中涉及了该技术，项目区位于若尔盖县辖曼乡的文戈村，2008 年实施沙化治理，针对露沙地的治理措施首先增施牛羊粪（施肥量 3 吨/公顷），撒播牧草种（播种量 30 千克/公顷），最后进行人工管护。2014 年在当年的治理区上设置样方进行调查，结果表明：通过施肥、播种和管护等措施，植被盖度由 55% 提高到了 90% 以上，物种丰富度也由 16 种增加到 30 种以上，启动了群落恢复演替，即从退化的沙化草地植物群落阶段开始，进入了植物物种增加阶段，植被开始了正向的恢复演替；同时，禾本科与莎草科植物种类的增加、次优势种与主要伴生种共同挤占优势种的优势地位，使优势种对群落的影响作用下降，群落向多优群落发展，有向原生植被恢复的趋势。

技术11：牧草播种与鼠害防治复合技术

适用立地类型：该技术主要适用于鼠害严重的轻度沙化土地。

治理思路：针对该类型沙化土地，首先采取相应措施进行鼠害防治，然后采取增施有机肥、补撒草种等生物治理措施进行治理，逐步恢复天然草原的植被水平，形成稳定的草原生态系统。

技术要点：施肥。施肥的肥料种类与技术1一致。施肥类型为追肥，施肥方式为撒施，施肥量为腐熟牛羊粪（自然风干重，3~5吨/公顷），以后逐年递减。施肥在春季（4月中旬至5月中旬）进行，按施肥量达到基本均匀撒施，一般连续施肥3次以上。

牧草播种。草种选择、草种配置、草种质量、草种处理和后期管护与技术1内容一致。播种量降低，一般为20~40千克/公顷。

鼠害防治：主要采用器械防治和药物防治的方法。器械防治主要采用弓箭、招鹰架器械灭鼠；药物防治主要采用生物诱饵灭鼠。器械防治结合网围栏等配套建设同时进行，生物防治5~10月进行。对鼠害严重的沙化土地采用弓箭、招鹰架和生物诱饵三种方式协同灭鼠；对鼠害较严重的沙化土地选择其中1~2种方式灭鼠。最后，将回收的鼠类尸体集中，做深埋处理，并撒施石灰消毒，掩埋后进行植被恢复，具体技术要求同技术6。

典型案例：若尔盖县2009年度省级防沙治沙试点工程中涉及了该技术，项目区位于若尔盖县辖曼乡的文戈村，针对露沙地的治理措施首先增施牛羊粪（施肥量3吨/公顷），撒播牧草种（播种量30千克/公顷），并对鼠害进行防治，最后进行人工管护。2014年在当年的治理区上设置样方进行调查，结果表明：鼠害已得到基本控制，遏制了对植被的破坏，促进了植被的正常生长；通过播种、施肥和管护措施，植被盖度由55%提高到了85%以上，物种丰富度也由15种增加到30种以上，启动了群落恢复演替，即从退化的沙化草地植物群落阶段开始，进入了植物物种增加阶段，植被开始了正向的恢复演替；同时禾本科与莎草科植物种类的增加、次优势种与主要伴生种共同挤占优势种的优势地位，使得优势种对群落的影响作用下降，群落向多优群落发展，有原生植被恢复的趋势。

## 五　四川西北部防沙治沙现行治理模式成效评价

从20世纪90年代开始，川西北的若尔盖等县不断摸索、总结，积极开展沙化土地治理，进入21世纪，通过开展全国防沙治沙综合试点区建设项目和四川省防沙治沙试点示范项目，在川西北高寒沙地进行了试点示范建设，形成了大量用于治理流动沙地、半固定沙地、固定沙地、露沙地的治理模式。四川省林业科学院从2012年起对川西北高寒沙地治理县，特别是省级防沙治沙试点示范项目开展的县进行沙化土地治理模式调查，获取了大量的针对不同沙化类型的治理模式，对其中的32个治理模式设置了调查样地，全面评估了不同类型沙化土地治理模式的治理效果。

### 1. 流动沙地治理模式成效分析

在扩张趋势不明显的极重度沙化土地类型中，通过沙障对流沙的固定，消除了风蚀、沙埋、沙割等作用，为植物的生长提供了有利的环境，为进一步灌草等植物固沙创造了条件。只进行“灌草栽植”，未对流沙进行固定，治理后盖度仅提高3%，地表植被变化不明显，灌木保存率只有3%；而采用“方格沙障固沙与灌草栽植”，治理后流沙基本得到固定，植被盖度提高了30%，且灌木保存率达到70%，地表灌木保存率和植被盖度均得到显著的提高。而在扩张趋势明显的极重度沙化土地类型中，“防风林带锁边，方格沙障固沙与灌草栽植”与“方格沙障固沙、灌木扦插与牧草播种”相比，营建防风林带能有效阻止沙的蔓延、遏制沙地的继续恶化，促进了地表植被的恢复。

同时，在高原面构造剥蚀沙化高山草甸土立地类型治理中，挡沙墙能有效阻止沙的蔓延、遏制沙地的继续恶化。“挡沙墙防侵蚀，方格沙障固沙与灌草栽植”与“方格沙障固沙，灌木种点播与牧草播种”相比，挡沙墙外沙的流动距离与没有挡沙墙的分别为0.4米/年和4米/年，表明挡沙墙削弱了降雨形成的地表径流的冲刷，使冲蚀沟内流沙得到阻挡而固定。

另外，植苗方式的不同对灌木保存率也存在影响。“方格沙障固沙，灌木种点播与牧草播种”，“方格沙障固沙、灌木扦插与牧草播种”和“方格沙障固沙与灌草栽植”相比，采用栽植方式的灌木保存率（70%）远远高于扦插方式（15%）或点播方式（15%）。

2. 固定半固定沙地治理模式成效分析

在重度沙化土地立地类型治理中，对于流沙特征不明显的沙地，通过植灌种草能有效地提高地表植被盖度，促进其恢复进程。通过“补播牧草”治理，地表植被盖度仅提高5%，而通过“灌草栽植”治理，提高了30%，差异显著。另外，在存在鼠害的沙地上，“牧草补播与鼠害防治”与“灌草栽植与鼠害防治结合”治理后，地表植被盖度分别提高了10%和35%，这表明，在存在鼠害现象的沙地内，鼠害防治是一项必要的技术措施。

在重度沙化土地立地类型治理中，对具有流沙特征的区域进行固定，能有效地提高灌木保存率和地表植被盖度。“群团状灌木种植，牧草播种”和“局部方格沙障固沙与群团状灌木栽植复合”治理后，地表植被盖度分别提高了20%和35%，灌木保存率分别为30%和65%，这表明，在有流沙特征的地块，通过沙障对流沙的固定，为植物的生长提供了良好的生长环境，有利于沙化的治理。另外，在存在鼠害的沙地上，“群团状灌木种植，牧草播种，鼠害防治”与“局部方格沙障，群团状灌木栽植与鼠害防治”治理后，地表植被盖度分别提高了20%和38%，这表明，在存在鼠害现象的沙地内，鼠害防治也是一项必要的技术措施。

此外，在中度沙化土地立地类型治理中，以草为主、灌草结合的治理能更加有效地促进地表植被的恢复。“补播牧草”治理后，地表盖度提高了20%，而“岛屿状灌木栽植与牧草播种复合”治理后，盖度提高了40%，两者差异显著，这表明，在沙地中栽植一定量的灌木极大地促进地表植被恢复的进程。另外，鼠害对沙地的治理有一定的影响。“补播牧草与鼠害防治”和“岛屿状灌木栽植、牧草播种和鼠害防治”治理后，地表植被盖度分别为20%和40%，与没有鼠害采用“补播牧草”和“岛屿状灌木栽植与牧草播种复合”相比，能达到相同的治理效果。

3. 露沙地治理模式成效分析

在露沙地治理中，大部分区域鼠害是造成草地退化沙化的主要原因之一，因此必须对鼠害严重区域进行防治，同时根据草地退化程度不同，采取补播牧草方式，有效地进行植被恢复；通过生物措施治理，地表植被盖度提高了30%以上。

## 参考文献


张文军：《科尔沁沙地活沙障植被及土壤恢复效应的研究》，博士学位论文，北京林业大学，2007。

陈家模：《四种人工固沙植物群落对土壤养分及生物活性的改良作用》，硕士学位论文，东北大学，2009。

李慧卿：《固沙植被恢复与重建》，博士学位论文，北京林业大学，2005。

周丹丹：《生物可降解聚乳酸（PLA）材料在防沙治沙中的应用研究》，博士学位论文，内蒙古农业大学，2009。

姜丽娜：《低覆盖度行带式固沙林促进带间土壤、植被修复效应的研究》，博士学位论文，内蒙古农业大学，2011。

胡开波、刘凯、蒋勇等：《我国土地荒漠化防治技术体系研究进展》，《四川林业科技》2009。

黄月艳：《荒漠化治理效益与可持续治理模式研究》，博士学位论文，北京林业大学，2010。

李清雪：《共和盆地沙漠化土地典型人工植被的土壤改良效应》，博士学位论文，中国林业科学研究院，2014。

王润：《红原草地荒漠化变化遥感分析》，硕士学位论文，西南农业大学，2005。

李慧卿：《荒漠化研究动态》，《世界林业研究》2004年第1期。

庄立文、吴捷：《借鉴国外经验加速沙漠化治理》，《中国林副特产》2004年第3期。

王涛：《我国沙漠化研究的若干问题》，《中国沙漠》2004年第1期。

邓东周、宋鹏、周金星等：《川西北高寒沙区引进桑树种试验初探》，《四川林业科技》2012年第3期。

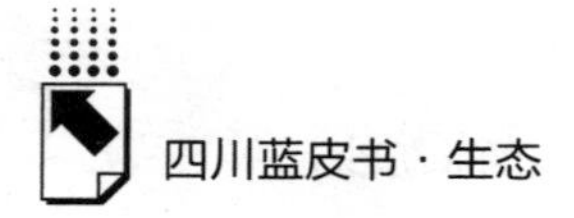


霍红、张勇、陈年来等:《干旱胁迫下五种荒漠灌木苗期的生理响应和抗旱评价》,《干旱区资源与环境》2011 年第 1 期。

邓东周、杨执衡、陈洪等:《青藏高原东南缘高寒区土地沙化现状及驱动因子分析》,《西南林业大学学报》2011 年第 5 期。

邓东周、鄢武先、武碧先等:《川西北防沙治沙试点示范工程成果巩固必要性分析》,《四川林业科技》2015 年第 1 期。

鄢武先、邓东周、余凌帆等:《川西北地区沙化土地治理有关技术问题探讨——以川西北防沙治沙试点示范工程为例》,《四川林业科技》2015 年第 3 期。

刘海涛、王德春:《一些国家治理沙漠、开发沙产业的成功经验》,《红旗文稿》2003 年第 14 期。

干友民、罗元佳、周家福等:《川西北沙化草地生态恢复工程对沙地植被群落的影响》,《草业科学》2009 年第 6 期。

# B.5
# 四川森林生态系统水源涵养能力与价值评价

张远彬　王丹林　韩　燕*

摘　要：森林生态系统是陆地生态系统中面积最大、最重要的生态系统，其服务功能类型多种多样，如水土保持、水源涵养、净化空气、固碳等。四川林地约占全国林地总面积的7.6%，是我国三大林区之一，也是长江上游最大的水源涵养区。本文在查阅已有文献资料的基础上，计算了四川1226.49万公顷森林的水源涵养能力。同时，通过对比直接市场法、替代市场法和假想市场法在生态系统服务功能评价方面优劣的基础上，选取了直接市场法去评估了四川1226.49万公顷森林的水源涵养价值。结果表明，四川1226.49万公顷森林的水源涵养能力为311.1亿吨，其价值为1901.31亿元。

关键词：水源涵养能力　价值评估　直接市场法　森林生态系统　四川省

## 一　生态系统概述

### （一）生态系统

生态系统是指在自然界一定的空间内，生物与环境共同构成的统一整

---

* 张远彬，中国科学院成都山地灾害与环境研究所副研究员，博士，主要从事森林生态学和气候变化方面的研究；王丹林，中国科学院成都山地灾害与环境研究所，生态学专业在读硕士研究生；韩燕，中国科学院成都山地灾害与环境研究所，生态学专业在读硕士研究生。

体，在这个统一整体中，生物与环境之间相互影响、相互制约，进行着连续的物质和能量交换，并在一定时间内处于相对稳定的动态平衡状态。生态系统是一个功能单位，具有物质循环、能量流动和信息传递等功能，是生态系统本身的基本属性和特征。生态系统在进行演替的多种过程中，为人类提供粮食、药物、农业原料，并提供人类生存的环境条件，形成生态系统服务。生态系统服务是指人类直接或间接从生态系统中获得的所有利益，是人类社会赖以生存和发展的基础。

Daily 提出生态系统服务是指自然生态系统及其物种所提供的能够满足和维持人类生活需要的条件和过程。目前，这个概念得到国内外学者的普遍认可。生态系统服务的类型多样，分类方式也不一，从不同的角度可以将生态系统服务分为若干类别，但是目前使用较多的是根据其功能进行分类，这种分类方法有利于生态系统的价值评价工作的开展。Costanza R 等提出的生态系统服务分类是目前较有代表性的分类方式，根据生态系统服务功能将生态系统服务分为大气调节、气候调节、干扰调节、水分调节、水分供给、养分循环等 17 种类别（见表 1）。

**表 1　生态系统服务功能指标**

| 生态系统服务 | 生态系统功能 | 主要表现形式 |
| --- | --- | --- |
| 大气调节 | 大气化学成分调节 | 二氧化碳与氧气平衡，臭氧防护紫外线，SOx 水平 |
| 气候调节 | 全球温度、降水格局及其他由生物媒介引起的全球及地区性气候调节 | 二氧化碳等温室气体调节，调节云形成的 DMS 产物 |
| 干扰调节 | 生态系统反应对环境波动的容量、衰减和综合 | 风暴调控、洪水调节、干旱恢复等生境对主要受植被结构控制的环境变化的反应 |
| 水分调节 | 水文流的调节 | 为农业（如灌溉）、工业和运输提供用水 |
| 水分供给 | 水的贮存和保持 | 向集水区、水库和含水岩层供水 |
| 控制侵蚀和保持沉积物 | 生态系统内的土壤与物质保持 | 防止土壤风蚀和水蚀，把淤泥保存在湖泊和湿地中 |
| 土壤形成 | 土壤形成过程 | 岩石风化和有机质积累 |

续表

| 生态系统服务 | 生态系统功能 | 主要表现形式 |
| --- | --- | --- |
| 养分循环 | 养分贮存、内循环和获取 | 固持 N、P、K 等元素及养分循环 |
| 传粉 | 有花植物配子的运动 | 提供传粉者以便植物种群繁殖 |
| 生物防治 | 生物种群的营养动力学控制 | 关键捕食者控制独特种群，高级捕食者使食草动物减少 |
| 避难所 | 为定居和迁徙种群提供生境 | 育雏地、迁徙动物栖息地、当地收获物种栖息地或越冬场所 |
| 食品生产 | 初级生产中可用为食物部分 | 通过渔、猎、采集和农耕收获的鱼、鸟兽、作物、坚果、水果等 |
| 原材料 | 初级生产中可用为原材料部分 | 木材、燃料、果实和饮料产品 |
| 基因资源 | 独一无二的生物材料和产品资源 | 医药、材料科学产品，用于农作物抗病和高植物感染的基因 |
| 休闲娱乐 | 提供休闲游乐运动机会 | 生态旅游、钓鱼运动及其他户外游乐休闲活动 |
| 文化 | 提供非商业性用途的机会 | 生态系统的美学、艺术、教育、精神及科学价值 |

从不同的角度出发，对生态系统的类型有不同的划分方法。

按照人类对介质的影响程度，生态系统可以分为自然生态系统和人工生态系统；根据生态系统所处的基质条件可以分为水域生态系统和陆地生态系统；根据系统与环境之间的关系又可以分为封闭系统、开放系统和孤立系统。

我国是世界上生态系统类型最为丰富的国家之一，具有地球陆地生态系统的各种类型，包括森林、草原、荒漠等生态系统类型。森林生态系统是生物圈生态系统中分布最广、结构最复杂、类型最丰富的陆地生态系统。根据第七次全国森林资源清查数据，我国的森林面积为 19545. 2 万公顷，森林蓄积量 137. 2 亿立方米；同时也是类型较多的一类生态系统，可大致分为针叶林、阔叶林、灌丛和灌草丛生态系统。

### （二）森林生态系统服务功能

目前，国内外学者对生态系统服务功能的认识还没有统一的定论。中国学者欧阳志云等认为，生态系统服务功能是指生态系统与生态过程中所形成

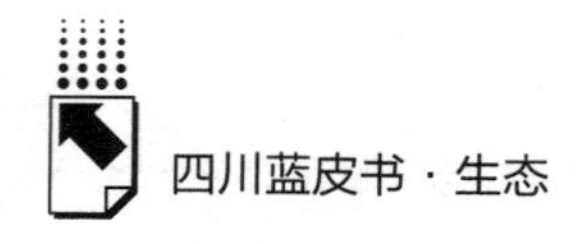


的以及维持人类赖以生存的自然环境条件和作用。其代表着人类直接和间接从生态系统中获得的收益，包括对人类生存及生活质量有贡献的生态系统产品和生态系统功能。

森林是以乔木为主体、具有一定面积的植物群落，是陆地生态系统的重要组成部分。森林生态系统是指森林群落与其环境在功能流的作用下形成一定结构、功能和自动调控的自然综合体。据文献资料估测，历史上森林生态系统的面积曾达到76亿公顷，覆盖着世界陆地面积的2/3。由于人类大规模地砍伐，森林遭到破坏，至1985年，森林面积下降到41.47亿公顷，占陆地面积的31.7%。至今，森林生态系统仍为地球上分布最广泛的系统，它在净化空气、调节气候、保护环境等方面起着重要作用。

森林生态系统的服务功能是指森林生态系统及其生态过程为人类提供的环境条件与效用，它不仅能为人类生存提供食物、医药及其他工农业生产的原料，也是支撑与维持地球生命的支持系统，能够维系生命物质的生物地化循环与水文循环，维持生物物种与遗传多样性、净化环境，保持大气化学的平衡与稳定，对人类社会具有巨大的服务价值。

森林生态系统是陆地上最为复杂的生态系统，其服务功能类型具有多样性。森林生态系统的服务功能对保护人类居住环境和健康具有重要意义。以下就水源涵养、保育土壤、固碳释氧、生物多样性等8个方面展开论述。

1. 水源涵养

森林生态系统的涵养水源功能主要体现在森林水文效应的机理上。森林生态系统的特殊性质使得它在陆地生态系统中具有最大水源涵养能力。在洪水季节可以蓄水防涝，通过林冠的降水截留、增加蒸散发、增加土壤渗透力以及减少地表径流等综合作用来实现缓减洪水的功效；在干旱季节可以源源不断地提供水分，抵抗干旱，故把森林生态系统称为“绿色水库”。有资料表明，当森林根系到达空间1米深时，1公顷的森林可贮水200～2000立方米，比无林地多贮水300立方米。

（1）林冠层对降雨的截留。森林的垂直立体结构对降水层层拦截，进行降水的再分配，减弱降水对地面的撞击力。林冠的枝叶对雨水也有一定的拦截和阻碍作用，不同的森林类型和降水量的变化会造成雨量差异。林冠截留量的大小由降雨量和降水强度决定，且与森林类型、林分组成、林龄和郁闭度有关。据文献报道，中国主要森林生态系统每年的林冠截留量处于134～626微米，平均林冠截留率在11.4%～34.4%，均值为21.64%。

（2）林下灌木层和枯落物的截留作用。森林凋落物是森林生态系统的重要组成部分，凋落物中积聚着大量的营养物质和营养元素，对物质循环和能量流动起着重要作用，同时对森林资源的保护、水源涵养以及水土保持具有重要意义。林下灌木与草本层拦截和保存的雨水量大于林冠层，森林地面的枯枝落叶层处于松软状态，具有较大的孔隙度和持水力，吸收和渗透降水快。因此，森林凋落物能有效缓减水土流失。凋落物的水分截持能力与树种、凋落物厚度、干燥度、分解程度以及凋落物的组成成分有密切关系。

（3）林下土壤的水源涵养作用。森林土壤是水分蓄持的主体。森林土多孔疏松，物理性质好，孔隙度高，具有较强透水性能，是森林生态系统截流降水的主要场所。森林土壤的水分蓄持能力与土壤厚度和孔隙度密切相关。一般而言，未受干扰的天然林土壤具有高的水分渗透性，老龄林较幼龄林的土壤渗透率高，林地比农田、牧地、草地等土壤的渗透率高。

2. 保育土壤

土壤是植被建立的根本基础。土壤在自然界的形成非常漫长，每生成1厘米厚的土壤需要花费百年以上的时间。森林对土壤的保育作用显得尤为重要，主要表现为：高大植物的冠层拦截雨水，削弱雨水对土壤的直接溅蚀力；地被植物阻截径流和蓄积水分，减弱径流冲刷；植物根系对土壤进行机械式固定，根系分泌的有机物将土壤凝结，使其坚固且耐冲刷。有研究表明，即使微小细根，也有很强固持土壤能力，如平均直径为0.8毫米粗的细根，其具有固持1.31千克土壤的能力。森林生态系统的水土保持功能包括减少土壤的侵蚀量、土壤侵蚀造成废弃土壤面积的增加以及维持土壤养分等3个方面。研究表明，降雨时非林地输出大量泥沙，这些泥沙带走了土壤中大量的N、P、K等营养元素和有机质，造成土层变薄、肥力下降，流失的土壤和泥沙还造成河流淤积，对水的流动和水资源的利用造成极大危害。而森林对保持土壤肥力有着明显作用，可以大大缓解因水土流失造成的一系列危害。

3. 固碳释氧

森林是地球生物圈的支柱，植物通过光合作用吸收大气中的二氧化碳，利用太阳能合成碳水化合物，以有机物的形式将大气中的二氧化碳固定于植物体内，同时释放出氧气。森林的固碳、释氧功能对于维持大气二氧化碳和氧气的动态平衡、减缓温室效应以及提供人类社会生存和发展的基本条件有着不可取代的作用。1997年，联合国气候公约东京协议以后，确认二氧化碳排放是温室效应的主要原因之一，二氧化碳的排放和污染成为国际社会的热点问题之一，各国政府均做出承诺将减少温室气体（二氧化碳）的排放。森林是全球陆生生态系统中最大的碳库，全球现有森林总储碳量达1146Gt，约占土壤和植被储存碳的46%，森林能以各种形式储存二氧化碳，从而有助于减缓全球温室效应。

4. 净化大气环境

森林依靠生态系统的特殊结构和功能，通过阻滞、吸附、吸收和分解作用减少污染物对人类的侵害，对环境起到巨大的净化作用。森林对环境的净化功能主要体现在对$SO_2$和粉尘的吸收。文献资料表明，大气中主要存在$SO_2$、$C1_2$、HF、氮氧化物等有毒有害气体，这些污染物直接或间接对人体健康及其生存的环境产生影响。大多数树木和植物都能分泌出杀菌素，这些物质具有很好的杀菌作用；另外，森林可在一定程度上有效地减轻工业、交通、施工及社会生活噪音等无形的环境污染，为人类营造一个良好而舒适的环境。

5. 调节气候

森林生态系统在一定程度上对周围湿度、温度、降水等具有调节作用，在地表与大气之间充当绿色调节器，对大气候及区域性的小气候均有直接或间接的调节作用，从而缓减极端气候给人类带来的不利影响。研究表明，森林树冠能够有效阻挡紫外线，使林内的气温变化和土壤吸散迟缓；还可以通过植物的蒸腾作用吸收热量降低气温；森林具有强大的蒸散能力，其蒸散量占降水量的30%～95%，能够使周围湿度增加，并增加降水。

6. 生物多样性

森林生态系统孕育着多种生物，不仅为各类生物提供繁衍生息的场所，而且为生物进化及多样性的产生与形成提供条件。森林生态系统是维持生态平衡的基础，也是人类赖以生存和发展的物质基础。维持生物多样性能够创造巨大的经济价值和生态价值。有文献表明，全球生物多样性产生的经济效益每年约3万亿美元，占全球生态系统提供的产品和服务总价值的11%。森林生态系统构成的生境和系统多样性决定了其本身就是生物多样性的一部分，森林资源的改变直接或间接影响着生物的生存和繁衍，造成生物间的资源竞争。森林生态系统为动植物提供的食物和栖息场所对生物多样性存在起着决定性作用。生态系统多样性所造成的美丽景观和提供的美学欣赏、娱乐、旅游、野趣条件，以及生物多样性为人类提供的最完善的物种基因库和科学研究对象对人类社会来说，具有重要的价值。

7. 防风固沙

森林具有很好的防护功能。林带可以有效地降低风速和改变风向，同时在阻挡过程中还能提高林区内的湿度，减少蒸发量，调节气温，有利于农作物产量提高。植被根系也能固沙紧土、改良土壤的结构，能降低强风带走的含沙量，有效地阻截、控制和固定流沙。因此，森林在防沙治沙、防止沙尘暴等方面都具有重要作用。

8. 医疗保健价值

森林具有强大的净化空气作用，能够吸收有害气体，放出清新的氧气，让人产生心旷神怡之感，并且森林植物释放出的芳香气体和空气负离子能调节人体功能，治疗疾病。空气负离子对人体有较大益处，被称为“空气维生素”，具有缓减痉挛、促进分泌、调整神经系统、提高新陈代谢效率等功效；另外还有助于去除尘埃、消除病菌。

## 二 四川森林植被概况

四川省是全国林地资源大省，林地占全国林地总面积的7.6%，森林面积居全国第四位，森林蓄积排名第二，是我国三大林区之一，也是长江上游最大的水源涵养区。森林资源和生物多样性丰富，珍稀濒危物种种类繁多。全省林地面积2397.36万公顷，活立木蓄积量1701145605立方米，占总蓄积量的95.1%。四川森林以天然林居多，全省天然林有疏林地、灌木林地和未成林地，占林地面积的67.1%，比例较高。并且四川森林中幼、中龄林比例较高。

森林群落的分类单位（简称林型），是按照群落的内部特性、外部特征及其动态规律所划分的同质森林地段。划分森林类型的目的是为森林调查、造林、经营和规划设计提供科学依据，对不同类型采取不同的营林措施。四川省主要森林类型如表2所示。

**表2 四川省主要森林类型**

| 群系组 | 主要群系 |
| --- | --- |
| 松林 | 油松林、马尾松林、高山松林、华山松林、思茅松、湿地松林、落叶松、云南松 |
| 冷杉林 | 冷杉林 |
| 云杉林 | 云杉林 |
| 油杉林 | 油杉林 |
| 柳杉林 | 柳杉林 |
| 杉木林 | 杉木林 |
| 栎类林 | 栎类林、麻栎林 |
| 柏木林 | 侧柏、福建柏、柏林 |
| 竹林 | 楠竹林、毛竹林 |
| 楠木林 | 楠木林 |
| 檫木林 | 檫木林 |
| 山杨林 | 青杨林、山杨林 |
| 木荷林 | 木荷林 |
| 桦木林 | 白桦林、杨桦林 |

续表

| 群系组 | 主要群系 |
| --- | --- |
| 铁杉林 | 长苞铁杉林、铁杉林 |
| 经济林 | 经济林 |
| 软阔类 | 巨尾桉林、阔叶林 |
| 针叶混交林 | 福建柏+马尾松、杉木+马尾松、福建柏+秃杉、云杉+落叶松 |
| 针阔混交林 | 木荷+马尾松林、木荷+黄山松林、木荷+杉木林、毛竹+杉木、杉木+巨尾桉、福建柏+木荷、云杉+白桦 |

## 三　生态系统服务功能的价值评价方法

根据价值量的体现形式，森林生态服务功能的价值可以分为直接和间接经济价值。间接经济价值为森林生态系统的环境功能，主要表现在水源涵养、固碳释氧、水土保持和净化环境价值；它是生态服务功能价值的主体，也是最难以进行评价且往往被人们忽视的价值。生态系统服务功能的价值化还比较困难，目前国际上没有公认的、标准的方法。现有的生态系统服务价值的评价方法多样且复杂，大体分为三类：市场价值法、替代市场法和假想市场价值法（见表3）。

**表3　森林生态系统服务功能主要价值评价方法**

| 评价类型 | 具体评价方法及特点 |
| --- | --- |
| 市场价值法 | 生产要素价格变/不变：将生态系统作为生产中的一个要素，其变化影响产量和预期收益的变化 |
| 替代市场法 | 机会成本法：以其他利用方案中的最大经济效益作为该选择的机会成本；影子价格法：以市场上相同产品的价格进行估算；替代工程法：以替代工程建造费用进行估算；防护费用法：以消除或减少该问题而承担的费用进行估算；恢复费用法：以恢复原有状况需承担的治理费用进行估算；因子收益法：以因生态系统服务而增加的收益进行估算；人力资源法：通过市场价格或工资来确定个人对社会的潜在贡献，并以此来估算生态服务队人体健康的贡献 |
| 假想市场价值法 | 条件价值法：以直接调查得到的消费者支付意愿（WTP）或 WTA 来进行价值计量；群体价值法：通过小组群体辩论以民主的方式确定价值或进行决策 |

生态系统服务功能价值评价方法各有优点和缺点，但总体来看，直接市场法的可信度最高，替代市场法次之，假想市场价值法相对较低（见表4）。在条件允许且数据全面时，首选直接市场法；若数据不足，则优选替代市场法；最后考虑假想市场价值法。

表4　主要生态系统服务功能价值评估方法对比分析

| 分类 | 评估方法 | 优点 | 缺点 |
| --- | --- | --- | --- |
| 直接市场法 | 市场价值法 | 评估比较客观，争议较少，可信度高 | 数据必须足够，全面 |
| 替代市场法 | 机会成本法 | 比较客观全面地体现了资源系统的生态价值，可行度高 | 资源必须具有稀缺性 |
|  | 替代工程法 | 可以将难以直接估算的生态价值用替代工程表示出来 | 替代工程非唯一性，时空差异较大 |
|  | 防护费用法 | 可通过生态恢复费用获防护费用来量化生态环境的价值 | 评价结果为最低的生态环境价值 |
| 假想市场价值法 | 条件价值法 | 适用于缺乏实际市场和替代市场交换的商品价值评估 | 实际结果常出现较大偏差 |

## 四　四川森林水源涵养能力与价值评估

### （一）水源涵养能力

森林的水源涵养能力主要包括林冠截留、林下灌木蓄水及枯落物蓄水以及土壤蓄水等四个部分。由于资料有限，本文用来计算四川森林水源涵养能力的面积为1226.49万公顷，其总的涵养水源能力是311.1亿吨，相当于一座库容为311.1亿立方米的水库（三峡水库的调节库容为221亿立方米），平均每公顷森林的水源涵养能力2536.51吨（见表5）。

从森林起源来看，天然林的水源涵养能力远远大于人工林水源涵养能力。如栎类天然林的平均水源涵养能力2525.46吨·公顷，而人工的栎类林的平均水源涵养能力仅为715.03吨·公顷；天然的针阔混交林的平均水源涵养能力4091.61吨·公顷，而人工的针阔混交林的平均水源涵养能力仅为2149.13吨·公顷；天然云杉林的平均水源含量是4397.14吨·公顷，而人工云杉林的平均水源含量则只有3569.62吨·公顷。因此，从森林的水源涵养能力方面看，保护天然林的重要生态意义毋庸置疑。

从四川森林类型来看，松林类的水源涵养量最大，为57.3亿吨；其次是云杉林类，水源涵养量为49.0亿吨。四川森林类型的水源涵养量大小依次是：松林类（57.3亿吨）>云杉林（49.0亿吨）>软阔类（46.7亿吨）>栎林类（28.1亿吨）>冷杉林（27.3亿吨）>针阔混交林（22.9亿吨）>柏木林（20.8亿吨）>竹林类（14.4亿吨）>针叶混交林（12.4亿吨）>经济林类（12.0亿吨）>桦木林（7.7亿吨）>杉木林（4.5亿吨）>山杨林类（3.5亿吨）>铁杉林（1.5亿吨）>油杉林（1.4亿吨）>柳杉林（0.9亿吨）>楠木林（0.4亿吨）>木荷（0.2亿吨）>檫木林（0.06亿吨）。

**表5 四川各类森林类型的水源涵养总量**

| 森林类型 | 面积(公顷) | 涵养水源能力(吨·公顷) | 总涵养水源量(吨) | | 备注 |
|---|---|---|---|---|---|
| 松林 | 2389000 | 2397.72 | $57.3\times10^8$ | | 油松、马尾松等的均值 |
| 云杉林 | 1044100(天然) | 4397.14 | $45.9\times10^8$ | $49.0\times10^8$ | |
| | 87400(人工) | 3569.62 | $3.1\times10^8$ | | |
| 油杉林 | 38900 | 3530.08 | $1.4\times10^8$ | | |
| 柳杉林 | 232800 | 401.92 | $0.9\times10^8$ | | |
| 冷杉林 | 1791900 | 1525.10 | $27.3\times10^8$ | | |
| 杉木林 | 174900(人工) | 2540.45 | $4.44\times10^8$ | $4.5\times10^8$ | |
| | 4900(天然) | 2015.44 | $0.10\times10^8$ | | |
| 栎类林 | 1102300(天然) | 2525.46 | $27.8\times10^9$ | $28.1\times10^8$ | 各类栎林的均值 |
| | 34100(人工) | 715.03 | $0.3\times10^8$ | | |
| 柏木林 | 1514600 | 1371.84 | $20.8\times10^8$ | | 侧柏、福建柏的均值 |
| 竹林 | 486000 | 2969.92 | $14.4\times10^8$ | | 毛竹、楠竹林的均值 |
| 楠木林 | 19500 | 1955.79 | $0.4\times10^8$ | | |
| 檫木林 | 4900 | 1239.49 | $0.06\times10^8$ | | |
| 山杨林 | 179600 | 1935.82 | $3.5\times10^8$ | | 山杨林、青杨林的均值 |

续表

<table>
<tr><th>森林类型</th><th>面积(公顷)</th><th>涵养水源能力(吨·公顷)</th><th colspan="2">总涵养水源量(吨)</th><th>备注</th></tr>
<tr><td>木荷林</td><td>9700</td><td>2420.44</td><td colspan="2">$0.2 \times 10^8$</td><td></td></tr>
<tr><td>桦木林</td><td>514300</td><td>1487.62</td><td colspan="2">$7.7 \times 10^8$</td><td>白桦、杨桦林的均值</td></tr>
<tr><td>铁杉林</td><td>179800</td><td>834.87</td><td colspan="2">$1.5 \times 10^8$</td><td></td></tr>
<tr><td>软阔类林</td><td>776400</td><td>6018.73</td><td colspan="2">$46.7 \times 10^8$</td><td></td></tr>
<tr><td rowspan="2">针叶混交林</td><td>276900(天然)</td><td>4467.93</td><td>$1.24 \times 10^9$</td><td rowspan="2">$12.4 \times 10^8$</td><td rowspan="2"></td></tr>
<tr><td>4900(人工)</td><td>1596.62</td><td>$7.82 \times 10^6$</td></tr>
<tr><td rowspan="2">针阔混交林</td><td>548400(天然)</td><td>4091.61</td><td>$2.24 \times 10^9$</td><td rowspan="2">$22.9 \times 10^8$</td><td rowspan="2"></td></tr>
<tr><td>19500(人工)</td><td>2149.13</td><td>$4.19 \times 10^7$</td></tr>
<tr><td>经济林</td><td>830100</td><td>1447.7</td><td colspan="2">$12.0 \times 10^8$</td><td></td></tr>
<tr><td>总计</td><td colspan="5">$311.1 \times 10^8$ 吨</td></tr>
</table>

## （二）价值评估

选择合适的方法来进行正确计量森林水源涵养价值是经营管理与开发利用森林资源以及实现最佳经营和最优利用的前提。常用的水源涵养能力评估方法主要有直接市场法、替代市场价值法和假想市场价值法。直接市场法需要有全面可靠的数据，但是水源涵养的市场价格很难定量，目前没有统一的标准和规范，此方法用于涵养水源能力评估相对较困难。用假想市场价值法进行估算的价值与实际价值相差很大，可靠性低。中国学者在研究森林涵养水源价值时，应用最多的是替代市场价值法中的替代工程法（影子工程法），是评估森林生态系统生态服务价值时最常用的方法。由于森林的水源涵养价值没有其对应的市场价值，因此采用替代法作为一种变通方法，这种方法采用水的影子价格乘上涵养水源总量，即可得到森林生态系统涵养水源价值。该方法的水源价格参照国家林业局制定的《森林生态系统服务功能评估规范》。计算采用替代工程法，以中国库容的水库工程费用计算生态系统水源涵养价值。根据《森林生态系统服务功能评估规范》所提供的数据可知，中国库容的水库工程费用为6.1107元/立方米。以下数据的计算方式为：涵养水源价值＝单位面积涵养水源量×面积×影子价格。从表6可知，四川 1226.49 万公顷森林的涵养水源的价值为 1901.31 亿元，平均每公顷森林的水源涵养价值为 1.55 万元。

**表 6 四川各森林类型水源涵养价值**

| 森林类型 | 面积(公顷) | 涵养水源能力(吨·公顷) | 价格(元·立方米) | 涵养水源价值(亿元) |
|---|---|---|---|---|
| 松林 | 2389000 | 2397.72 | 6.1107 | 350.03 |
| 云杉林 | 1044100(天然) | 4397.14 | 6.1107 | 299.61 |
| | 87400(人工) | 3569.62 | | |
| 油杉林 | 38900 | 3530.08 | 6.1107 | 8.39 |
| 柳杉林 | 232800 | 401.92 | 6.1107 | 5.72 |
| 冷杉林 | 1791900 | 1525.10 | 6.1107 | 166.99 |
| 杉木林 | 174900(人工) | 2540.45 | 6.1107 | 27.75 |
| | 4900(天然) | 2015.44 | | |
| 栎类林 | 1102300(天然) | 2525.46 | 6.1107 | 171.60 |
| | 34100(人工) | 715.03 | | |
| 柏木林 | 1514600 | 1371.84 | 6.1107 | 126.97 |
| 竹林 | 486000 | 2969.92 | 6.1107 | 88.20 |
| 楠木林 | 19500 | 1955.79 | 6.1107 | 2.33 |
| 檫木林 | 4900 | 1239.49 | 6.1107 | 0.37 |
| 山杨林 | 179600 | 1935.82 | 6.1107 | 21.25 |
| 木荷 | 9700 | 2420.44 | 6.1107 | 1.43 |
| 桦木 | 514300 | 1487.62 | 6.1107 | 46.75 |
| 铁杉 | 179800 | 834.87 | 6.1107 | 9.17 |
| 软阔林类 | 776400 | 6018.73 | 6.1107 | 285.55 |
| 针叶混交林 | 276900(天然) | 4467.93 | 6.1107 | 76.08 |
| | 4900(人工) | 1596.62 | | |
| 针阔混交林 | 548400(天然) | 4091.61 | 6.1107 | 139.67 |
| | 19500(人工) | 2149.13 | | |
| 经济林 | 830100 | 1447.7 | 6.1107 | 73.43 |
| 总计 | 1901.31 亿元 | | | |

从表 6 中可以看出，四川森林生态系统水源涵养价值大小顺序为松林类（350.03 亿元）>云杉林（299.61 亿元）>软阔林类（285.55 亿元）>栎类林（171.60 亿元）>冷杉林（166.99 亿元）>针阔混交林（139.67 亿元）>柏木林（126.97 亿元）>竹林类（88.20 亿元）>针叶混交林

(76.08 亿元) >经济林类（73.43 亿元）>桦木林（46.75 亿元）>杉木林（27.75 亿元）>山杨林（21.25 亿元）>铁杉（9.17 亿元）>油杉林（8.39 亿元）>柳杉林（5.72 亿元）>楠木林（2.33 亿元）>木荷（1.43 亿元）>檫木林（0.37 亿元）。

## 参考文献


蔡丽平、李芳辉、侯晓龙等：《木荷杉木混交林水源涵养功能研究》，《西南林业大学学报》2013 年第 6 期。

蔡晓明：《生态系统生态学》，科学出版社，2000，第 242 ~243 页。

陈超：《青海大通高寒区典型林分水源涵养功能研究》，硕士学位论文，北京林业大学，2014。

陈德叶：《福建柏等 4 个珍贵树种人工纯林涵养水源研究》，《四川林勘设计》2008 年第 2 期。

陈东立、余新晓、廖邦洪：《中国森林生态系统水源涵养功能分析》，《世界林业研究》2005 年第 1 期。

陈仁利、余雪标、黄金城等：《森林生态系统服务功能及其价值评估》，《热带林业》2006 年第 2 期。

陈引珍、程金花、张洪江、李猛：《缙云山几种林分水源涵养和保土功能评价》，《水土保持学报》2009 年第 2 期。

陈卓梅、黄先华：《秃杉混交林水源涵养功能的研究》，《福建林学院学报》2002 年第 3 期。

代杰：《米亚罗林区云杉人工林水源涵养效益及防护成熟研究》，硕士学位论文，四川农业大学，2009。

董铁狮：《黑龙江省东部山地不同植被类型水源涵养功能研究》，硕士学位论文，东北林业大学，2004。

戈峰主编《现代生态学》，科学出版社，2008。

龚伟、胡庭兴、王景燕等：《川南天然常绿阔叶林人工更新后枯落物层持水特性研究》，《水土保持学报》2006 年第 3 期。

郭立群、王庆华：《滇中高原区主要森林类型水源涵养功能系统分析与评价》，《云南林业科技》1999 年第 1 期。

郝奇林：《岷江上游亚高山森林林冠截留与枯落物层持水特性的研究》，硕士学位论文，南京林业大学，2007。

洪长福：《不同杉木混交类型幼龄林水源涵养功能研究》，《福建林学院学报》1997年第2期。

黄进、张金池、陶宝先：《江宁小流域主要森林类型水源涵养功能研究》，《水土保持学报》2009年第1期。

蒋有绪：《川西亚高山冷杉林枯枝落叶层的群落学作用》，《植物生态学与地植物学丛刊》1981年第2期。

雷泽兴：《马尾松檫树混交林生物量及水源涵养研究》，《江西农业大学学报》2003年第3期。

李长荣：《武陵源自然保护区森林生态系统服务功能及价值评估》，《林业科学》2004年第2期。

李道宁：《江西省大岗山主要森林类型水源涵养功能研究》，硕士学位论文，东北林业大学，2014。

李金昌：《要重视森林资源价值的计量和应用》，《林业资源管理》1999年第5期。

李双权：《长江上游森林水源涵养功能研究》，硕士学位论文，内蒙古师范大学，2008。

林波、刘庆、吴彦等：《川西亚高山人工针叶林枯枝落叶及苔藓层的持水性能》，《应用与环境生物学报》2002年第3期。

林开敏、吴擢溪：《封山育林的马尾松群落水源涵养功能研究》，《福建林学院学报》1995年第3期。

李少宁：《江西省暨大岗山森林生态系统服务功能研究》，博士学位论文，中国林业科学研究院，2007。

李少宁、王兵、赵广东等：《森林生态系统服务功能研究进展——理论与方法》，《世界林业研究》2004年第4期。

李文华、欧阳志云、赵景柱：《生态系统服务功能研究》，气象出版社，2002。

李文华：《中国当代生态学研究·生态系统管理卷》，科学出版社，2013。

刘钦：《木荷人工混交林涵养水源的功能》，《福建农业大学学报》2004年第4期。

刘向东、吴钦孝、赵鸿雁：《黄土丘陵区人工油松林和山杨林林冠截留作用的研究》，《水土保持通报》1991年第1期。

刘向东、吴钦孝、赵鸿雁等：《黄土丘陵区人工林油松和山杨林林冠对降水的再分配及其对土壤水分的影响》，《中国科学院水利部西北水土保持研究所集刊》（森林水文生态与水土保持林效益研究专集），1991。

刘玉龙、马俊杰、金学林等：《生态系统服务功能价值评估方法综述》，《中国人口资源与环境》2005年第1期。

毛富玲、郭雅儒、刘雅欣：《雾灵山自然保护区森林生态系统服务功能价值评估》，《河北林果研究》2006年第3期。

毛文永：《生态环境影响评价概论》，中国环境科学出版社，1998。

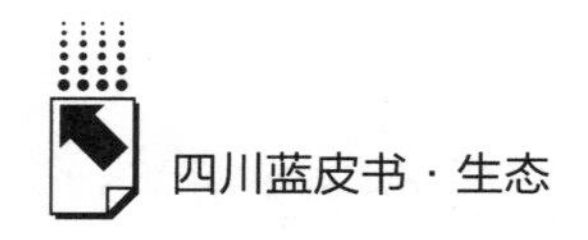


马书国、杨玉盛、谢锦升等：《亚热带6种老龄天然林及杉木人工林的枯落物持水性能》，《亚热带资源与环境学报》2010年第2期。

马中：《环境与资源经济学概论》，高等教育出版社，1999。

欧阳志云等：《中国陆地生态系统服务功能及其生态经济价值的初步研究》，《生态学报》1999年第5期。

欧阳志云、王如松：《生态系统服务功能及其生态经济价值评价》，《应用生态学报》1999年第5期。

潘明亮、丁访军、谭伟等：《贵州西部四种典型林地土壤水文特性研究》，《水土保持研究》2011年第5期。

彭云、丁贵杰：《不同林龄马尾松林枯落物储量及其持水性能》，《南京林业大学学报》（自然科学版）2008年第4期。

孙昌平：《祁连山中部青海云杉林水源涵养功能研究》，硕士学位论文，甘肃农业大学，2010。

唐佳、方江平：《森林生态系统服务功能价值评估指标体系研究》，《西藏科技》2010年第3期。

田雨、周晓波、周燕、潘红丽、谢强：《茂县大沟流域典型植被群落的水源涵养能力》，《四川林业科技》2014年第1期。

王冬云、张卓文、苏开君等：《广州流溪河流域毛竹林的水文生态效应》，《浙江林学院学报》2008年第1期。

王光玉：《杉木混交林水源涵养和土壤性质研究》，《林业科学》2008年第S1期。

王景升、王文波、普琼：《西藏色季拉山主要林型土壤的水文功能》，《东北林业大学学报》2005年第2期。

王鹏、黄礼隆、邱进贤、罗成荣：《四川盆北山区马尾松、麻栎林水源涵养能力的初步研究》，《四川林业科技》1996年第3期。

王治国等编著《林业生态工程学——林草植被建设的理论与实践》，北京：中国林业出版社，2000。

温庆忠、赵元藩、陈晓鸣等：《中国思茅松林生态服务功能价值动态研究》，《林业科学研究》2010年第5期。

吴炳生、谢华、谭淑：《毛竹林群落类型水源涵养功能的初步研究》，《竹子研究汇刊》1992年第4期。

向成华：《川中浅丘区不同林分类型的综合效益评价》，《土壤侵蚀与水土保持学报》1996年第1期。

辛慧：《泰山森林涵养水源功能与价值评估》，硕士学位论文，山东农业大学，2008。

许阳萍、林媚珍、陈志云：《流溪河国家森林公园森林生态系统服务功能间接价值评估》，《广东农业科学》2008年第8期。

杨澄、刘建军：《桥山油松天然林水文效应的研究》，《西北林学院学报》1997 年第 1 期。

杨光梅、李文华、闵庆文：《生态系统服务价值评估研究进展》，《生态学报》2006 年第 1 期。

杨俊玲：《几种典型杉木人工林凋落物及土壤持水能力研究》，硕士学位论文，北京林业大学，2013。

杨柳林：《福建樟湖 35 年生楠木人工林水源涵养功能研究》，《福建林业科技》2006 年第 3 期。

张君玉、程金花、张洪江等：《晋西黄土丘陵区 3 个树种人工林枯落物的持水特性》，《西北农林科技大学学报》（自然科学版）2012 年第 10 期。

张顺恒、陈辉：《桉树人工林的水源涵养功能》，《福建林学院学报》2010 年第 4 期。

张颖：《中国森林生物多样性价值核复研究》，《林业经济》2001 年第 3 期。

赵海凤：《四川省森林生态系统服务价值计量与分析》，硕士学位论文，北京林业大学，2014。

赵海蓉、帅伟、李静等：《华西雨屏区几种典型人工林降雨截留分配特征》，《水土保持学报》2014 年第 6 期。

赵海珍、冯学全：《雾灵山自然保护区森林的碳汇功能评价》，《河北农业大学学报》2001 年第 4 期。

赵进红：《泰山不同林分水源涵养功能研究》，硕士学位论文，山东农业大学，2009。

郑江坤、王婷婷、付万全、杨润红、宫渊波：《川中丘陵区典型林分枯落物层蓄积量及持水特性》，《水土保持学报》2014 年第 3 期。

钟祥顺：《长苞铁杉天然林水源涵养功能研究》，《福建林学院学报》1999 年第 3 期。

周彬：《太岳山油松林人工林水文特征研究》，硕士学位论文，北京林业大学，2013。

周祥：《云南纳帕海典型森林水文生态功能研究》，硕士学位论文，北京林业大学，2011。

周宗哲：《福建柏混交林水文特征研究》，《林业勘察设计》2010 年第 2 期。

朱志芳、覃志刚、陈林武、朱绍勇：《嘉陵江流域低山丘陵区几种主要森林类型水文特征研究》，《四川林业科技》2003 年第 3 期。

Costanza R，d'Arge R，De Groot R，et al. The value of the world's ecosystem services and natural capital，Ecological economics，1998，1（25）：3 – 15.

Costanza R，Folke C. Valuing ecosystem services with efficiency，fairness，and sustainability as goals，Nature's services：societal dependence on natural ecosystems. Island Press，Washington，DC，1997：49 – 70.

Daily G. Nature's services：societal dependence on natural ecosystems，Island Press，1997.

# B.6
# 四川生态监测指标体系构建

车茂娟　周 怡　朱 莉*

**摘　要：** 指标分散、不统一和市县指标缺失是使四川的生态保护与建设的成果及存在的问题难以得到及时反映的主要原因，这也制约了生态保护与建设的制度化、常态化。结合十八大生态文明建设的相关精神，可以从生态制度、生态投入、生态技术、生态经济、生态环境五个维度构建未来四川生态监测指标体系，成为限制开发区取消 GDP 考核后对生态保护与建设成效进行评估的工具。

**关键词：** 生态监测　指标体系　四川

## 一　四川生态监测指标体系现状

我国生态保护与建设监测工作最早产生于20 世纪 50 ~60 年代，主要是对环境污染源进行监测；1975 年编制了我国第一个环境保护十年规划，提出了环境污染控制与治理目标，此后的“七五”、“八五”期间，环境保护规划主要仍然是突出城市环境治理和工业污染防治，监测指标也主要局限在城市环境污染方面；“九五”期间提出了流域水污染防治规划，对相关水域环境指标

---

* 车茂娟，四川省统计科学研究所所长，高级统计师，博士，主要从事经济、统计研究；周怡，四川省统计科学研究所，高级统计师，博士，主要从事经济研究与人口、资源、环境关系研究；朱莉，四川省统计科学研究所，博士，主要从事统计、经济研究。

进行监测；“十五”以来，国家开始制定生态建设与环境保护规划，并颁布了《全国生态环境功能区规划》，生态监测从原来的城市污染和水污染监测转向全面的生态保护与建设，监测技术不断发展，监测指标也不断完善。

四川在生态保护监测评估领域起步较早，监测评估体系日益发展，先进技术手段如3S技术、无人机技术等正引入相关监测领域。在森林资源及其效益监测管理方面，已建成在全国被称为覆盖范围最广、指标最全、时效性最强的林业资源及效益监测与评价体系。1998年率先在全国启动森林生态系统定位站建设和生态效益监测。2003年启动林业生态效益和经济社会效益监测并建立年度监测报告发布机制。2007年成立“四川省森林生态效益监测中心”，实现多项监测体系融合一体化和监测信息平台中枢化。截至2014年，全省设立1万多个林业资源样地、15个生态定位观测站和15个样本县，设置了15个测流堰、92个径流场。监测技术日益先进，遥感解译、地理信息系统等已全面应用于森林资源监测，实现全省林地“一张图”及其动态修订管理。林业资源与生态效益发布成为常态。

草原监测水平日益提高。从2001年启动监测体系建设以来，已逐步建立起由省草原工作总站和3个州48个县100个固定监测点相结合的监测组织机构体系与技术支撑体系，其中阿坝州红原县、阿坝县、若尔盖县、马尔康县等地同步建成国家级草原固定监测点，制定了相应的监测技术规范、规程与监测业务手册，建成了全省草原监测信息报送管理系统，草原监测评估信息发布机制日益健全。全省草原动态变化、病虫害、火情等情况基本得到掌控，为草原科学管理发挥了重要作用。

环境监测评估体系建设取得重大进步。2014年，为适应新形势、新任务需要，进一步加强全省环境监测工作，四川省环保厅印发了《关于进一步加强环境监测工作的意见》，全面依法推进环境监测工作。到2014年末，全省21个市（州）政府所在城市和127个县（市区）空气自动监测站按照新标准建设运行；基本建成空气预警预报制度；21个市（州）政府所在城市已实现在四川省环境空气质量信息平台上实时发布监测数据；乡镇及其以上集中式生活用水水源地水质监测全面推动；规划的156个监测站，已有

116 个完成达标建设；9 个二级监测站已具备 109 项水质全分析能力。

2000 年以来，四川陆续印发了《“十一五”生态建设和环境保护规划》《“十二五”生态建设和环境保护规划》及相关规划，并对森林草原资源、耕地资源、主要污染物、水土保持、空气质量等进行监测，对生态环境承载力、生态安全、环境安全、污染防治等领域进行评估。

但是，相对于四川生态保护与建设的任务而言，当前生态保护与建设的生态监测指标仍存在一些问题，主要表现在以下几个方面。

一是指标较为分散。由于生态保护与建设工作分散在国土资源、林业、农业、环境保护等多个部门，因此，生态监测指标也较为分散。生态经济指标主要为四川全面建成小康社会统计指标，由四川省统计局进行监测。当前，在四川省统计年鉴中可查的生态环境指标主要是森林生态系统、环境污染治理、城市生态环境等指标，全国国土资源统计年鉴中有部分水资源、农田、湿地与河湖、荒漠、海洋等生态系统指标。

二是指标不完整。当前，生态经济和生态环境监测工作已基本成熟，但还不完整。例如，《四川省“十二五”生态建设和环境保护规划》中提出的生态建设和环境保护的主要监测指标只有 12 个，包括森林覆盖率，森林蓄积量，治理水土流失面积，草地植被覆盖度，化学需氧量排放总量，二氧化硫排放总量，氮氧化物排放总量，氨氮排放总量，五大水系国控、省控断面优于Ⅲ类水质的比例，国控、省控断面劣于Ⅴ类水质比例，省控重点城市空气质量平均浓度值达到二级标准以上的城市比例，省控重点城市好于二级标准的天数超过 292 天的城市比例等。而在全面建成小康社会统计监测指标中，生态环境指标 10 个，包括单位 GDP 能耗、单位 GDP 水耗、单位 GDP 建设用地占用面积、单位 GDP 二氧化碳排放量、PM2.5 达标天数比例、地表水达标率、森林覆盖率、城市建成区绿化覆盖率、主要污染物排放强度、城市生活垃圾无害化处理率等。而生态制度、生态投入和生态技术等方面的监测工作还未开展，也没有较为统一的监测指标。

三是市县指标缺失。全国和省级的生态环境指标大多在年鉴中可查，而市县两级则多未公开，同时，部分指标为监测点指标，若某些市县无监测点，则无法获得该项指标值。

四是指标不统一。由于生态指标分散在各个部门，各部门和各地区间对生态指标的定义不统一、界定范围不清晰，造成同一指标无法进行横向、纵向对比分析。

## 二　四川生态监测指标体系构建目标

通过构建生态监测指标体系及监测工作机制，对森林、草原、荒漠、湿地与河湖、城市等生态系统进行动态监测评估，客观、准确、全面、动态反映生态保护与建设的成果及存在的问题，实现生态保护与建设的制度化、常态化，为各级党政领导生态保护与建设绩效提供评价依据，也为各级党委政府制定生态保护与建设规划和相关政策提供依据。

## 三　指标体系的构建

### 1. 构建思路

建立生态监测指标体系的主要目的是要对生态保护与建设工作及其成效进行科学全面的评估。基于该研究目的，本文拟从工作与成效两个维度构建指标体系，其中，工作维度包括规划与制度建设、投入机制和科技支撑三个方面，成效维度包括经济社会发展和生态系统质量两个方面。

### 2. 构建原则

一是科学性原则。生态监测指标体系的构建不仅要客观反映各地在规划实施、制度建设、投入机制和科技支撑等生态保护与建设工作方面的情况，还要客观反映各地区生态保护与建设的成效，指标设计要科学、客观。

二是目的性原则。生态文明建设是全面建设小康社会的新要求，加强生态保护与建设是要改善我国生态环境，努力从源头上扭转生态环境恶化趋势，为人民创造良好的生产生活环境。因此，生态监测指标体系既要反映生态环境的质量，也要体现生态经济和生态社会发展情况，为全面建成小康社会和消除贫困提供有力依据。

三是可比性原则。生态监测指标体系应在各地区间普遍适用，其所涉及的指标内容、指标目标值、计算口径、计算方法等应基本统一，使得地区的纵向对比和横向对比可行。

四是全面性原则。生态监测指标体系要能综合、全面反映生态保护与建设的各个方面，既要反映规划实施、制度建设、投入机制和科技支撑等工作成效，也要反映森林、草原、荒漠、湿地与河湖、农田、海洋、城市等生态系统保护与建设的质量，还要反映各地区生态经济社会发展情况和居民生产生活水平提升情况等。

五是可操作性原则。生态监测指标体系的构建还要考虑可操作性，注重实用性。要充分考虑数据取得和指标量化的难易程度，既要全面反映生态保护与建设的各种内涵，又要便于操作。鉴于生态保护与建设数据获取的可行性，本文主要从统计年鉴和各部门统计指标中选择适当的既有指标，同时，也结合生态保护与建设的工作要求和目的设置适当的可量化指标，共同组成生态监测指标体系。

3. 指标选择

根据生态保护与建设的工作要求和工作目标，本文所构建的生态保护与建设示范区监测指标体系包括生态制度、生态投入、生态技术、生态经济、生态环境 5 个一级指标和 45 个二级指标（见表 1）。

其中，生态制度主要反映生态保护与建设的规划实施与制度建设情况。指标选择主要考虑规划指标完成情况、相关制度实施情况等，共计 4 个二级指标，即规划指标完成率、生态系统产权确权率、生态环境事件和违法案件处理率、生态环境信息公开披露率。

生态投入主要反映生态保护与建设的资金投入情况。指标选择主要考虑生态保护与建设财政资金投入、科技经费支出等情况，共计 3 个二级指标，即节能环保支出占财政支出比重、环境污染治理投资占 GDP 比重、农业及环保事业科技经费支出占总支出比重。

生态技术主要反映生态保护与建设的科技支撑与保障情况。指标选择主要考虑生态保护与建设的科技活动、科技应用转化情况、技术标准、科技队伍建设等情况，共计6个二级指标，即农业及环保事业专利授权数或专利授权率、农业及环保事业科技项目应用率、农业及环保事业国家或行业技术标准数或技术规范数、农业及环保事业就业人员占就业人员比重、农业及环保事业科技机构在职科技人员占从业人员比重、农业机械总动力。

生态经济主要反映生态经济社会发展情况和居民生产生活水平。指标选择主要参考十八大提出的GDP和城乡居民收入两个翻番、2020年全面建成小康社会的目标，十八届五中全会对2020年消除贫困的目标等，共计9个二级指标，即生态补偿占GDP比重、资源税占税收收入比重、GDP指数、城乡居民人均收入指数、贫困人口发生率、平均受教育年限、平均预期寿命、教育文化卫生就业社保事业支出比例、基本社会保险覆盖率。

生态环境主要从生态保护与建设的主要任务，即保护和培育森林生态系统、保护和治理草原生态系统、保护和修复荒漠生态系统、保护和恢复湿地与河湖生态系统、保护和改良农田生态系统、建设和改善城市生态系统、保护和整治海洋生态系统、防治水土流失、保护生物多样性、保护地下水资源等10个主要任务。指标选择主要参考《全国生态保护与建设规划（2013～2020年）》《生态保护与建设示范区实施意见》，共计23个二级指标。其中，森林生态系统包括森林覆盖率、森林蓄积量、林地保有量3个二级指标；草原生态系统包括“三化”草原治理率、草原植被覆盖度2个二级指标；荒漠生态系统二级指标为可治理沙化土地治理率；湿地与河湖生态系统包括湿地保护率、河湖生态护岸比例2个二级指标；农田生态系统二级指标为农田实施保护性耕作比例；城市生态系统包括城市建成区绿地覆盖率、城乡人居环境改善综合率（包括污水集中处理率、生活垃圾无害化处理率、建制村公路通达通畅率、农村饮水安全普及率等）、空气环境质量指数3个二级指标；海洋生态系统包括海洋重要渔业水域保护率、自然岸线保有率、近岸受损海域修复率3个二级指标；防治水土流失二级指标为水土流失治理率；保护生物多样性包括自然保护区占国土面积比率、风景名胜区占国土面积比率、海洋保护区占管辖海域面积比率、国家重点保护物质和典型生态系统类型保护率4个二级指标；水资源开发利用包括用水总量、农田灌溉水有效利用系数、水功能区水质达标率3个二级指标。由于各地区生态系统各有侧重，各地区可根据各自的生态特点，对子系统指标体系进行删减，确定各自的生态系统监测指标体系，反映生态系统保护与建设的成效。

**表1　生态监测指标体系**

| 一级指标 | 二级指标 |
| --- | --- |
| 生态制度 | 规划指标完成率(%)<br>生态系统产权确权率(%)<br>生态环境事件和违法案件处理率(%)<br>生态环境信息公开披露率(%) |
| 生态投入 | 节能环保支出占财政支出比重(%)<br>环境污染治理投资占GDP比重(%)<br>农业及环保事业科技经费支出占总支出比重(%) |
| 生态技术 | 农业及环保事业专利授权数(件)或专利授权率(%)<br>农业及环保事业科技项目应用率(%)<br>农业及环保事业国家或行业技术标准数或技术规范数(项)<br>农业及环保事业就业人员占就业人员比重(%)<br>农业及环保事业科技机构在职科技人员占从业人员比重(%)<br>农业机械总动力(万千瓦) |
| 生态经济 | 生态补偿占GDP比重(%)<br>资源税占税收收入比重(%)<br>GDP指数(2010年为基期)<br>城乡居民人均收入指数(2010年为基期)<br>贫困人口发生率(%)<br>平均受教育年限(年)<br>平均预期寿命(年)<br>教育文化卫生就业社保事业支出比例(%)<br>基本社会保险覆盖率(%) |
| 生态环境 | 森林生态系统<br>　森林覆盖率(%)<br>　森林蓄积量(亿立方米)<br>　林地保有量(万公顷)<br>草原生态系统<br>　“三化”草原治理率(%)<br>　草原植被覆盖度(%)<br>荒漠生态系统<br>　可治理沙化土地治理率(%) |

续表

| 一级指标 | 二级指标 |
| --- | --- |
| 生态环境 | 湿地与河湖生态系统 |
| | 湿地保护率(%) |
| | 河湖生态护岸比例(%) |
| | 农田生态系统 |
| | 农田实施保护性耕作比例(%) |
| | 城市生态系统 |
| | 城市建成区绿地覆盖率(%) |
| | 城乡人居环境改善综合率(%) |
| | 空气环境质量指数(%) |
| | 海洋生态系统 |
| | 海洋重要渔业水域保护率(%) |
| | 自然岸线保有率(%) |
| | 近岸受损海域修复率(%) |
| | 防治水土流失 |
| | 水土流失治理率(%) |
| | 保护生物多样性 |
| | 自然保护区占国土面积比率(%) |
| | 风景名胜区占国土面积比率(%) |
| | 海洋保护区占管辖海域面积比率(%) |
| | 国家重点保护物质和典型生态系统类型保护率(%) |
| | 水资源开发利用 |
| | 用水总量(亿立方米) |
| | 农田灌溉水有效利用系数(%) |
| | 水功能区水质达标率(%) |

4. 指标目标值的确定

对于目标值的确定，本文的思路是：与《全国生态保护与建设规划(2013~2020年)》一致的指标，未达到全国规划值的，以全国规划值为目标值，已达到全国规划值的，根据各地实际情况设置目标值；全面建成小康社会指标和贫困指标，以全国目标值为主要依据确定目标值；与全国规划不一致的指标或绝对值指标，根据各地实际情况设置目标值。

5. 指标权重的确定

指标权重的确定是进行综合评价的重要环节。考虑生态保护与建设各项工作和各生态系统同等重要，本文认为可采用等权方式确定指标权重。其中，生态制度指标权重为8%，生态投入指标权重为6%，生态技术指标权重为12%，这三个一级指标下的二级指标权重均为2%；生态经济指标权重为24%，考虑2020年GDP和城乡居民人均收入比2010年翻一番、2020年农村贫困人口脱贫为十八大提出的核心目标，这3个二级指标权重设为4%，其余6个二级指标权重为2%；生态系统指标权重为50%，生态系统监测的10个方面指标权重为4%或6%，基本保持平衡。各地也可根据实际情况，对生态系统监测领域进行调整，并确定权重。

6. 试测算与评估

本文根据《四川省阿坝藏族羌族自治州生态保护与建设示范区建设方案》对阿坝州2013年生态经济与生态环境现状进行试测算与评估（见表2）。

**表2　2013年阿坝州生态经济与环境基本情况**

| 一级指标 | 二级指标 | 2020年全国目标值 | 2020年阿坝目标值 | 2013年阿坝指标值 | 完成程度 |
|---|---|---|---|---|---|
| 生态经济 | 生态补偿占GDP比重(%) | — | — | — | — |
| | 资源税占税收收入比重(%) | — | — | 0.66 | — |
| | GDP指数(2010年为基期) | 200 | 200 | 144.3 | 72.2 |
| | 城乡居民人均收入指数(2010年为基期) | 200 | 200 | 145.5 | 72.8 |
| | 贫困人口发生率(%) | 0 | 0 | 16.27 | — |
| | 平均受教育年限(年) | ≥10.5 | ≥10.5 | 7.59 | 72.3 |
| | 平均预期寿命(年) | ≥76 | ≥76 | 72.13 | 94.9 |
| | 教育文化卫生就业社保事业支出比例(%) | — | — | — | — |
| | 基本社会保险覆盖率(%) | ≥93 | ≥93 | 81.4 | 87.5 |

续表

| 一级指标 | 二级指标 | 2020年全国目标值 | 2020年阿坝目标值 | 2013年阿坝指标值 | 完成程度 |
|---|---|---|---|---|---|
| 生态环境 | 森林生态系统 | — | — | — | — |
| | #森林覆盖率(%) | ≥23 | 27.2 | 24.85 | 91.4 |
| | #森林蓄积量(亿立方米) | ≥150 | — | 4.2 | — |
| | #林地保有量(万公顷) | 31230 | — | 422.7 | — |
| | 草原生态系统 | — | — | — | — |
| | #"三化"草原治理率(%) | 55.6 | 45 | 15 | 33.3 |
| | #草原植被覆盖度(%) | — | — | 80 | — |
| | 荒漠生态系统 | — | — | — | — |
| | #可治理沙化土地治理率(%) | ≥50 | 60 | 20 | 33.3 |
| | 湿地与河湖生态系统 | — | — | — | — |
| | #湿地保护率(%) | 60 | 70 | 50.64 | 72.3 |
| | 农田生态系统 | — | — | — | — |
| | #农田实施保护性耕作比例(%) | ≥15 | 69 | 51 | 73.9 |
| | 城市生态系统 | — | — | — | — |
| | #城市建成区绿地覆盖率(%) | 44.59 | 15 | 13.78 | 91.9 |
| | #城乡人居环境改善综合率(%) | 100 | — | — | — |
| | #空气环境质量指数(%) | 100 | 100 | 90.2 | 90.2 |
| | 防治水土流失 | — | — | — | — |
| | #水土流失治理率(%) | 16.9 | 30 | 10 | 33.3 |
| | 保护生物多样性 | — | — | — | — |
| | #自然保护区占国土面积比率(%) | 15.2 | 33 | 27 | 81.8 |
| | #风景名胜区占国土面积比率(%) | — | 12 | 12 | 100.0 |
| | #国家重点保护物质和典型生态系统类型保护率(%) | 95 | — | — | — |
| | 水资源开发利用 | — | — | — | — |
| | #用水总量(亿立方米) | — | 3.4 | 1.98 | 58.2 |
| | #农田灌溉水有效利用系数(%) | — | 0.5 | 0.4 | 80.0 |
| | #水功能区水质达标率(%) | 100 | 100 | 100 | 100.0 |

从阿坝州指标标准值的设定来看，除“三化”草原治理率、城市建成区绿地覆盖率2项指标阿坝州目标值低于全国外，其余指标目标值均高于全国或与全国一致。按照2020年阿坝州目标值，2013年阿坝州“三化”

草原治理率、可治理沙化土地治理率、水土流失治理率完成程度仅33.3%，用水总量完成程度为58.2%，其余指标完成程度均在70%以上，风景名胜区占国土面积比率、水功能区水质达标率已完成目标。而按照2020年全国目标值，阿坝州“三化”草原治理率完成程度仅27%，城市建成区绿地覆盖率完成程度仅30.9%。此外，截至2013年底，阿坝州有农村贫困人口11.63万人，贫困发生率达16.27%，消除贫困的任务较为艰巨。

## 三 生态监测指标体系构建优先活动

### 1. 建立生态保护与建设监测工作机制

从指标收集情况看，生态制度指标为初设指标，生态投入与生态技术指标多在省级统计资料中收集，而市县并未进行统计。因此，建议尽快在生态保护与建设示范区建立健全生态保护与建设监测工作机制，明确各单位职责，实现生态保护与建设工作的制度化、常规化，条件成熟时向市县两级普及。

### 2. 建立生态保护与建设信息共享机制

由于生态保护与建设工作分散在多个单位，生态保护与建设信息收集难、更新难，建议各部门加强联系协作，尽快建立生态保护与建设部门协调机制，实现资源共享，建立生态保护与建设信息数据库，并以此为基础对生态保护与建设工作进行科学评估。

### 3. 开展生态保护与建设动态监测和评估

在建立生态保护与建设监测工作机制和信息共享机制的基础上，开展生态保护与建设动态监测和评估，建议监测和评估工作每年进行一次。

### 4. 实施生态保护与建设目标分解和责任考核

生态保护与建设工作涉及多个部门，建议对目标任务进行分解，明确各部门责任，并对工作绩效进行考核。同时，建议对生态保护与建设成效进行分类考核。四川183个县按主体功能区分类包括三类，即重点开发区、农产品主产区和重点生态功能区。在四川 4 个试点地区中，阿坝州 13 个区县均为国家级重点生态功能区，广安华蓥市为省级重点开发区，巴中南江县为国家级重点生态功能区，南充西充县为国家级农产品主产区。在不同生态功能区，生态保护与建设工作重点不同、目标不同，建议按照主体功能区划分和生态系统差异进行分类考核。

# B.7
# 四川生态红线（警示线）的划定

黄昭贤 陈 剑 罗 艳 张洪吉*

**摘 要：** 针对生态红线落地困难等问题，本研究应用景观生态学方法和3S技术，提出了一个能够使生态红线落地的方法体系。对已经有的生态红线概念、内涵、思路、方法、技术进行了实质性补充完善。形成了完整的4层次-4类型-4等级生态红线（警示线）划定技术体系，努力从科学上和操作上达到生态红线划定的初步目标。

**关键词：** 生态红线 警示线 落地方法

随着工业化、城镇化的快速发展和资源开发活动加剧，我国资源约束压力持续增大，环境污染仍在加重，生态系统退化依然严重，生态系统服务功能难以支撑我国经济社会可持续发展。在区域空间保护方面，尚未形成保障国家与区域生态安全和经济社会协调发展的空间格局。在此背景下，《国务院关于加强环境保护重点工作的意见》（国发〔2011〕35号）明确提出，在重要生态功能区、陆地和海洋生态环境敏感区、脆弱区等区域划定生态红线。十八届三中全会明确提出“划定生态保护红线”，将这一概念放入生态文明顶层设计。2015年，环境保护部印发了《国家生态保护红线划定技术指南》。

* 黄昭贤，四川省自然资源科学研究院副院长、研究员，研究方向为生态治理、科技管理；陈剑，四川省自然资源科学研究院生物生态研究所副研究员；罗艳，四川省自然资源科学研究院生物生态研究所副研究员；张洪吉，四川省自然资源科学研究院数字资源研究所助理研究员。

## 一 生态红线研究现状与存在问题

### （一）生态红线研究与实务

生态红线一般认为是在自然生态服务功能、环境质量安全、自然资源利用等方面，需要实行严格保护的空间边界与管理限值，以维护国家和区域生态安全，保障人民群众健康，推动经济社会可持续发展。它包括生态功能保障基线、环境质量安全底线和自然资源利用上线。也有学者提出，生态红线是特殊保护的区域，是为了维护国家或区域生态安全和可持续发展，根据自然生态系统完整性和连通性的保护需求划定的需实施特殊保护的最小空间范围。

实务界结合部门职能提出生态红线特定内涵。环境保护部在2014年初印发的《国家生态保护红线—生态功能基线划定技术指南（试行）》指出生态保护红线是指对维护国家和区域生态安全及经济社会可持续发展，保障人民群众健康具有关键作用，在提升生态功能、改善环境质量、促进资源高效利用等方面必须严格保护的最小空间范围与最高或最低数量限值，具体包括生态功能保障基线、环境质量安全底线和自然资源利用上线。国家林业局在2013年《推进生态文明建设规划纲要》给出的定义为：生态红线是保障和维护国土生态安全、人居环境安全、生物多样性安全的生态用地和物种数量底线。国家海洋局在2012年10月提出海洋生态红线区，包括重要旅游区、文化历史遗迹与自然景观、重要河口、重要渔业海域、重要砂质岸线、沙源保护海域、特殊保护海岛、重要滨海湿地、渤海海洋保护区等，并依据生态特点和管理的需求，进一步细分为禁止开发区和限制开发区，分类制定红线管控措施。此外，各省市加快生态红线应用步伐。如广东提出了“红线调控、绿线提升、蓝线建设”的三线调控的总体战略；住建部门要求全省各地划定生态控制线方案。江苏发布《江苏省生态红线区域保护规划》。山东建立起省、市、县三级最严格水资源管理制度“三条红线”控制指标体系。江西出台《江西省（鄱阳湖）水资源保护工程实施纲要（2011～2015

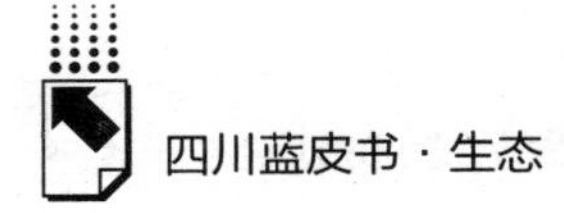


年)》，基本划定水资源管理的“三条红线”。湖南根据全国“三条红线”控制指标值，相应地制定出本省控制指标。

国外虽没有明确提出“生态红线”这一概念，但与之有类似的。如20世纪80年代初，欧美一些国家的绿地规划中应用了生态网络概念内涵，促使了区域生物保护基础结构的完整性，将自然系统的破碎化降至最低限值，防止生态系统的生物多样性遭受威胁。

## （二）生态红线认知和应用存在的困境

概念不清。虽然这一提法在政界及媒体均得到了高度的重视，但生态红线的实质意涵仍不清晰。生态红线是一个数量红线、质量红线、空间红线，还是三者可以有其一或者二或者三？空间可以兑换或者不能兑换？

红线或成“悬着的线”的疑惑。红线与保护区、生态功能区关系不清。红线会不会再建立新规则？新的补偿机制如何建立？党政绩效考核怎么计算？涉及多部门管理的区域，如何协调？“红线”能否通过法律加以固定？

“红线”要落地，诸多难题待解。市县级层面划定难，“红线”落地必须得到地方政府的认可。部门之间的利益也给划定带来挑战，不同主管部门有自己的“红线”，部门之间的利益关系给“生态红线”的划定也带来挑战。

部门协调。生态环境的保护涉及环保、国土、水利、农业、林业、海洋等生态系统管理部门，经济社会发展部门等，形成多部门都有管理职权的局面，难以发挥环境管理的整体性和系统性。而且，各级环保部门都属于各级人民政府的组成部分，上级环保部门对下级环保部门没有制约作用，而很多地方政府往往为了短期利益、一时划定很多红线。

缺少研究和制定与红线性质相适宜的不同制度、不同部门和区域之间的协调管理机制。生态红线制度的制定和实施尚存在诸多需要协调的地方，主要体现在：①缺乏制度间的协调机制，即生态红线制度与现有保护制度的冲突。例如，“生态红线制度”如何与现有的自然保护区、风景名胜区、重点生态区等生态保护制度相协调。②缺乏部门间的协调机制。例如，国土、林业、海洋、环保部门都已开始生态保护红线的划定工作，但缺乏统一的协调机制，职责边界不清，各自为政的局面将导致后期多头监管等问题。③缺乏区域间的协调机制。当前，缺乏有效的生态补偿机制势必影响生态红线制度效果和区域间的协调发展。

已有面积过大，却无法得到应有的保护。国家级、省级以下的自然保护区这一项就占到国土面积14.61%，还有国家级森林公园、国家级风景名胜区，更有大的区域性的保护，如重要生态功能区，面积非常大，占24.7%。这些区域存在空间交叉的问题，却无法得到应有的保护。

再划“生态红线”，势必又将掀起一股“红线”热潮，但能否解决上述问题，避免再次走入抢项目、争资金、划土地怪圈，值得深思。

## 二　生态红线落地困难的新思路

### （一）对生态红线概念的新认识

把红线作为警示线的新认识。红颜色是最显眼、引人注目的颜色，常作为一种警戒线、生命线、安全标志线等不可逾越线。引申其意而用在规划上，就有神圣不可移改、超越的意思，比如用地红线、规划红线、建筑红线等。值得注意的是：临界点是点不是线，一组数值中的环境底线、资源上限中只是数据临界点而不是红线。生态红线是指一个美好的大家园里，在地理空间上关于人－地关系的一些行为警示线。

### （二）生态红线空间特征

1. 分异性

一个美好的大家园中一些空间内外具有明显分异。

2. 双向警示性

双向警示性是一个内外（差别）警示线，具有双向警示作用，而不是只对红线区域内部空间进行警示，对红线外部同时警示。如，城市红线是限制外部不能无限再扩大的警示，而不是对城市内部的警示。

3. 异质互补性

线内不允许，线外一定允许，如线内不允许开发，线外一定可以开发。

4. 尺度效应特性

生态红线是人地关系线，地理尺度大，具有尺度效应，小面积不纳入生态红线。有些东西再重要，不是人地矛盾关系，如黄金库，也很重要，也就不属于生态红线划定范围。

5. 制度性

生态红线画在地上，看起来是对物画线，但实际上对物不起作用，画线对人重于对物，它主要针对人的破坏而画制度线，而不主要是对物画保护线。

### （三）对生态红线适用领域的再扩展

生态红线适用区域或者领域不仅仅限制在生态功能区、脆弱生态区，而且是生产、生活、生态所有区域。

第一，生活（居住）地、生产（开发）地、生态（休闲观光）地。

第二，社会、经济、环境的统一体大领域，不是只限自然生态系统或环境保护领域。

第三，包括了城市、农村、自然，并非只针对或者重点针对自然区域。

### （四）对生态红线再定义

生态红线是一个区域空间中、一定时期内，人为划定的一条或者多条用于反映人在生存发展活动中与自然和环境之间已经出现或者可能出现的各种严重不和谐关系的地理空间警示线、警告线、公告线，或者分异对待、处理、管理、维护的分异线。换言之，生态红线是一个区域内、一定时期内的经济建设、社会发展、生态建设与环境保护工作出现了各种严重不和谐关系时，由区域统筹部门划定并且落实在空间上的一条或者多条分异警示（警告、公告）或者分异维护线，简称生态红线——警示线。主要包括三个方面内容。

一是一定空间和时间的警示线。人与自然间已经出现或者可能出现的各种严重不和谐关系时，在一定时间内在地理空间上落地的警示线，而且重点对人为活动的限制性警示，不是把空间限制绝对保护起来，警示是阶段性的、动态的，不是永久的。二是包括经济社会生态区域和领域的警示线。与经济社会生态建设活动有关的所有空间区域，并不仅限于生态领域或者生态区域（生态功能区、脆弱区、敏感区）。三是负面清单提示线，是区域生态问题空间上的负面清单线。

生态红线是一定时期内，一个区域生态文明的警示线。划出生态红线是为了建设生态文明，是生态文明的时代任务；生态红线是生态文明负面清单提示线，是生态建设重点工作指示线。

## 三　生态红线划定方法

### （一）划定思路

改变正向思维划红线，不是说生态功能如何重要，而是采用逆向思维说问题，如果不维护，损失有多大，成本就有多大，即生态损失价值有多大，形成的负面效益就多大负面效益转化为负面清单，用负面清单划定生态红线。简单说，就是把负面清单在图上（空间上）表示成红线。同时，考虑负面清单谁来买单。以人的经济、社会、生态活动导致生态问题为主要对象，红线是问题线、负面线。

一是考虑红线成本，谁来维护、管理、补偿。划红线，同时考虑规划创新线。区域创新蓝线、可持续发展警示红线，两线同时提出。力求二者在经济、生态上互动，基本动态平衡。二是跳出传统生态学方法认识生态，用景观生态学思想、方法划红线。三是统筹经济、社会、生态各种要素，区域统一规划，多规合一，划定生态红线。四是从空间上考虑红线之间的系统性、层次性、逻辑性关系。划分方向性警示线、格局性警示线、管控性警示线、治理性警示线。

### （二）划定原则

一是维护成本与维护动力统筹。创新发展线与可持续维护线（生态红线）结合。红线维护成本规划考虑与红线维护动力规划考虑相结合。

二是统筹社会、经济、生态问题。坚持经济、社会、生态复合系统全域统筹划定红线原则。

三是统一规划。统筹环保、林业、国土、水利、农业领域，统一规划划定红线。

四是可落地、可操作、可管理。坚持所有红线都能落地、可操作、可管理。坚持方向警示、格局控制、管控建制、治理立项。

五是阶段性可变动可调整。警示是阶段行为，不是画地为牢。

六是不冲突。红线工作与过去自然保护区、风景名胜区、森林公园、土地规划等工作有区别，但不矛盾。红线是阶段性警示线，自然保护区线及其工作是执法工作或者日常建设性工作。

### （三）主要任务

在区域主体功能方向警示红线划定的基础上，主要突出以下任务。

第一，城市景观与斑块（城市人居生活与工业开发主导，以平原为主）生态红线警示线划定技术。

第二，农业农村景观与斑块（种养生产经营主导，以丘陵为主）生态红线警示线划定技术。

第三，半自然景观与斑块（森林－矿产－能源－水资源科学利用及部分农林特产经营主导，以盆周山地与川西南山地为主）生态红线警示线划定技术。

第四，自然景观与斑块（人迹罕至的老少边穷区、生态旅游扶贫与自然文化遗产保护主导，以高寒山地与高原为主）生态红线警示线划定技术。

### （四）主要技术路线和方法

基于生态与经济、社会三大系统服务问题导向而不是单纯的生态功能导向，建立城市、农村、半自然、自然四大景观并存的，开发控制、保护控制并存的红线划定新概念、新思路、新的技术路线和方法。

红线等级体系建立。以景观生态学“异质性”与“等级层次”思想主导警示线划分，在区域－景观－斑块－细胞四级生态等级体系（尺度概念与控制）建立基础上，再考虑生态红线划定范围的尺度。把红线界定大到区域、小到斑块以下的细胞层次，使生态警示层层落实。一是区域红线，按照区域主体功能划分区域主体功能差异红线。二是景观格局红线，在区域主体功能划分的基础上，科学划分城市、农村、半自然、自然四大景观格局，做到空间格局分异控制。三是斑块级红线，把城市、农村、半自然、自然景观分异景观本底作基调，然后再划异质性的、产业发展必须警示的、生态建设必须维护的斑块级红线，斑块级红线区别于景观（本底）级红线，更起到管控性警示作用。斑块级红线面积不大，起到发展与保护并存，生态与经济、社会复合协调发展，人与自然和谐相处的作用即可，而不是把红线扩大化、绝对化。四是细胞级红线。在斑块级红线基础上，再划细胞级——单元级（如问题社区、问题企业等）警示红线。

采用技术。调查分析技术：在确定划定对象的基础上，通过区域现状调查、未来发展的需求与机遇分析，自然发展、市场经济发展规律分析，结合当地实际，特别是对未来城镇发展的现状，农村人口的分布现状与集聚方向，自然资源的特点以及产业发展的基础与方向，以及区域社会经济发展的目标进行分析。3S技术：在技术手段上，用现代先进手段方法，在实地调查、地理信息系统制图、三维地理信息系统模拟、遥感影像作参考的基础上，提出区域城市景观生态警示线、农村景观生态警示线、半自然景观生态警示线、自然景观生态警示线的雏形，并且进行实地核实论证、修改。

## 四　生态红线——警示线的划定技术

针对生态红线部分存在概念不清、不能落地等问题，我们提出了生态红线－警示线按照：区城（生态）层－景观（生态）层－斑块（生态）层－细胞（生态）层，划定出四个层次的生态红线——警示线。四个层次尺度由大到小。每个层次内部，拥有4～5个类型，如区域（生态）层次有4个功能区，它们分别是生活与服务主体功能区、农产品生产主体功能区、生态维护重点功能区、扶贫开发重点功能区。每个层次的每个类型都又有3~5个等级，最后形成“层次-类型-等级”体系，且层次、类型、等级都有相应的评价指标。

“层次”以生态区域面积尺度和性质差异性划分，是划定区域的生态红线尺度控制。“类型”以生态发展方向的差异性划分，即该层次下的不同方向警示。“等级”是各个层次的每个类型又可以分为3~4个不同的等级，如国家级、省级、市（州）级、县级。如果把3~5一般化为4，即按4层次-4类型-4等级生态红线划定技术体系。

### （一）第一层：区域生态红线——区域发展方向指导性警示线

这是主体功能分区红线。尺度一般以县级规模为警示红线划分单元。根据四川省的生态、经济、社会特点，将四川（183个县、市、区）划分为生活与服务主体功能区、农产品生产主体功能区、生态维护重点功能区、扶贫开发重点功能区四大类别、四个方向的分异指导警示线。

生活与服务主体功能区——方向指导性警示线。类型与方向政策指导：重点开发区和市辖区，主要为城市与工业区特征。方向上着力发展工业强县和服务强县。分类指导警示方面，改进工业、园区、服务业发展等专项资金管理办法，更多采用产业引导基金模式。

农产品生产主体功能区——方向指导性警示线。类型与方向政策指导：主要为农产品主产区，着力发展现代农业强县，稳定粮食生产，集中力量抓好现代农业（林业、畜牧业）重点县建设。在农产品主产区，分类指导警示方面，着力深化农村改革，创新农业经营体制机制，加快现代农业发展。

生态维护重点功能区——方向指导性警示线。类型与方向政策指导：主要为生产生活一定程度受到限制、维护生态和环境功能难度大的地区。在重点生态功能区，着力发展旅游经济强县，继续强化生态建设和环境保护，充分依托生态资源优势，优先推动旅游经济发展。在重点生态功能区，分类指导警示方面，着力建设生态补偿机制，促进资源科学合理开发，加快发展生态经济。

扶贫开发重点功能区——方向指导性警示线。类型与方向政策指导：主要为生态脆弱、经济欠发达的扶贫开发区。在扶贫开发区着力打造脱贫致富强县，加强基础设施建设，因地制宜地发展特色农牧业、乡村旅游业，推进生态保护和建设，走出一条脱贫奔小康新路子。在扶贫开发区，分类指导警示方面，着力健全投入机制，统筹整合扶贫资源，加快贫困地区脱贫步伐。

考核评价机制。同时改进考核评价机制，实行分类考核。按照“指标一样、权重不同”的原则，对重点开发区和市辖区、农产品主产区、重点生态功能区三大类区，分经济发展、民生改善、生态环境、风险防控4个方面，差异化设置不同类区指标权重，建立科学、公正、公平的考核评价体系。对于重点生态功能区县和生态脆弱的贫困县，地区生产总值及增速、规模以上工业增加值增速和全社会固定资产投资及增速3项指标权重设置为0。

### （二）第二层：景观生态红线——景观格局控制性警示线

这是区域下景观格局控制分类红线，包括城市景观 - 格局控制性警示线、农村景观 - 格局控制性警示线、半自然景观 - 格局控制性警示线、自然景观 - 格局控制性警示线。

城市景观 - 格局控制性警示线。评价重点及评价指标体系：宜居宜城度、工商服务业发展力、创新开发丰度三方面。宜居宜城度：气候光热宜居宜城程度、水源保障度（江河距离）、近距大江河，保障60% ~80%，交通便通度（地貌平整度）、灾害性（无）、人口已承载力（人口密度5000 ~10000 人/平方公里）、景观规模（城市大于10 平方公里）。工商服务业发展力：已建居建工业国度、土地生产率（每平方公里 GDP）、劳动生产率（人均纯收入）。创新开发丰度：科技资源潜力、每万人科技人员、工业园区占土地比重或潜力。

农村景观 - 格局控制性警示线。评价重点及评价指标体系：宜居宜城度、工商服务业发展力、创新开发丰度三方面。宜居宜城度：气候光热宜居宜程度、水源保障度、交通便通度、灾害性、人口承载力、景观规模等。工商服务业发展力：工业园区、商业中心、土地上产率（每平方公里 GDP）、劳动生产率（人均纯收入）等。创新开发丰度：创新投入能力、科技资源潜力、每万人科技人员、协同创新能力、知识产权能力等。

半自然景观-格局控制性警示线。评价重点及评价指标体系：宜林牧农复合经营度、林牧农复合经营生产力、有限开发利用程度。宜林牧农复合经营度：气候光温水源（80%不宜农和村）、宜林宜牧性（海拔大于25度坡地比重大）、交通便通度（比较难）、人口密度（人口承载力100人/平方公里）、自然灾害性（有一定的）、景观规模（林、草地带大于50平方公里）。林牧农复合经营生产力：土地林草覆盖程度及其比例、土地生产率（50万元/平方公里 GDP）、劳动生产率（人均纯收入5000元左右）。有限开发利用程度：矿产/水资源/生态旅游可开发丰度（比较高）、矿区/水/旅游廊道丰度（比较高）、高效经济林占土地比重或潜力（比较高，可达30%）。

自然景观-格局控制性警示线。评价重点及评价指标体系：宜自然度、自然利用生产力、禁止开发与保护利用级别。宜自然度：气候光温适宜自然（海拔）、人居生活生产基本不宜、水源不适生活生产度（远距离江河、凭天降水）、交通便通度（基本不通达、不安全）、灾害性较容易、人口承载力低（人口密度10人/平方公里）、景观规模（大于100平方公里）。自然利用生产力：景观自然程度（80%）、土地生产率（3万元/平方公里 GDP）。劳动生产率（人均纯收入3000元）。禁止开发与保护利用级别：自然生态旅游丰度、自然保护区/森林公园、湿地、自然（科技）资源丰度、生物多样性丰度与级别。

### （三）第三层：斑块生态红线——斑块管控性警示线

这是景观之下异质斑块红线，主要包括：自然保护区、风景名胜区、森林公园、地质遗迹保护区、文化遗迹保护区、湿地公园、饮用水水源保护区、洪水调蓄区、重要水源涵养区、重要渔业水域、重要湿地、清水通道维护区、生态公益林、特殊物种保护区、地质灾害多发区、退耕还林区、退牧还草区等。

城市景观下异质斑块强制管控性警示线，主要包括：城市绿地、城市湿地（公园）、重要遗址、交通防护带等。

农村景观下异质斑块强制管控性警示线，主要包括：基本保护农田（不是一般耕地，同时要考虑保护成本，谁需求，谁买单）、饮水源保护地等。半自然景观下异质斑块强制管控性警示线，主要包括：特殊矿产区、重要生态廊道（道路、河道、气道等）、退耕还林区、地质灾害频发区、部分湿地区等。

自然景观下异质斑块强制管控性警示线，主要包括：自然保护区、风景名胜区、森林公园、地质遗迹保护区（公园）、文化遗迹保护区、湿地公园等。

### （四）第四层：细胞生态红线——单元治理性警示线

这是斑块下微环境（细胞级）的最小单元生态治理性警示线（注意：省、市、县、区级都不划）。

社区（村、社）单元生态环境治理警示线指社区（村、社）单元生态环境治理范围，五年任务，纳入工程计划。企业（学校、军营）单元生态环境治理警示线指企业（学校、军营）单元生态环境治理范围，五年任务，纳入工程计划。

## 五 生态红线警示线的具体划定方法步骤

课题组根据生态红线是警示线的内涵和推进区域生态文明的划定目标研究认为，生态红线划定主要从一个时期生态文明负面清单角度出发，从生态空间、生态人居（社会）、生态经济、生态文化（意识、制度）、生态环境五个方面寻找问题，列出负面清单，并且在空间上表达警示线（划定生态红线）。

### （一）明确区域对象空间与时间

1. 明确区域对象及其空间等级尺度

对象一般为县（市、区）以上，分为省（自治区、直辖市）、市（州）、县（市、区）三个等级尺度。

2. 明确时间阶段

一般为五年红线－十年红线划定方案，原则与五年规划时间一致，如某某县“十三五”生态红线（清单）。

## （二）调查列出生态问题清单

1. 问题清单

在调查研究，充分认识区域自然和经济社会基本情况的基础上，分析与揭示区域人地关系中的矛盾，结合本地《国民经济与社会发展规划》《城市发展规划》《农村发展规划》《生态县市建设规划》《全国主体功能区规划》《全国生态功能区划》与《全国生态脆弱区保护规划纲要》的落实情况，列出问题清单；问题清单包括生态空间、生态人居（社会）、生态经济、生态文化（意识、制度）、生态环境（生态环境脆弱性或敏感性）等五个方面的负面问题。

重点从生态文明建设新要求的角度、从《生态县市建设规划》落实新要求的角度列出问题清单。

2. 问题尺度化－过滤化

（1）应用景观生态学方法将问题分为区域生态问题、景观生态问题、斑块生态问题、细胞生态问题四个尺度。

（2）将尺度过小或者不是生态问题的过滤化。

3. 问题严重性级别化－强度化

（1）编制某某县区域问题严重性级别评价表。五级严重、四级严重、三级严重、二级严重、一级严重（主体功能区不同，相同类型区域问题，其严重性级别可能有差别）。

（2）问题分级：将五个方面的负面问题分别定级入表。

## （三）生态红线警示线的空间雏形

1. 问题空间化——红线概念雏形

（1）充分利用卫星遥感数据、气象数据、社会经济数据等多源数据，运用遥感和地理信息系统等先进技术，将问题空间化——要求一一落地，划出问题线（范围或域），列出问题空间线清单表格。

（2）与地理空间无关或者不紧密，或者不需要落地的问题，不录入《空间生态问题清单》，列入《非空间生态问题清单》（意识、政策、制度管理等问题）。纯经济问题或纯社会问题不纳入生态问题，只有经济社会与自然或环境直接相关的活动，如果存在问题，才纳入生态问题。

### （四）红线维护成本与维护平衡初步评估

1. 红线雏形维护（多元）成本评估

计算红线雏形维护成本。维护红线需要四方面（多元）成本：意识成本（培训、教育、宣传）、制度成本（定制度/执行制度）、人工（设施）维护成本、生态补偿成本。

2. 红线维护效益价值评估

（1）功能价值评估。结合区域生态系统服务功能的主要特点，评价最关键的生态服务功能价值，尽量数量化。其中，分别量化区域内部生态系统服务功能、区域外部生态系统服务功能。

（2）受利益属地化评估。评估受益方及受益程度（是生态补偿的主要依据）。

3. 红线维护支撑力评价

支撑度分级：指维护生态红线的经济支撑能力。支撑度分为100%、80%、60%、40%、20%五级（见表1）。

**表1　红线维护支撑力评价**

单位：%

| 支撑度分级 | 1 | 2 | 3 | 4 | 5 |
|---|---|---|---|---|---|
| 支撑度量化 | 100 | 80 | 60 | 40 | 20 |
| 支撑能力 | 完全支撑 | 基本支撑 | 大半支撑 | 小半支撑 | 不能支撑 |

4. 本区域红线维护平衡评估

（1）区域内部支撑能力评价。根据当地区域经济能力大小，提出当地区域红线维护支撑度。

（2）区域外部生态补偿力评价。通过本区域对外部生态系统服务功能，受利益属地化评估，提出外部生态补偿的数据以及可执行程度。外部生态补偿包括区域外部受利益属地补偿和国家补偿（如生物多样性保护、长江上游生态屏障建设）两个方面。

（3）区域红线维护平衡。平衡值 = 红线雏形维护成本 –（内部支撑能力 + 外部补偿力）（见表2）。

**表2　生态红线区域维护平衡**

单位：%

| | 分级 | 1 | 2 | 3 | 4 | 5 |
|---|---|---|---|---|---|---|
| 内部支撑度 | 量化 | 100 | 80 | 60 | 40 | 20 |
| | 能力 | 完全支撑 | 基本支撑 | 大半支撑 | 小半支撑 | 不能支撑 |
| 外部生态补偿力（理论上） | 量化 | 0 | 20 | 40 | 60 | 80 |
| | 补偿程度评价 | 不补偿 | 少数补偿 | 小半补偿 | 大半补偿 | 主体补偿 |
| 区域红线维护平衡（理论上） | 量化 | 100 | 100 | 100 | 100 | 100 |
| | 平衡度 | 平衡 | 平衡 | 平衡 | 平衡 | 平衡 |

说明：外部生态补偿包括区域外部受利益属地、国家两个方面。

## （五）生态红线警示线的最后划定

在综合考虑该区域红线维护成本与维护平衡评估工作的基础上，利用地理信息系统技术，修改雏形红线，完成某区域生态红线划定制图。

## （六）区域生态红线警示线的管理维护协调政策制定

1. 红线政策

依据《空间生态问题清单》与《非空间生态问题清单》，依据空间红线制图，制定相应实体红线管理、维护政策、制度、地方法规，并纳入实施管理。

2. 红线调整

生态红线是五年政府任务，每五年调整一次。

# 模式创新篇

New Conservation Model

## B.8
## 经济新常态下生态旅游的创新发展

张黎明*

**摘　要：** 本文对新常态下四川生态旅游拥有的机遇与创新探索进行了简要分析，特别记述了2015年度11件对四川生态旅游发展具有特别意义的大事件，总结讨论了2015年四川生态旅游发展的情况、面临的主要挑战以及2016年生态旅游发展展望。

**关键词：** 新常态　生态旅游　创新发展　四川

* 张黎明，发展管理学硕士，四川省林业厅国际合作处副处长，高级工程师，研究方向为区域可持续发展与管理、生态旅游、现代林业建设。

## 一 四川生态旅游发展的历史新机遇

2015年是我国“十二五”规划的最后一年，也是我国经济迈入新常态历史时期的第二年。上半期，全球主要国家经济增长分化加剧，美欧等发达经济体温和复苏，日本经济停滞不前，大部分新兴市场国家经济形势严峻，我国经济运行整体下行态势尚未逆转①。这一年对于四川生态旅游发展而言，可以说挑战与机遇并存，而机遇更加显著，其中六个方面特别鼓舞人心。

### （一）经济新常态下转型调结构给生态旅游带来重大战略机遇

2014年，根据习近平总书记关于经济新常态的重要论述，中央提出了“发展必须是遵循经济规律的科学发展，必须是遵循自然规律的可持续发展，必须是遵循社会规律的包容性发展”② 的“三遵循三发展”方针。中央经济工作会议指出我国经济“正从高速增长转向中高速增长，经济发展方式正从规模速度型粗放增长转向质量效率型集约增长，经济结构正从增量扩能为主转向调整存量、做优增量并存的深度调整，经济发展动力正从传统增长点转向新的增长点”③，要求更加重视转方式调结构。“转方式调结构”成为引领我国经济新常态的重要手段和促进国家经济发展的新源泉。作为调结构的重要方向，第三产业发展无疑迎来了重大机遇。而旅游作为绿色、低碳与可持续经济的重要组成部分，正在成为生态文明建设战略时期与经济新常态下促进国民经济新增长更加重要的支柱产业，其对国民经济的贡献率必将较历史水平持续增大。其中，生态旅游作为旅游业中更生态、更持续，也更

---

① 《中国与世界主要经济体2015年上半年经济金融发展状况比较分析》，http://www.china.com.cn/opinion/think/2015-08/27/content_36432111.htm。

② 习近平：《遵循经济规律科学发展 遵循自然规律可持续发展》，http://news.xinhuanet.com/fortune/2014-07/08/c_1111518411.htm。

③ 《中央经济工作会议在京举行 习近平李克强作重要讲话》，http://www.ce.cn/xwzx/gnsz/szyw/201412/11/t20141211_4103857.shtml。

文明的核心组成部分，则将迎来更多的发展机会。汪洋总理指出："在新常态下，旅游业是稳增长的重要引擎、是调结构的重要突破口、是惠民生的重要抓手、是生态文明建设的重要支撑、是繁荣文化的重要载体、是对外交往的重要桥梁。"[①] 国家旅游局局长李金早在2015全国旅游工作会议主题报告中关于旅游业的"九新"[②] 论述，不仅科学地阐释了旅游业在众多产业中的强劲优势，也客观地阐释了大旅游业正在成为我国经济新常态下的"新增长点"的历史必然性、时代性与现实可行性，而四川作为拥有得天独厚生态旅游资源禀赋的西部旅游资源大省，在这场盛宴中不可缺席，更有条件发挥旅游业的"九新"优势，四川生态旅游将迎来新的重大历史机遇。

### （二）"互联网+"国家行动重构生态旅游新格局

旅游顾名思义是旅行与游览、观览、娱乐、游赏等的结合。伴随新理念和新技术等的出现与运用，传统旅游概念的内涵与外延被不断地放大和诠释。而"互联网+"生态和理念的诞生，更给旅游产业的理念、技术与文化带来了强大冲击，有如同一把魔法密钥开启了旅游业通向宝库的大门，推动具有旅游价值的相关产业要素更进一步集约、优化、聚合、重构、延伸和演化，产生了类型更加丰富的旅游新兴业态。与"旅游+"异曲同工的是，"互联网+"以互联网平台为基础，利用信息通信技术（ICT）实现与各行各业的跨界融合，推动各行业优化、增长、创新、新生[③]，其绝对优势体现在跨界融合、创新驱动、重塑结构、开放生态、连接一切等方面。2015年3月5日，李克强总理在十二届全国人大三次会议上的政府工作报告中首次提出"互联网+"行动计划。该计划的实施必将推动"互联网+"的理念和

① 《旅游业是新常态下新的经济增长点》，http://zqb.cyol.com/html/2015-01/29/nw.D110000zgqnb_20150129_1-11.htm。

② 《权威发布：2015全国旅游工作会议工作报告（全文）》，http://www.china.com.cn/travel/txt/2015-01/16/content_34575800.htm。

③ 《马化腾解读"互联网+"》，http://news.163.com/15/0522/05/AQ6R5MMK00014AED.html。

技术，在各行各业尤其是在生态旅游产业发展上的全面深度效率化运用，为旅游业的发展带来历史性的革命，全面拓展生态旅游的空间维度，促进生态旅游关联大数据、云信息的活性化与效率化，突破生态旅游的传统供需界限，改变供需模式，供需互动，互为供需，在深度和广度上提升生态旅游智慧化水平、社会参与水平以及旅游产品的差异化与定制水平，推动并迎来生态旅游产业跨越时空界限进行大融合、大合作，一个“政府引导、社会主体、全民共建、市场运作”的社会化生态旅游产业发展格局，或将在“互联网 +”时代应运而生。

### （三）通江达海战略阶段成果优化旅游时空距离

伴随通江达海战略的稳步有效实施，出入川通道和综合交通枢纽建设日益深化，川内外海陆空交通网络更加完善。截至 2014 年末，四川全省铁路营运里程达到 3977 公里，高速公路通车里程达到 5510 公里，民航机场 13 个，形成了由 7 条铁路、15 条高速公路和 1 条水运航道构成的 23 条进出川通道①。在民航通道上，截至 11 月末，成都机场已开通航线 249 条，其中国内航线 165 条、国际（地区）航线 84 条，通航城市 192 座，名列中西部机场榜首②。12 月 10 日，双流国际机场旅客吞吐量首次突破 4000 万人次，成为内地继北京首都、上海浦东、广州白云之后第四个年旅客吞吐量突破 4000 万人次的机场。随着总投资近 700 亿元的成都新机场年末开建，成都即将成为国内第三个拥有“双机场”的大都市。此外，蓉欧快铁也在 2015 年开通返程班列。这些出入川客运交通与物流大动脉网络的完善升级，以经济学视角来判断，必然再次改变成都和四川在我国西部以及全球的经济、社会与旅游等领域的战略发展“生态位”，不仅将进一步增强成都在引领四川以及西部地区经济发展中的活力与潜力，加速成都成为更具投资吸引力的城

---

① 《关于四川省 2014 年国民经济和社会发展计划执行情况及 2015 年计划草案的报告》，http：//scnews. newssc. org/system/20150215/000538801. html。

② 《成都双流机场年旅客吞吐量突破 4000 万人次》，http：//www. caac. com. cn/news/124943. html。

市和国际战略合作大都市，也必将推动成都、四川更快地发展成为国际生态与文化旅游目的地。

### （四）四川外交地位再提升推动“入境旅游”提速

全球化经济时代，一个城市或一个省的外交成果与地位直接影响着所在城市和省域的政治、经济、社会和文化等的综合发展，并将产生重要的辐射与带动作用。在国家深化改革开放和实施经济发展“三大战略”的进程中，四川与成都的外交地位和水平进一步提升和彰显。近年来，西方发达国家政要先后造访成都，给成都、给四川不仅带来了气场，更带来了认同、合作与发展机会。与此同时，四川外事服务设施和能力、对外交往与合作水平也显著提升。据不完全统计，截至 2015 年 11 月末，四川已建立国际友城关系 102 对，其中作为西部大都市和四川省会城市的成都，其国际“姐妹城”仅 2015 年就新添泰国清迈府、巴基斯坦拉合尔市、新西兰哈密尔顿市、波兰罗兹市和韩国大邱市，国际友城数量年内已增至 41 对。除友城关系外，成都与摩洛哥菲斯市、土耳其贝伊奥卢市、突尼斯苏塞市、芬兰罗瓦涅米市也在这一年签署了友好合作关系协议，使成都国际友好合作关系城市增至 38 个。此外，同年，成都还新获批 2 家总领事馆、新建 1 家签证服务中心、新设 1 个外国旅游局办公室，成都的外国领事机构数量上升到 15 个，跃居成为中国内地城市领馆数量第三城，仅次于北京、广州。四川在国际友城、对外友好关系等方面的重要成果以及落户成都的外国使领馆数量的显著增长，将全面强化成都连接省内外、海内外友好交流的纽带作用，重塑成都和四川良好的对外形象，全面促进四川生态旅游的发展。而四川在国家“三大战略”实施以及中俄两河流域合作中日益深度的参与和实质性的进展，都将持续地给“入川”生态旅游带来更为强劲的推动力和发展机遇。

### （五）国民生态旅游需求增长保持强劲势头

伴随国民经济收入增长、出行交通条件的全面改善与节假日制度的改进，旅游正成为彰显幸福生活或调节生活节奏的重要途径和手段，成为人们生活的重要需求乃至一种生活态度。而生态旅游作为满足健康养生、素质教育、猎奇等需求的友好型旅游产品，越来越受到人们的追捧。国家旅游局信息显示，2015 年上半期国内旅游人数达 20.24 亿人次，同比增长 9.9%；国内旅游消费 1.65 万亿元，增长 14.5%，比社会消费品零售总额增速高 4.1 个百分点①。旅游人次与旅游消费的增速显著高于同期我国 GDP7%②的增速，也高出四川省 GDP8%③的增速，有力地表明国民旅游需求持续呈现明显的上升势头。同期，四川接待的国内旅游人数超过 3.24 亿人次，同比增长 9.2%，增速虽略低于全国水平 0.7 个百分点，但四川国内旅游收入达到 3047.16 亿元，同比增长 28.7%，增速比全国水平高 14.2 个百分点④。“去哪儿网”以 2015 年 1～9 月份游客出行数据为基础开展的一项国内游客出行习惯行为分析报告⑤显示，国内游客整体出游频次逐步攀升，旅游正成为人们生活必不可少的一个重要需求，国民旅游的黄金时代正在来临。分析还指出，在全国 32 个省会城市中，成都与北京、上海、广州同属旅游出行预订量最多的城市，而成都人“要心”最大，旅游意识和意愿强烈。因此，四川国内旅游人次的持续增长，不仅表明国民持续对四川生态旅游与文化旅游目的地、旅游产品的高度认同，持续对四川表示满意⑥，而且表明国内游客市场在其发育的历史必然过程中产生出来的旅游内需十分强劲，市场需求潜力巨大，对生态旅游资源大省的四川而言，发展生态旅游无疑是鼓舞人心的重要机会，也是必然结果。

---

① 《旅游局：2015 年上半年我国旅游业消费和投资两旺》，http：//www.ce.cn/culture/gd/201507/15/t20150715_5936261.shtml。

② 《上半年 GDP 增速 7% 中国经济最黑暗的时候已经过去了?》，http：//finance.ifeng.com/a/20150716/13843333_0.shtml。

③ 《四川 2015 上半年 GDP1.3 万亿元 增速高于全国平均水平 1%》，http：//www.sc.xinhuanet.com/content/2015－07/17/c_1115960507.htm。

④ 《2015 年 1～6 月四川省旅游经济基本情况简述》，http：//www.scta.gov.cn/sclyj/lytj/tjfx/system/2015/07/21/000652099.html。

⑤ 《去哪儿网：2015 年 1～9 月国民旅游行为报告》，http：//news.zol.com.cn/543/5433302.html。

⑥ 《2014 年，四川成为全国游客满意度最高的省份》，http：//www.tsichuan.com/news-detail.htm？id＝eb0e64c183d3479c938df1ff3161a2ff。

## （六）四川生态旅游自然资本显著优化

经过七年生态重建恢复，以及天然林保护工程二期、退耕还林还草工程二期、野生动植物保护及自然保护区建设工程、湿地保护工程、干旱河谷治理、沙化治理等重点生态工程的持续稳步系统建设，四川震灾后的生态旅游资源环境更加美好，生态旅游自然资本更加富集优化，体现在几个方面：一是生态旅游赖以持续发展的森林和湿地生态资源量增质优。截至2014年末，四川森林面积达到1738.16万公顷，比2007年增加225.63万公顷；森林覆盖率达到35.76%，较2007年增加4.49个百分点，高出全国平均值14.13个百分点。二是大熊猫生态旅游自然资本持续增值。据《全国第四次大熊猫调查公报》显示，经过十年保护与培育，四川野生大熊猫种群数达到1387只，占全国资源总量的比重达到74.4%[①]，野生大熊猫栖息地以超过202万公顷的面积持续保持着全国第一的水平。与十年前比较，四川大熊猫种群数量净增181只，增幅15%；全面建成集人工饲养繁殖科研、宣传教育和参观一体化功能的大熊猫基地（疾控中心）5处，分布在以成都为中心的两小时旅游经济圈内，共保有人工繁育大熊猫种群数量达到321只，并建成一个大熊猫野外放归基地。三是生态旅游载体资源总量再次增长，类型更丰富，品质进一步提升。已建成森林和野生动植物和湿地等各类型自然保护区168个，其中，唐家河被列入全球首批21个绿色保护地名录；建成森林公园126个、湿地公园40处、风景名胜区90个、地质公园24个、水产种质资源保护区37个；列入世界自然遗产和文化遗产地名录的5处、国家重要湿地名录的3处、国际重要湿地名录的1处，一个几乎覆盖全川的自然生态保护地体系暨生态旅游资源库与载体平台已基本形成，厚积薄发优势明显。四是乡村更加优美。

---

① 《四川境内拥有1387只野生大熊猫 数量位居全国第一》，http：//scnews. newssc. org/system/20150228/000541488. html。

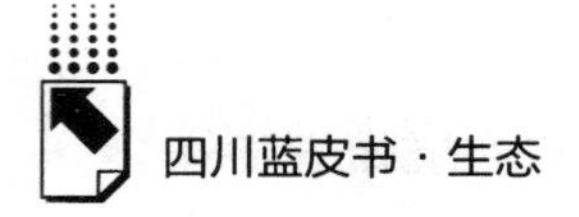


## 二　四川生态旅游发展的创新之路

2014年8月，距习近平总书记首次提出新常态论述仅仅过去三个月，国务院出台了《国务院关于促进旅游业改革发展的若干意见》（以下简称《意见》）。《意见》要求通过创新发展理念和加快转变发展方式重塑科学旅游观，通过深化旅游改革、推动区域旅游一体化、创新文化旅游产业等举措拓展旅游发展空间。2015年3月，《中共中央国务院关于深化体制机制改革加快实施创新驱动发展战略的若干意见》正式出台，要求各级党委和政府高度重视，加强领导，把深化体制机制改革、加快实施创新驱动发展战略作为落实党的十八大和十八届二中、三中、四中全会精神的重大任务，认真抓好落实①。十八届五中全会提出“创新、协调、绿色、开放、共享”的发展理念，将创新放在首位，凸显创新在我国现代经济发展中的重要地位。纵观中国和四川旅游发展历程，创新始终是旅游发展的核心驱动力。在2015年全国旅游工作会议上，国家旅游局局长李金早提出旅游发展“515”战略“10大行动”②，要求在旅游产业促进机制、产品开发与业态培育、区域合作、旅游管理等多个方面实施改革创新，创新成为经济新常态下中国旅游发展的核心驱动力。2015年5月，四川出台《关于全面推进大众创业、万众创新的意见》，提出四川打造促进经济增长“新引擎”的总体思路、主要目标、主要任务和支持政策。在这一系列创新政策的驱动下，尽管到目前尚未从媒体上查找到四川贯彻落实《国务院关于促进旅游业改革发展的若干意见》的专门方案，但四川旅游发展在中央和省系列改革发展政策的统领之下，结合四川旅游“十二五”发展规划的全面实施，旅游改革创新一直在路上。调研近两年四川旅游发展的创新之路，在众多的改革创新举措中，以下五个方面夺人眼目，令人印象深刻。

① 《中共中央国务院关于深化体制机制改革加快实施创新驱动发展战略的若干意见》，http：//www.mod.gov.cn/xwph/2015－03/24/content_4576385.htm。

② 《李金早和他的“515”治旅方略》，http：//www.wtoutiao.com/a/1319652.html。

## （一）理念创新，引领旅游发展全面升级

发展管理学认为，理念决定眼光，眼光决定思路，思路决定出路。旅游发展要实现突破，理念的创新至关重要。旅游发展的理念创新，最首要、最直接的在于旅游规划理念的创新。近年来，四川围绕旅游发展规划理念的创新，开展了大量前瞻性研究、探索和实践，其中大九寨、大峨眉的旅游发展转型升级研究与规划便是最好的例子。九寨、峨眉两个旅游区既是老旅游区也是国际旅游目的地，经过较长时期的发展，两个旅游区在旅游产品、旅游品牌保位升位等方面都面临着巨大挑战。在创新理念引领下完成并通过省政府批准的《大九寨环线区域旅游要素提升研究报告及实施方案》《大峨眉旅游区域发展规划》，在规划理念上实现了三个方面的突破创新。

一是旅游产品打造上改变传统的以旅游资源为基础和导向为以新业态和新的多元市场需求为导向，来规划旅游空间布局和产品体系的开发构建；二是规划视野，从局部或国内和大区域角度上升到更高层面、更大视野乃至全球旅游经济范围来评价和定位，以将对象旅游区建成世界一流旅游目的地的目标定位统领旅游规划大局，使对于传统老景区旅游的提质升级，在规划层面真正达到大视野、高起点、世界一流的高水平，发挥出其应有的巨大指导作用；三是用更加系统、协调的思维，来调度旅游提质升级涉及的相关要素的配置和组合。研究显示，旅游规划理念创新已从个别重点旅游区的实践经验上升为四川旅游行政主管部门关于省域旅游规划管理指导政策和评估指标，纳入到全省旅游规划编制、旅游规划咨询、旅游规划评审等重要流程在全省贯彻推行落实。但是，创新的规划理念同样面临着时代节奏和市场需求发展变化的挑战，因此，唯有与时俱进，始终坚持规划理念的不断创新，确保规划始终具有时代气息和市场魅力，达到指导四川旅游可持续发展的目的。

## （二）体制机制创新，激活旅游系统内生动力

四川旅游发展体制机制的改革创新涉及面广。第一，改革创新旅游参与

城乡空间发展布局体制机制。众所周知，旅游是城乡空间布局发展建设中不可缺少的重要组成部分，但受制于体制机制，旅游与城乡建设间难以达到有机的协调交融，制约一个地方旅游要素的配置和功能的集约发挥。四川省旅游局在协调争取成为四川省城乡规划委员会成员单位后，持续推动全省绝大多数市（州）和县（市、区）旅游局进入所在行政辖区城乡规划委员会成员单位，增强了旅游发展在促进地方国民经济和空间布局中的主动性和信息互动，有效地促进了旅游发展与交通、建设、文化等部门发展布局的无缝对接。

第二，改革旅游行业协会管理指导机制。四川省旅游局率先在全国开启了“一业多会”的管理机制①，将省旅游协会下属旅游景区分会、导游分会、自驾游分会按照社会组织管理程序全部单列升级为独立协会，并全部“脱钩”行政，让其进入市场在竞争中谋发展。“独立门户”无疑将全面提升这些旅游行业分会地位，壮大它们服务市场的自主功能和作用，使之真正成为市场主体自己的协会，对内协调、整合、仲裁市场要素关系，推动并监督旅游行业自律，促进系统与区域市场主体间的互联互动，对外帮市场主体做事、为市场主体说话。

第三，构建市（州）旅游区域发展与执法联动机制。典型例子是成都、德阳、绵阳、遂宁、乐山、雅安、眉山、资阳、阿坝、甘孜等10个市（州）政府分管旅游负责人共同签署《建设以成都为中心的世界旅游目的地市州区域旅游合作协议》，将围绕共同打造、共建项目招商库、整合旅游产品、打破交通壁垒、开展信息共享等开展合作，该项协议的签署标志着以成都为中心的世界旅游目的地建设和四川省内旅游区域化合作全面提速。与此同时，“大峨眉区暨成绵乐高铁旅游联盟”区域旅游执法合作也在成都等十市（州）签署实施。

第四，构建省际和国际旅游开发战略合作机制。川渝黔签署了《“四川

① 《四川旅游行业协会开启“一业多会”时代》，http：//www. scta. gov. cn/sclyj/cyfz/cyfzdt/system/2015/01/20/000579642. html。

好玩、重庆好耍、贵州好爽”跨区域旅游营销合作的协议书》，建立了川陕甘区域旅游合作体创新发展试验区协作机制、川滇黔渝结合部旅游联盟合作机制以及川晋旅游战略合作等省际旅游发展合作机制与平台。同期，四川省旅游局还与捷克中波希米亚州等签署了旅游友好交流合作备忘录。未来，随着“一带一路”战略的深度实施，更多服务四川旅游发展的合作机制还将进一步升位。

### （三）融资模式创新，驱动旅游发展资本聚变

伴随着四川将内江市穹窿国际休闲度假旅游区项目等首批5个四川旅游优选项目在北交所重点项目推荐板块挂牌交易，四川旅游项目融资新模式正式启动，首度实现从传统模式到新的融资模式的创新突破。同期，四川林业部门围绕林业生态旅游发展融资，发起成立了被誉为国内首个生态旅游产业股权基金。业内普遍认为，构建并依托专业化的投融资平台，四川优质旅游项目将赢得更大商机，找到真正“好婆家”，获得更具活力、更持续的资本入驻。

因此，若如四川旅游项目在北交所挂牌交易真正取得融资成功，必将增强资本市场对四川旅游资源潜力、投资价值的资本市场认同和投资信任，使作为旅游资源大省的四川拥有更多途径同真正专业的投融资平台和投资者之间建立起共识与长期互动，实现旅游资源向旅游资本的真正转化，促进四川旅游资源与资本的深度融合，推动四川优质旅游项目得到持续性、规模化开发实施，为将四川建成旅游强省做出突出贡献。

根据改革发展要求，四川旅游部门已明确将进一步通过设立四川旅游产业投资基金、探索打造“四川旅游消费众筹互联网金融平台”等项目筹措发展资金，林业部门也在推动和探索通过生态景观评估价值、门票收益等抵押物申请生态旅游专项贷款改革。融资模式和路径创新必将全面强化四川旅游与资本市场更深、更广地融合。

但需要认识到，上述创新才刚刚开始，各级政府部门必须始终保持战略敏锐，从长远出发深入研究认识资本市场的魔力和作用，规划、构建更为持

久有效的旅游资源资本化的体制机制，以利于持续将四川更多的优质旅游资源纳入资本市场和产权交易平台，全面实现四川旅游资源开发的投融资升级。

### （四）产品融合创新，引燃旅游业态爆发

旅游产业特征决定了其拥有超强的融合、共生与互动优势和能力。在旅游产业的主链条上，其上中下游都能够不断延伸或派生发育，尤其是当综合基础设施能力发展到一定程度、社会参与旅游建设发展到一定深度、社会多元需求发展到一定广度，旅游产业这种延伸与派生能力会变得更加强大，可以说能够一生二、二生三、三生百业，而百业合旅，百业兴旅。

近年来，根据四川旅游“十二五”发展规划关于旅游产品、业态创新的发展思路和要求，四川旅游在产品开发与培育上，通过政府引导，不同行业融合发展，跨界主体合作互动，层出不穷产生出旅游+林业、旅游+农业、旅游+水利、旅游+地产、旅游+商贸、旅游+文化、旅游+教育、旅游+金融、旅游+会展、旅游+航空、旅游+体育、旅游+影视、旅游+医疗、旅游+扶贫、旅游+创意等类型丰富、业态多元的新兴旅游产品，凝聚和推动着社会资本参与入驻这些领域，不断创造性地开发出适应市场需求或引领市场消费方向的新产品，在互动中促进这些新产品、新业态快速发育成长。

例如，攀枝花“阳光康养”旅游产品，将阳光的生态价值、健康价值、社会与经济价值与养老养生的社会需求有机结合起来，融合发展，开发出高度契合城市老年人群能够消费、喜欢消费、方便消费的休闲度假产品，一句“孝敬爸妈，请带到攀枝花”，以“孝”字当头，将攀枝花阳光旅游与中国人的传统美德、新常态历史时期城市老年人的价值取向、消费能力等有机地联系到了一起。从业态来看，阳光康养既有旅游产品属性，也有养老产品特征，同时兼具地产等其他业态特征。

2015年，被纳入《中共四川省委关于国民经济和社会发展第十三个五年规划的建议》的“森林康养”，则兼顾了林业、旅游、健康等多领域业态

特征。同年在都江堰启动开建的万达集团旅游项目[①]，以文化旅游为核心，集聚文化、旅游、商业、酒店等多种业态，涵盖电影、演艺、主题乐园等各类游乐元素，给四川旅游产业在理念、模式、产品和业态等方方面面带来了更大冲击和启发。

有理由相信，随着融合发展理念的全域导入和“互联网+”生态的持续发酵，更多更新更能满足社会需求发展的新旅游产品和业态将源源不断地在四川旅游市场涌现。因此，不断研究和认识旅游业特征和发展规律，坚持资源和市场需求双导向，不断挖掘相关领域“旅游价值”，必将持续创新开发出更多旅游产品，推动旅游业态不断在创新中发展，在发展中创新，促进旅游业态持续变革发展。

### （五）孵化平台创新，提升旅游市场主体地位

产业发展的根本在于让其市场系统持续高效地运转，而驱动市场运转的关键是拥有足够竞争力的市场主体，生态旅游业也不例外。经济新常态下，四川旅游部门为培育、孵化和提升旅游市场主体地位，围绕平台创新，进行了多方位、大尺度和深层次的探索创新实践。其中，最耀眼的就是“四川旅游创新创意孵化园”项目。这个位于成都双流、正在建设的“四川旅游创新创意孵化园”，不仅在西南地区属于首例，在全国也尚属首创。

该创新最里程碑式的贡献在于通过挖掘和放大旅游商品的制造业属性，从制造业视角切入搭建起四川旅游发展的服务平台。孵化园的发展目标定位是国家级旅游“大众创业、万众创新”基地。信息显示，孵化园建筑面积为8.5万平方米，入驻企业容量可在300家以上，预计年内开园。目前，已吸引不少省内外企业签约入驻。从孵化园的理念、目标定位和发展路径分

---

① 《550亿大单为都江堰带来什么》，http://www.scta.gov.cn/sclyj/cyfz/lyzsyz/system/2015/04/13/000607044.html。
《成都温江创新旅游营销模式 全力推进“全域旅游”》，http://www.scta.gov.cn/sclyj/cyfz/cyfzdt/system/2015/03/23/000588755.html。
《藏家旅游搭上“互联网+”快车》，http://www.scta.gov.cn/sclyj/cyfz/cqly/system/2015/07/30/000654461.html。

析，可以预见，如果运作合理、管理科学、创新创意持续，该孵化园将不仅成为一个孵化培育创新创意旅游新型主体的孵化器，也将可能为四川旅游产业多极发展创造一个具有最具潜能的产业驱动“创意引擎”，同时，孵化园自身必将成为四川旅游一道靓丽景观。

此外，四川省各级政府在旅游拓展创新建设中也为旅游企业主体地位的提升发挥了重要作用，例如，市州之间以及省际区域性旅游产品联合开发的合作联动一开始就让旅游企业同步深度参与互动，就是最好的例子。

## 三 2015年四川生态旅游发展相关大事记

### 1. 成都荣登世界旅游胜地榜①

1月，《纽约时报》评出2015年世界上52个最值得旅游的城市，成都榜上有名，被称为“熊猫和美食之都”。据了解，给登上《纽约时报》旅游胜地排行榜的成都写评语的是著名编辑和作家贾斯汀·伯格曼。他认为成都是中国最具活力的城市之一，最重要的建设是将其丰富的文化遗产和快速的经济发展结合在了一起。联合国教科文组织曾授予成都“美食之都”称号。入围该榜单将利于促进四川生态旅游与国际生态旅游文化的融合发展。

### 2. PATA－乐山山地旅游示范基地揭牌②③

4月23日，“亚太旅游协会（PATA）2015年会”在四川乐山市峨眉山拉开帷幕。这是亚太旅游协会年会首次在中国中西部地区举办。亚太旅游协会主席斯科特·斯伯努及马来西亚、帕劳、关岛、所罗门群岛等85个国家旅游局、波音公司等300余名重量级的国内外嘉宾聚首峨眉山。会上，“PATA－乐山山地旅游示范基地”正式揭牌。据悉，这是该协会首次在中

① 《成都荣登世界旅游胜地榜 被称熊猫和美食之都》，http://www.scta.gov.cn/sclyj/cyfz/cyfzdt/system/2015/02/18/000583683.html。

② 《PATA－乐山山地旅游示范基地揭牌》，http://www.scta.gov.cn/sclyj/cyfz/zdlyxm/system/2015/04/24/000618343.html。

③ 《亚太旅游协会2015年会在峨眉山市举行》，http://sc.cri.cn/549/2015/05/13/161s29416_1.htm。

国建立山地旅游示范基地。PATA 把在中国的首个研究基地命名为“山地旅游示范基地”，表明作为一个国际区域旅游对乐山丰富的山地自然景观的高度认可，以及对乐山旅游资源开发利用理念与方式的充分肯定。PATA 主席斯科特·斯伯努告诉记者：“希望通过此次的合作，能够提升四川在全球的知名度，并且每年举行一次峨眉山旅游高峰论坛。通过 PATA－乐山山地旅游示范基地的建立，能够展示乐山丰富的山地资源，乐山的自然美景对旅游业在国际舞台上的发展做出贡献。”有理由相信，该示范地的建设将把 PATA 山地旅游的先进理念、标准和规范做法在乐山落地示范，引领乐山乃至四川山地生态旅游向更规范、更生态和更可持续的方向发展。

3. 旅游业纳入四川“互联网＋”重点工作

6 月 11 日，《四川省人民政府办公厅关于印发四川省 2015 年“互联网＋”重点工作方案的通知》（川办发〔2015〕55 号）[①] 正式印发。《通知》指出“互联网＋”代表一种新的经济形态，是经济发展新常态下的新引擎，对于推动产业转型升级、培育发展新兴业态和提供优质公共服务具有重要的战略和现实意义。“互联网＋旅游”作为重点产业位列第十。主要任务包括：推进“互联网＋”智慧旅游试点示范，加快 13 个智慧旅游试点城市、33 个智慧旅游试点景区建设，重点推进“一带一区”［即 G5 高速带（四川段）和大九寨环线旅游区］智慧旅游的应用，建设卧龙智慧旅游大数据采集与分析平台，促进智慧旅游 APP、微信服务平台、景区虚拟旅游、三维实景、位置语音导览、实时视频展播等智慧旅游应用。加快构建和完善旅游应急管理体系，完成成都、乐山、绵阳、攀枝花、凉山 5 个市（州）及行政区域内主要景区的应急管理平台建设；举办第四届全球旅游网络营运商合作交流会，促进传统景区、企业与旅游网络营运商深度合作，推进全省旅游电子商务发展；加快建设四川旅游大数据平台，积极整合应用通讯运营商等各类企业数据，为公共安全管理、客流量预警等提供决策依据。同时，指

① 《四川省人民政府办公厅关于印发四川省 2015 年“互联网＋”重点工作方案的通知》，http：//www. sc. gov. cn/10462/10883/11066/2015/6/15/10339535. shtml。

导企业推送个性化产品，实现精准营销。该项举措有利于四川生态旅游发展更加契合生态旅游市场的多元化、个性化需求，最大限度地强化生态旅游市场需求与生态旅游产品间的对接互动。

4. 四川省首届生态旅游博览会召开

6月12日，以“生态旅游新动力，美丽四川新机遇”为主题的四川首届生态旅游博览会在“李白故里”江油拉开帷幕。这是四川在调结构、稳增长、拉内需、惠民生的新业态下，探索生态与经济良性互动的一次尝试。博览会以“一张图”模式展示全省21个市（州）优质生态旅游景点，凸显大熊猫、森林、湿地、乡村等四川四大生态旅游品牌资源，以期达到让参观者“一日览遍四川”生态旅游景点①的目的。尤其值得一提的是，展会期间发布了促进四川林业生态旅游发展的一系列新政策，发起成立了国内首个生态旅游产业股权基金，开展生态旅游投融资项目签约等系列活动。来自全国的专家学者还与四川市州代表就新常态下森林公园与生态旅游产业创新发展展开了深入研讨。四川省委常委、省委农工委主任李昌平在讲话中指出：“‘绿色化’不仅是山川河流的绿色化，更包括生产方式的绿色化、发展意识的绿色化。”他认为，生态旅游在不消耗资源的前提下，充分利用生态资源的多种功能，在把生态优势转化为产业优势和经济优势的同时，强化和践行了尊重自然、顺应自然、保护自然的生态文明理念②。

5. “厕所革命”四川行动启动

4月23日，四川省旅游产业发展领导小组办公室印发了《〈四川省旅游厕所建设管理三年行动计划（2015～2017年）〉的通知》③，要求全省贯彻落实习近平总书记4月1日关于“厕所革命”的批示精神和省政府的安排部署，确保旅游厕所建设管理工作落到实处。该行动计划的主要目标是从

① 《四川首届生态旅游博览会在江油市开幕》，http：//www.scly.gov.cn/scly/zhuzhan/yaowenzhuandi/20150615/12363429.htmll。

② 《四川举办生态旅游博览会 探寻“无烟工业”金钥匙》，http：//news.sina.com.cn/o/2015－06－12/210631945096.shtml。

③ 《〈四川省旅游厕所建设管理三年行动计划（2015～2017年）〉的通知》，http：//group.scta.gov.cn/cms/pub/sclyj/lydt/zwgg/system/2015/05/12/000621997.html。

2015 年至 2017 年，新建、改扩建旅游厕所 3500 座以上，建成省级示范旅游厕所 300 座以上，示范市（州）6 个、示范县（区、市）30 个，全面实现“数量充足、干净无味、实用免费、管理有效”的要求，并达到 A 级以上标准，建成全国旅游厕所革命示范省。“厕所是人类文明的尺度”，从厕所入手抓旅游，彰显中国旅游将开启现代旅游的智慧之旅与文明之旅。“厕所行动”的实施，必将给作为长江上游生态屏障的生态旅游大省的四川带来划时代的改变，推动四川迈向国际生态旅游大省。

6. 中国（四川）国际旅游投资大会在成都举行①

7 月 23 日，由四川省人民政府和中国投资协会共同主办，以“投资旅游、投资四川、投资未来”为主题的中国（四川）国际旅游投资大会在成都举行。全国政协副主席齐续春出席大会。省委书记王东明作主旨演讲，国家旅游局局长李金早、中国投资协会会长张汉亚分别致辞。省委副书记、省长魏宏主持大会。据悉，此次会议是四川省举办的规格最高、规模最大、亮点最多的旅游投资领域盛会。大连万达集团、华侨城股份公司、中国国旅集团、港中旅集团、新希望集团及北京产权交易所等 120 多家境内外知名企业负责人参会。本次会议，旨在针对经济发展新常态历史阶段进一步加大四川旅游投资力度，引入更多优质企业与资本参与四川重大旅游项目投资，将优质而丰富的旅游资源转化为生产力，推动四川旅游产业尽快转型升级，带动区域协调发展，促进旅游经济强省和世界旅游目的地建设。会议期间，四川省政府与港中旅集团、中国国旅集团分别签订促进旅游业发展战略合作协议。

7. 中国（四川）首届森林康养年会召开②

为试验引进国际先进理念、新业态与新产业，强化四川生态经济建设，7 月 25 日，中国（四川）首届森林康养年会在眉山市洪雅县玉屏山开幕。

① 《中国（四川）国际旅游投资大会今日开幕》，http：//sichuan. scol. com. cn/fffy/201507/10223650. html。

② 《中国（四川）森林康养年会开幕 探索林业转型新路子》，http：//scnews. newssc. org/system/20150725/000585256. html。

年会以“体验森林康养，订制美好生活”为主题举行了高峰对话和论坛。共有来自四川21个市（州）林业局代表及国际国内森林康养专家、企业代表等400余人参会。年会倡导依托优美森林生态资源，开展修复身心健康、延缓生命衰老为目的的森林游憩、度假、疗养、保健、养老等系列服务。本着推荐一批营地、探索一套规则、创新一种模式、构建一种业态，打造引领四川乃至全国的“森林康养试点示范区”。四川省林业厅在年会上宣布启动森林康养试点示范基地，洪雅玉屏山森林康养基地等10处单位被确定为四川首批森林康养试点示范基地。同年11月，森林康养作为林业新型业态，被纳入《中共四川省委关于国民经济和社会发展第十三个五年规划的建议》。

8.“行南丝绸之路·游大熊猫家乡——欧洲熊猫粉丝四川探亲之旅”[①]成功举办

6月12日，由四川省旅游局主办的“行南丝绸之路·游大熊猫家乡——欧洲熊猫粉丝四川探亲之旅”大型跨国自驾旅游营销活动正式在英国和西班牙同时开启。据悉这是有史以来首次沿着古老南方丝绸之路，从欧洲到中国四川的国际自驾之旅。由来自英国、西班牙等地的欧洲六国熊猫粉丝、专家、媒体记者等组成的熊猫粉丝团从英国伦敦和西班牙马德里同时出发，在法国巴黎会合后，驾驶10辆成都造SUV先后穿越比利时、德国、奥地利、意大利、希腊、土耳其、伊朗、巴基斯坦、印度、孟加拉、缅甸等国家进入中国，抵达四川。全程穿越15个国家，行程21000公里。沿途举行14场四川旅游推介会、6场欧洲熊猫馆文化交流活动。“探亲之旅”沿途刮起“熊猫旋风”和“四川旅游热”。

9.四川首个旅游商品溯源平台亮相义乌旅博会[②]

第七届中国国际旅游商品博览会于5月24日在义乌国际博览中心开幕。“四川省旅游商品溯源平台”作为此次参展的亮点之一受到广泛关注。四川

---

① 《欧洲刮起“熊猫旋风”》，http://trip. elong. com/news/n01cqssc. html。

② 《四川首个“旅游商品溯源平台”亮相义乌旅博会》，http：//travel. people. com. cn/n/2015/0601/c41570 - 27086987. html。

展区除大量四川原创原产的精美旅游商品以及四川特色手工艺的现场演绎外，“旅游商品溯源平台、旅游商品带动少数民族地区的扶植计划、筹建旅游项目创意孵化园”成为三大亮点。据悉，这是我国首个旅游商品的溯源平台。建立公益性旅游产品的溯源平台目的就是为了达到旅游商品的原创、诚信、品质，切实保证的商家的利益和维护消费者的权益。在展览期间，四川参展的所有旅游商品都可通过扫描二维码溯源来进行初步体验，让参观者对“溯源”功能感同身受，如临其境。

10. 全国森林疗养国际理念推广会在成都召开

10月12～14日，全国森林疗养国际理念推广会在成都举行，会议由国家林业局对外合作项目中心主办，由四川省林业厅承办，国家林业局相关司局单位和各省（区、市）林业厅（局）、森工集团和社会团体的代表约150人出席会议。国家林业局副局长刘东生出席讲话强调，森林疗养是时代发展的潮流，契合中国国情和林情，也是社会发展的必然要求，蕴藏巨大产业商机，国家林业局高度重视森林疗养理念的引进和推广工作，已将其纳入2015年乃至今后的重点工作。他指出，要学习和借鉴国际森林疗养的理念和模式，统一概念认识，因地制宜地在国内推广。他充分肯定四川省结合本地实际提出的“森林康养”概念和实践。刘东生明确提出要努力将森林疗养纳入国家和林业“十三五”发展规划，要求各地将森林疗养纳入地方“十三五”规划内容，用好用足相关政策，进一步拓展国际合作交流平台，转变发展方式，谋划产业发展等四项要求。同年11月，国家林业局组织四川省林业厅、中国管理科学研究院、中国林科院和北京市绿化园林局等相关单位领导和专家举行智库讨论，明确在全国林业行业统一使用“森林康养”，指出森林康养是森林疗养在中国的产业化实践，森林疗养是森林康养的核心。

11. 四川评出“首批森林氧吧”

10月，通过采集负氧离子数据等方式，四川省生态旅游协会相继采集完成59个国家级森林公园和国家级自然保护区的负氧离子点位数据，经过专家评定选出31强，最终唐家河等国家级自然保护区、森林公园等获评四

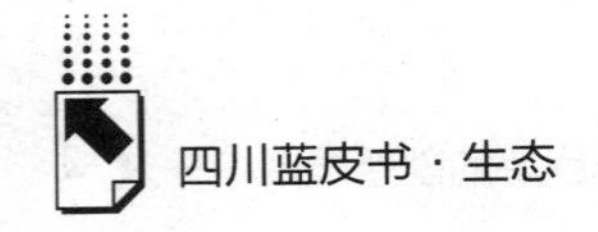


川“十大‘国家级’森林氧吧”。该项评比以人们喜闻乐道的负氧离子个数说话，浅显易懂，具有一定的市场感染力。

## 四 2015年四川生态旅游发展态势

2015年，在经济新常态历史时期“转型调结构”的宏观政策大背景下，四川省委、省政府高度重视生态旅游发展，坚持政府主导、企业为主体、市场运作原则，坚持创新驱动，大力合纵连横，广吸社会资本投入，旅游政策环境持续优化。四川旅游业持续发挥出“天下四川，熊猫故乡”的资源禀赋优势，彰显“满意四川”的市场吸引力和“四川不只有熊猫”的市场诱惑力，保持逆势增长，呈现一派喜人景象，引领全省经济发展。

### （一）四川旅游市场保持强劲增长势头

自从2009年四川旅游恢复到2007年的水平之后，四川旅游市场一路“乘风破浪”，追赶发展，生态旅游产品类型日益丰富，乡村生态旅游走势增强，全省旅游总收入连年高速增长。2015年前9个月，四川省国内旅游、入境旅游和出境旅游共同构成的旅游“三板市场”，齐头并进，发展势头强劲。前9个月，四川旅游实现总人数4.88亿人次，总收入4945.60亿元（见图1），分别是震前水平的160%和300%，旅游总收入完成2015年当年四川省拟定目标任务的85.27%。

同2014年比较，9月末旅游人次同比增长9.42%。其中，国内游客4.86亿人次，占接待总人数的99.6%，增速略低于全国水平；入境游客208.67万人次，同比增长15.5%，超出全国水平11个百分点。出境旅游持续火爆，经由旅行社组织的出境游客达122.7万人次。1~9月间旅游“三板市场”的人数增幅呈现一定的规律性变化。其中，出境旅游人数1~9月各月份较2014年同比增长最大，入境旅游人数次之，国内旅游人数排名第三位。就同比增幅动态变化来看，国内旅游和入境旅游人数1~9月间各月

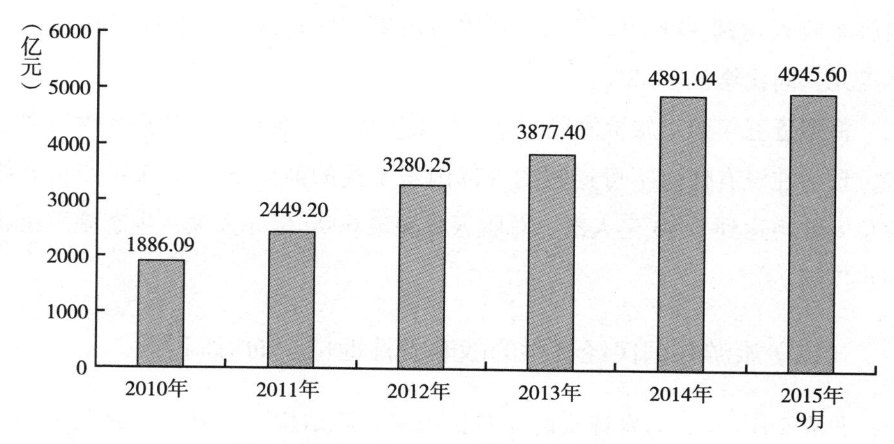


**图 1　2010 ~2015 年四川旅游总收入变化**

增长幅度相对稳定，出境旅游年初同比增幅十分显著，3 月后呈现持续性下降趋势（见图 2）。

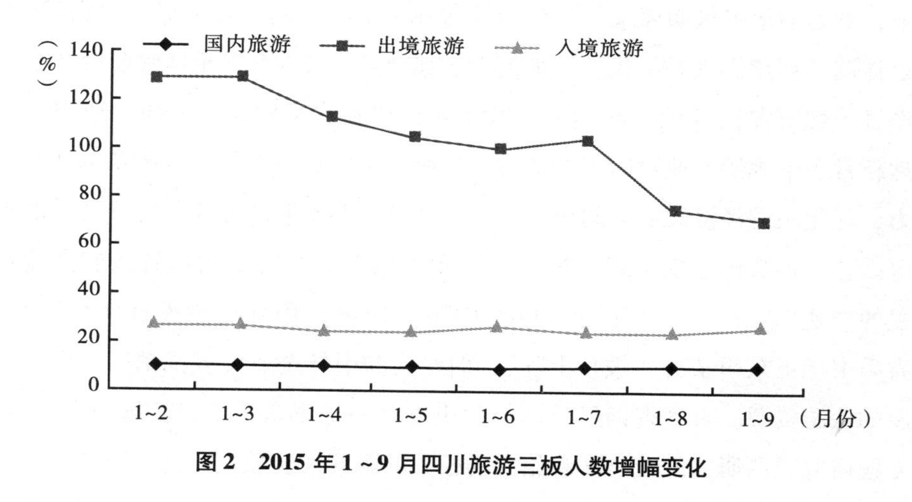


**图 2　2015 年 1 ~9 月四川旅游三板人数增幅变化**

2015 年 1 ~9 月间的各月旅游收入，从 2 月开始均较 2014 年同期明显增长。9 月末的旅游总收入同比增长 27.1%，增速高出全国水平 14.2 个百分点①；国

① 《2015 年 1 ~9 月四川省旅游经济基本情况简述》，http：//www.scta.gov.cn/sclyj/lytj/tjfx/system/2015/10/22/000688455.html。

内旅游收入达到4900.92亿元，同比增长27.3%；入境旅游外汇收入7.27亿美元，同比增长12.2%。

根据近五年四川旅游发展的综合政策环境、社会环境和旅游年度发展态势，预估在没有任何不可逆转的外部因素干扰的前提下，2015年四川省旅游总人数将达到5.88亿人次，总收入将突破6000亿元大关，生态旅游也将同步发展。

## （二）旅游在国民经济中的战略支柱地位全面巩固

早在2013年，为发挥旅游业对扩内需、调结构、促就业、惠民生等的重要引擎作用，四川省就发布了《四川省人民政府关于加快建设旅游经济强省的意见》，确立了旅游在四川国民经济发展中的支柱性地位，省委、省政府对旅游的主导力度和推进力度显著增强。2014年末，省委经济工作会上，省委书记王东明要求“把旅游业放在更加突出的位置来抓”，省长魏宏也强调“抓旅游就是抓投资、抓消费、抓就业”。2015年元旦假期后首个工作日，魏宏省长召开专题会研究2015年住房和旅游发展，强调“要充分发挥新常态下旅游产业对四川经济转方式调结构的重要作用，以改革创新为动力，优化旅游经济发展空间格局”①。1月23日召开的四川省旅游工作电视电话会，再次传达魏宏省长批示，强调“旅游业始终是四川省政府高度重视的产业”。在7月召开的“2015中国（四川）国际旅游投资大会”上，省委书记王东明亲自“披挂上阵”，向参会的中外企业代表推销四川得天独厚的旅游资源。百度查询显示，与四川省委书记王东明、省长魏宏2015年专题研究、调研旅游或出席涉旅活动相关的新闻及转载信息近百万条。据不完全统计，2015年，四川省委、省政府主要领导出席或参加的有关旅游的重大会议、调研达数十次，彰显四川省委、省政府对旅游业的重视程度。实证研究表明，GDP与旅游收入之间呈现正相关关系。四川旅游自2009年复

① 《魏宏召开专题会议研究2015年住房城乡建设和旅游发展工作》，http://www.sc.gov.cn/10462/10605/10611/10652/2015/1/5/10322657.shtml。

苏以来，连年持续增长，对国民经济的贡献逐年增大。权威测算显示“2014年四川省旅游业对全省GDP的贡献从2013年的11.09%上升到15.14%，提升了4.05个百分点”[①]，有力地说明了旅游业在四川国民经济发展中的客观支柱地位全面得到巩固提升。按照2015年旅游收入增幅高于GDP增速的发展态势，旅游对GDP的贡献率还将稳中有升。

### （三）四川已成为旅游产业投资热土

近年来，四川高度重视旅游招商促进工作。2015年，继续围绕“双千亿”目标，四川通过各类平台、展会、博览会、招商会等在旅游投资招商促进上开足马力，组织项目丰富，金额巨大，成效明显。例如，4月，万达宣布8月起将投资550亿元在都江堰建设文化旅游项目；5月，四川生态旅游博览会签约项目193.3亿元；7月，“中国（四川）国际旅游投资大会”签约旅游项目393.7亿元；8月国际文化旅游节签约旅游项目170亿元等。尤为重要的是，四川正式启动了资本市场融资方式，将内江市穹窿国际休闲度假旅游区项目、绵阳市虎牙生态旅游景区开发项目、乐山市芭沟古镇文化旅游综合开发项目、广元市唐家河国家级旅游度假区项目、阿坝州黑水县色尔古藏家水寨开发项目等首批5个四川旅游优选项目纳入到了北交所重点项目推荐板块，对外挂牌交易。截至9月末，四川签约旅游项目金额超过1428亿元，同比增长31.6%；实际完成的项目投资达到810亿元，同比增长约29.5%[②]。从2015年公开发布的各类大型旅游投资权属性质来看，民营资本正在成为旅游投资的主体。在理念上，注重综合价值、兼顾多要素组合的投资取向主导着旅游投资。一系列迹象表明，四川已成为旅游投资的热土。社会资本向涉旅游发展领域的大量涌入预示着四川旅游将继续迎接新的发展机遇，正如王东明书记在国际旅游投资大会上宣布的那样：“四川旅游发展的黄金时期已经来临。”

---

① 《四川省旅游业对经济发展贡献分析的评价与建议》，http：//www.toptour.cn/tab1648/info198242.htm。

② 郑学炳：《全球投资聚焦四川旅游 签约金额达1428亿》，http：//money.163.com/15/0926/17/B4F39H9R00254TI5.html。

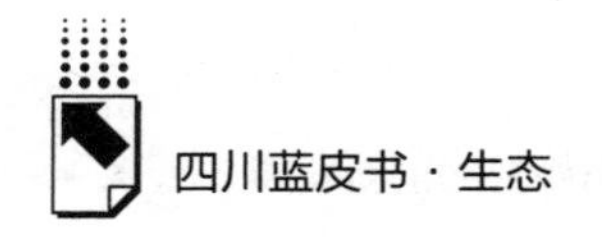


### （四）四川生态旅游发展软实力显著增强

旅游或者生态旅游的软实力，仁者见仁、智者见智。从游客的角度来看，其核心组成部分可以概括为“旅游政策开放度、社会安全度、资源稀有度、景观美誉度、生态健康度、文化吸引度、守法信誉度、人文亲和度、饮食丰富度、市场认同度”等“十度元素”，也可称之为“十度理论”。在四川，经过长期建设，生态旅游在上述十个维度上已发生了根本性的改变。例如，四川将自身定位为长江上游生态屏障，以森林覆盖率每五年增加 1 个百分点的速度总体建成，并正向全基本建成的目标迈进，健康的四川生态令所有来访者印象深刻，赞不绝口。而全国第四次大熊猫调查结果的首次公布、四川大熊猫文化建设的深入、国际一流的大熊猫监测管理与人工驯养和放归成果的展示等使四川大熊猫品牌生态旅游的含金量年度内再次攀升，引起更多人的关注和看好，稀有度和项目旅游产品的美誉度显著提升。继中国旅游研究院《中国区域旅游发展年度报告（2013～2014）》发布“四川取代上海成为全国游客满意度最高的旅游目的地”研究结论之后，《纽约时报》评出的 2015 年世界上 52 个最值得旅游的城市，成都榜上有名，成都被该报称为“熊猫和美食之都”，可见成都的国际社会印象、文化意象和吸引力非同小可。蚂蜂窝旅行网站发布的《目的地旅游报告》称，2015 年上半年，成都超越厦门、上海、拉萨、丽江等地，位列全国旅行目的地排行榜首，这些榜单告诉我们“满意四川”、“四川不只有熊猫”已得到旅游市场的认同，四川旅游软实力正在强势抬升。旅游软实力的提升必将强化四川生态旅游的市场吸引力和感召力，对四川生态旅游市场培育无疑具有不可低估的现实作用和战略意义。

### （五）林业生态旅游稳步提速升位

林业生态旅游是四川旅游的重要组成部分。2015 年，四川林业通过丰富多样的各类花果节、红叶节、生态旅游博览会以及首届森林康养年会等多种方式，强化“林旅融合”经济推动，为全省旅游及生态经济发展做出了重要贡献。根据四川省林业厅发布信息[①]显示，2015 年 1 ~ 9 月，四川林业生态景区及涉林乡村接待生态游客 1. 8 亿人次，实现林业生态旅游直接收入 510. 8 亿元，完成年度目标任务的 82. 39% 。林业生态旅游收入同比增长 13% ，占同期全省旅游总收入的 10. 33% ，带动社会收入 1387 亿元。其中，森林公园接待游客 0. 2 亿人次，直接收入 57. 0 亿元，单位人次消费 285 元；自然保护区接待游客 0. 1 亿人次，直接收入 83. 2 亿元，单位人次消费 832 元；湿地公园及湿地自然保护区共接待游客 0. 1 亿人次，直接收入 18. 1 亿元，单位人次消费 181 元；乡村接待游客 1. 4 亿人次，实现直接收入 352. 5 亿元，占林业生态旅游总收入的 69% ，单位人次消费 252 元（见图 3）。尽管从统计数据上看，林业生态旅游收入占全省旅游的比重连续几年保持在 10% ，但从四川旅游产品的资源属性和产品类型来看，理论占比应更大。就 2015 年而言，即便按照林业目前统计口径预计，林业生态旅游的直接总收入也应超过林业部门年初设定的生态旅游目标，突破 700 亿元关口。

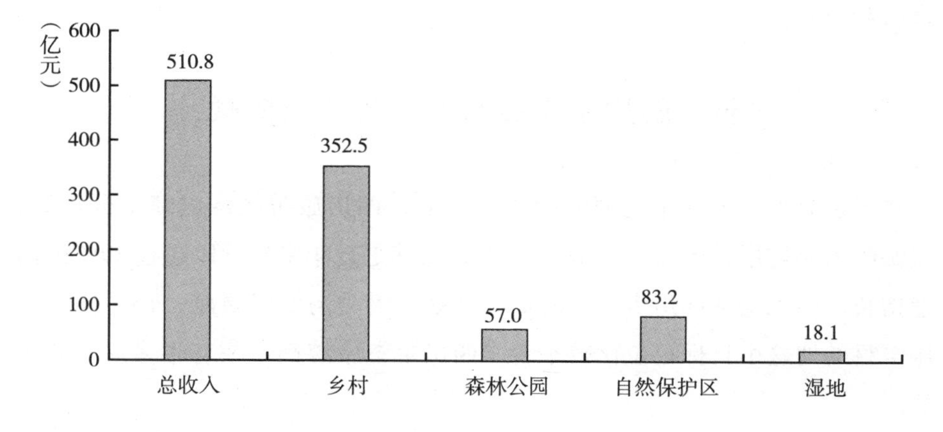


**图 3　四川林业生态旅游 2015 年前 9 个月收入结构**

① 《2015 年前三季度我省实现林业生态旅游收入 510 亿元》，http：//www. sc. gov. cn/10462/10464/10465/10574/2015/10/12/10355303. shtml。

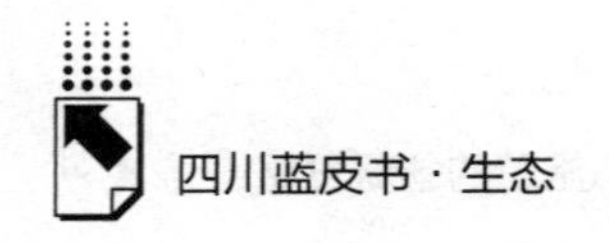


### （六）森林体验、自然教育与观鸟等发展情况

经过多年发展，观鸟、观花、森林体验、自然教育、攀岩、攀树等体验性、教育性、探索性的生态旅游产品市场，总体规模进一步发育壮大，从事相关活动的机构越来越多。据不完全统计，截至2015年末，四川省内成都、绵阳等地从事自然教育、森林体验、观鸟服务等活动的机构超过100家，其中从事自然教育服务的机构发展较快。全年开展体验教育活动1000余次，约10万人次参与活动；王朗、唐家河等保护区编制完成了自然教育相关规划，正开发相关自然教育课程。北川小寨沟保护区的张涛在北川县独自发起面向北川市民的自然教育活动。观鸟方面，据业内权威人士介绍，全年观鸟人数达到15万次以上，其中国际观鸟500人次以上，相对集中分布于5~6月（30~40个团）。主要观鸟地点为卧龙、九寨沟、若尔盖、雅安等地。观鸟活动推动方面，四川省野生动物资源调查保护管理站等相关政府机构，成都观鸟会、康美社区发展中心等社会团体，积极推动观鸟事业，编撰出版了针对150种鸟的《野鸟漫画图鉴》和《观鸟指南》等。

## 五　四川生态旅游面临的主要挑战

经过第十二个五年规划期的建设发展，四川旅游经济成绩十分显著，旅游收入年均增长率保持在18%以上，尤其是近年来持续以超过20%的高速增长。但无论从四川生态旅游资源禀赋、潜力与实际贡献，还是同世界旅游目的地这个目标定位比较来看，四川生态旅游都面临着很多差距和挑战。

### （一）区域发展不均衡

首先，如以单个市（州）为单位直接进行收入比较，巴中、达州、成都、眉山、雅安、乐山、绵阳、阿坝、甘孜、凉山、攀枝花等市（州）

2011～2014年的旅游收入明显不均衡。其中，成都作为副省级省会城市，因其旅游发展起步早、基础好、速度快，政治、经济、社会、文化和对外交流优势独特，旅游收入以高水平长期位居首位，其余市（州）旅游虽然逐年以较高速度增长，但总量上与成都比较，最少也有3～4倍的差距。作为自然与文化生态旅游资源禀赋极高的甘孜州，旅游收入落后于多数市（州）（见图4）。

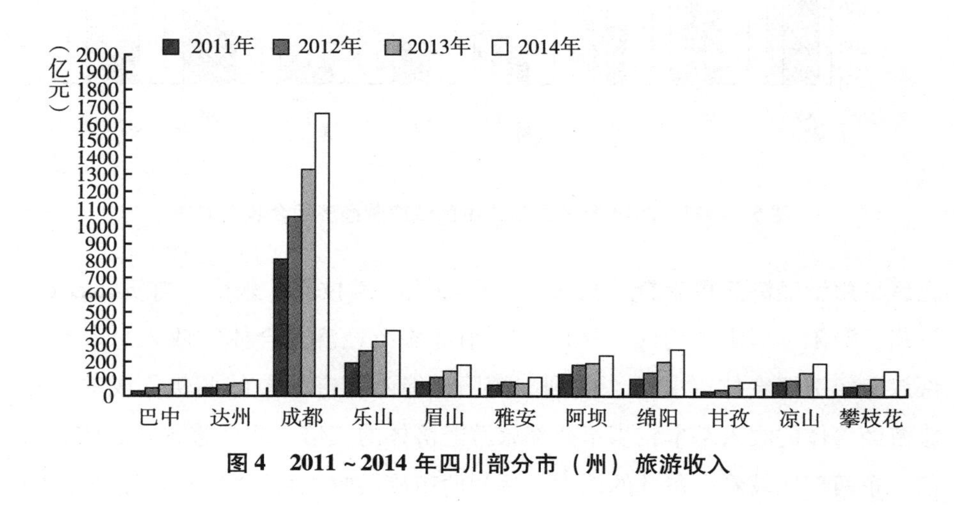


**图4　2011～2014年四川部分市（州）旅游收入**

其次，根据四川“十二五”旅游发展规划提出的“1355”区域旅游经济布局，结合川西藏区旅游发展战略，对主要旅游区域板块收入进行对比后可以看到，成绵乐旅游经济区（德阳、绵阳、广元、乐山）、成渝旅游经济带（广安、遂宁、南充、资阳）、成雅攀旅游经济带（雅安、凉山、攀枝花）、川西旅游经济带（甘孜、阿坝藏区）、秦巴旅游经济区（巴中、达州）、大九寨区（阿坝、绵阳、广元）、川南文化旅游经济区（自贡、内江、宜宾、泸州）等，与成都旅游经济增长极（只计算成都市部分，不考虑辐射区域情况下）之间各年度旅游收入比较，无论增幅还是总量，差距都非常明显，最大差距幅度达到七倍之多。成雅攀旅游经济带、川西旅游经济区和秦巴旅游经济区明显滞后（见图5）。

最后，如果以成都市为中心，按照东、西、南、北轴线从地理区位上进

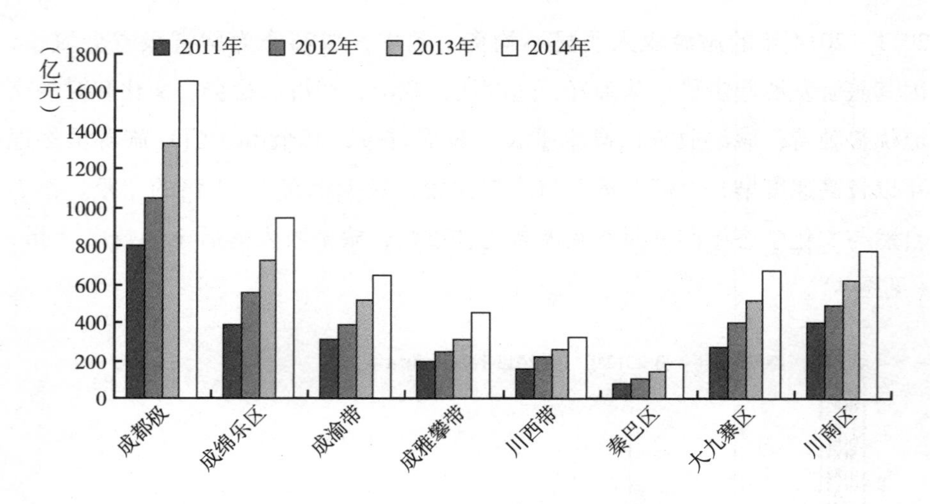


**图5 2011～2014年东西南北中区域旅游经济组合收入对比**

行区域旅游经济简单聚合分析来看，由凉山、攀枝花、乐山、自贡、宜宾、泸州、资阳、眉山和内江等构成的“南部旅游经济聚合体”收入总量是北部旅游经济聚合体（甘孜、阿坝、德阳、绵阳和广元）的两倍；成都中心旅游经济体的收入基本相当于西部旅游经济体的三倍、北部旅游经济体的两倍。东西部比较看，东部的巴中、达州两市旅游收入目前仅相当于西部的阿坝州一个州的旅游收入。

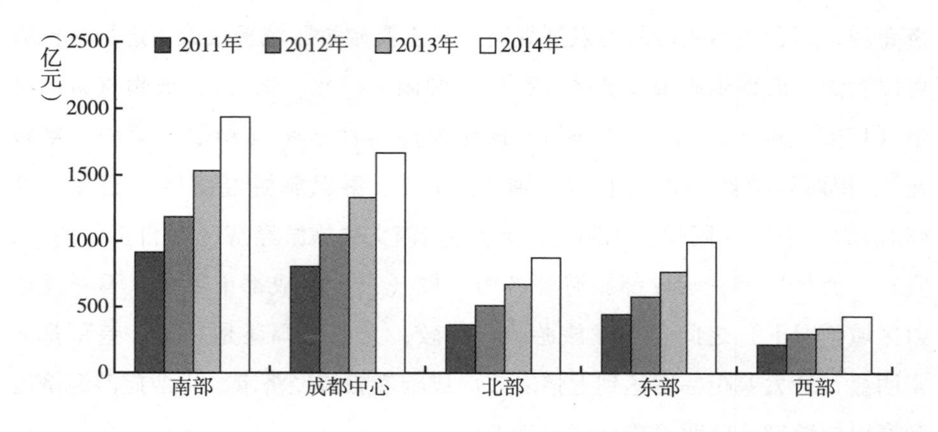


**图6 2011～2014年四川区域旅游经济组合收入对比**

上述区域聚合比较分析结果，映射出大区域、小产业的发展现状，展示出区域旅游发展上的不均衡，启发我们从聚合、集群等大视野角度研究、审视和谋划四川全省和区域旅游经济未来发展格局。

## （二）生态旅游景区整体开发建设水平不高

四川现行生态旅游规划中，所有已建自然保护区、森林公园、湿地公园、地质公园、风景名胜区等都似乎约定俗成地被纳入生态旅游景区范围，也就是说凡是通过官方批文“画了圈”的各类、各级“区、园”都自然成为旅游规划下的生态旅游景区。如果以该类景区的数量和面积来判断，四川生态旅游景区存量极其丰富，仅仅自然保护区就多达168个，森林公园也有126个之多。但实际上，通过查询旅游信息网根据旅游市场推出的旅游景区和线路来看，能够查到的有名有姓的自然保护区、森林公园等其实并不多。人们耳熟能详的主要有九寨沟、黄龙、蜀南竹海、贡嘎山、稻城亚丁、四姑娘山、卧龙、王朗、唐家河、若尔盖、瓦屋山、喇叭河、光雾山、福宝等等。这给我们一个印象：四川生态旅游景区发展建设的整体水平仍然还不高，真正具备适当接待能力的生态旅游景区并不多。很多生态旅游景区不是可进入性差，就是没有接待能力，或者生态旅游完全停留在规划或者概念阶段。林业领域权威人士表示，目前真正具有一定接待能力的自然保护区或森森林公园，其实主要集中在“国”字号园区上，恰恰说明了这个现实。此外，“5·12”和“4·20”两次地震，给本来建设就滞后的四川生态旅游景区雪上加霜。经过重建，部分被破坏的生态旅游景区已接待游客多年，卧龙将于2016年内恢复开放，王朗生态景区打造还在路上，而鸡冠山等大多数生态景区还没有启动的迹象。生态景区开发建设任重道远。

## （三）生态旅游产品的产业化水平不高

四川涉旅的各个领域在“十一五”和“十二五”建设期内规划提出的很多体验性生态旅游产品，诸如观鸟、野外寻踪、科研探险等，以及规划的很多特色生态旅游线路，除了个别学者、相关专业的学生、环境保护者等极小人群参与体验外，还没有真正形成具有一定产业化水平的生态旅游产品，无论从产业贡献还是公益贡献来看都不上规模，其上下游产业链条也因此没有得到很好的挖掘、延伸与拓展。尤其是观鸟、观花这些从20世纪80年代就已经被人们称道的产品，起步早，发育慢。加之，国际客源市场没有真正地打开，国内客源市场没有针对性地、有意识地培育，导致这类产品始终停留在极小范围，形不成产业体系。

### （四）独特性差异化产品开发滞后

四川生态旅游资源禀赋非常高。像九寨沟那样的独特景区很少，像黄龙那样的钙化地貌景观虽然在牟尼沟等处也能找得到，但其规模、多样性和整体美誉度等无法与黄龙媲美。但说到大熊猫景观资源则有所不同。四川作为大熊猫故乡，在一个“大熊猫品牌”下聚集了40多个大熊猫自然保护区的“自然生态景区”，还有位于成都、都江堰玉堂和青城山、雅安、卧龙黄草坪等处的大熊猫基地、熊猫谷、大熊猫疾控中心。大熊猫自然保护区如何开发出各具特色的生态旅游产品，十分考验规划设计者和开发者，难度可想而知。森林公园也一样。现实表现是，大多数自然保护区或森林公园等开发的生态旅游产品同质性高，独特性非常少。从管理学角度分析，原因之一或在于较少从区域旅游经济角度去谋划开发具体生态旅游景区的产品，没有深度挖掘生态旅游景区的自然与文化内涵。

### （五）生态旅游产品品牌培育力度不够

品牌对于生态旅游产品来说意义非凡。截至目前，大熊猫、九寨沟、黄龙、峨眉山、卧龙、蜀南竹海、四姑娘、稻城亚丁等已在国内外游客心中不同程度地留下了印象，成为不同境外游客心中关于四川的代名词、关于四川生态或生态文化兼容的代表性景观，成为四川生态旅游重要的品牌产品。不过，从生态旅游持续发展的视角来判断，四川生态旅游产品的品牌体系还需要持续不断地构建，尤其是面向世界旅游目的地的发展目标，四川必须进一步培育和壮大生态旅游产品品牌。近年来，四川林业系统将大熊猫、湿地、森林、乡村生态旅游作为林业生态旅游产品的重点品牌予以大力培育宣传推广，但也有专家认为，从品牌的角度来看，这四个品牌除了大熊猫外，其余三个还过于抽象，无法与游客产生共鸣，给游客深刻意象，需要进一步挖掘相关核心要素予以提炼。此外，就四川在香港发布的旅游新标识及“四川不仅只有熊猫”营销广告词而言，以象形和拼音给国内外游客展示了丰富的四川元素，自然、文化、熊猫、辣椒，相信这个新标识将如同“天下四川，熊猫故乡”那样给人们留下深刻印象，带给国内外市场不仅熊猫，同时还有美食等美好意象和无限遐想。不过，这个新创意对四川生态旅游来说，应是一把“双刃剑”，新广告词不再凸显和强调四川作为“熊猫故乡”的生态文化优越性。因此，更需要生态旅游相关部门认真思考，如何将大熊猫等传统经典生态旅游品牌予以持续维护和深化发展。

此外，关于四川出境旅游和入境旅游两个板块，尽管不必过分担心旅游贸易逆差的问题，但是，相较于出境旅游人数的快速增长和旺盛的消费水平，四川必须思考如何持续通过海外营销和促销增加入境游客人次，并提高消费水平。

## 六　2016年四川生态旅游发展展望

2016 年是我国“十三五”的开局之年，也是经济进入新常态后的第三年。经过“转方式、调结构”，国内经济发展减缓趋势虽然还将持续，但减缓速度或将放慢，逐步进入探底期。国信中心、招商证券和中金公司预测 2016 年 GDP 增速将在 6.5%、6.7%、6.8%以上，“中国处于新旧动能转换阶段，市场需求总体偏弱，国内经济仍将呈现小幅缓降态势”[①]。全球经济形势放缓态势或将持续[②]。因此国内外经济形式错综复杂，但是根据十八届

① 《2016 年中国宏观经济运行情况预测分析》，http://www.askci.com/news/finance/2015/12/08/142824qc3b.shtml。

② 《2016 全球市场大预测 全球经济减速恐将延续至明年》，http://www.ocn.com.cn/news/hongguan/201510/aufep19083717.shtml。

五中全会精神，可以预见四川生态旅游的发展机遇大于挑战，将在上年基础上持续保持发展态势。

## （一）四川生态旅游发展迎来更大新机遇

十八届五中全会提出的“创新、协调、绿色、开放、共享”等五大发展理念，给全国和四川的生态旅游业带来了更大发展机会和空间。从创新理念来说，作为服务业的旅游业，最具有创新源泉，也最需要创新驱动，才能够始终不断地吸引国内外游客参与，推动旅游业的可持续发展。在国家创新理念的引领下，生态旅游业将更加理直气壮地发挥自身优势，通过机制上的改革创新，与各种可利用的新技术与新模式嫁接耦合，与各领域产业要素融合，最大化地创造出符合市场需求、具有吸引力的旅游新产品、新业态和新模式。从协调与绿色理念来说，生态旅游是众多产业中最能够将生态环境保护与经济协调可持续发展有机结合起来的经济发展模式和产业形态，最能兼顾和彰显绿色和协调双赢理念。此外，就协调与开放理念来说，生态旅游业也是最能够兼顾多领域、多行业要素，形成发展合力的产业模式，更是最能够让公众共享国家生态保护成果的产业形式。因此，2016 年，国家和地方对生态旅游发展的政策支持将更大，措施将更有力。

## （二）生态旅游景区及市场的法制化、规范化建设将提档升级

四川作为长江上游重要的主体功能区，生态屏障的功能与价值将会更加受到重视。随着生态文明制度建设的不断深化以及《党政领导干部生态环境损害责任追究办法（试行）》[①] 等系列党风廉政建设办法与举措的扎实实施，全省各地贯彻落实诸如《中华人民共和国森林法》《中华人民共和国自然保护区条例》《中华人民共和国环境保护法》等系列法律法规的责任感、紧迫感必将全面增强。2015 年末，住建部通报四川贡嘎山、剑门索道两个

① 《环境追究“党政同责”，更需执行给力》，http：//opinion. people. com. cn/n/2015/0703/c159301 – 27246291. html。

濒危国家级风景名胜区并亮黄牌，表明了风景名胜区依法规范管理被提到了议事日程。该通报对四川而言固然影响不好，但毋庸置疑将倒逼四川从国家生态文明建设高度重新深刻认识风景名胜区规范管理的政治意义与战略意义，进一步强化对全省各级风景名胜区建设的依法治理和整改完善，促进风景名胜区的法制化与标准化建设。在旅游景区与市场秩序上，经过各地旅游系统对欺行霸市、非法经营、宰客、强迫消费等旅游违法经营行为以及交通部门对旅游客运包车等的系列专项整治，“旅游企业黑名单”制度的公正实施，旅游景区及市场综合秩序必将得到全面改善，各类旅游景区、旅游企业的依法经营、诚信服务水平将明显提高。而各地陆续启动的“游客黑名单”制度也将引导川内游客文明旅游、守序旅游。与此同时，林业系统生态旅游法制化与规范化水平也将随着自然保护区、森林公园、湿地公园“四化建设”的持续深入实施而不断得到改进、完善。

### （三）旅游“三板市场”将持续增长

2016 年，诸多因素将刺激四川旅游“三板市场”持续发育增长。首先，四川生态旅游景区的法制化提升以及市场持续的优化，必将给四川生态旅游国内市场带来更多安全感、美誉度与吸引力。海陆空交通通道的全面持续升级将给入川旅游带来更大便捷；旅游创意园区的功能启动将吸引更多旅游创业者参与创意制造，给市场带来更多产品与活力。卧龙等重要景区的重新开放将迎来重访客人。所有这一切都将刺激和吸引国内游客参与国内旅游，为国内游客市场增长带来全面利好。其次，“一带一路”战略的全面实施，中国在外交领域尤其是在欧洲外交领域取得的突出贡献，针对美国一系列搅局南海活动所展现出的外交智慧、取得的系列重大成果，以及在和平崛起过程中彰显的国家理念、主张和行动，已有效地提升了中国国家形象、国家魅力和文化吸引力，必将演化为中国入境旅游的绝对、重大“利好”，将在未来吸引更多的国外游客到中国、到四川一睹中国改革开放的成果、文化魅力、风土人情与美丽生态。而四川旅游在 2015 年抓住机遇所持续开展的海外旅游促销活动，包括欧洲熊猫粉丝四川探亲之旅等，将进入“市场”收获期。

同期，和平友善共赢的国家外交形象、便捷的签证手续、通达的国际航空将继续推动出境旅游保持增长。

### （四）森林康养将成为新的生态经济热点

森林康养是林业系统从日本、韩国、德国引进的“森林疗养”理念在四川的本地化实践，是普惠型养生理念的具体展现，将成为大众喜闻乐见的“健康生活方式”。四川省委十届七次全会将森林康养作为新型林产业之一纳入了《中共四川省委关于国民经济和社会发展第十三个五年规划的建议》内容；四川省人民政府将森林康养作为重点内容纳入了《四川省健康与养老服务“十三五”规划》；国家林业局将森林康养作为重点内容纳入了全国林业“十三五”规划。这些决策和举措从顶层设计层面，为“森林康养”确立了其应有的产业属性和发展定位，已引起社会投资的强烈关注。2016年，伴随政府推动力度的进一步加大，森林浴等森林康养产品的不断开发与推出，尤为重要的是森林康养理念的广泛宣传普及，森林康养将越发受到市场的青睐，成为生态经济新热点，给四川生态旅游业的发展带来新的活力。

### （五）观鸟及自然教育等的产业化推进时机日渐成熟

森林体验、自然教育、观鸟和观花等体验类生态旅游产品经过较长时间的培育发展，已具备一定市场基础。广大市民对体验类生态旅游产品的认知水平越来越高，参与兴趣和喜好明显增强。有兴趣入驻森林、自然体验教育、观鸟、观花的旅游企业、社会企业较之历史水平已明显增多。作为创新旅游产品的思路，政府相关部门应予有意识地引导，出台相关促进政策，鼓励通过举办观鸟或自然教育大会等方式，深化理念推广和市场培育，使之更快地成为具有足量规模的新业态，更好地服务于四川生态旅游产业发展。

### （六）“共享”理念与健康中国战略倒逼生态景区利益机制革新

“门票”是中国旅游产业发展的重要经验。但通过无限调高景区门票价格尤其是生态与自然景区价格，来实现旅游经济提速升档的方式，已被证明不仅在经济上不持续，在社会影响上也将破坏国民幸福指数和幸福认同感等。相反，近年来不少城市免费开放城市公园，彰显“民有民享”的国家福利，受到了广大市民的热烈欢迎和深切拥护。在旅游景区门票管理上，成都市已正式发布从2015年起连续三年内A级景区门票不涨价，得到社会各界肯定。但是，作为长江上游生态屏障的四川省，就开展生态文明建设以及贯彻落实十八届五中全会提出的“创新、协调、绿色、开放、共享”理念和“健康中国”的国家战略而言，这些举措远远不够，更需要从深层次思考和革新生态旅游景区发展理念，重建生态旅游景区赢利模式，尤其是应尽快选择个别景区，探索通过弱化门票经济，试点“无票”“低价票”准入、以特许经营开发高附加值生态旅游产品为主要吸引物来驱动生态旅游可持续发展的理念与模式，率先在全国走出一条新的惠民之路，同时也为正在试点的“国家公园”机制和旅游开发厘清理念和思路。

# B.9

# 杜鹃花保护创新四川珍稀植物保护新模式

李晟之*

摘　要：　杜鹃花在以四川西部为中心的横断山区广为分布，由于与当地各民族群众生产生活紧密相关而被自觉地保护起来，同时由于其观赏性强，吸引了大批野生花卉观花爱好者。本文分析了四川珍稀植物保护的现状及存在的问题，并在生态文明建设背景下探究了如何调动社会广泛参与杜鹃花保护的新模式。

关键词：　珍稀植物保护　杜鹃花　四川

## 一　四川珍稀植物保护现状与问题

1. 四川珍稀植物资源情况

大熊猫是四川生物多样性保护的旗舰物种，其保护成效深受政府与社会各界认识的关注与重视。但在四川多样化的生态系统中，不仅仅有大熊猫，其广大的地域面积、差异明显的地势和繁复的气候类型，也孕育了丰富的野生植物群落。

根据《中华人民共和国野生资源保护条例》中公布的《国家重点保护植物名录》，在全国的第一批354种保护植物中，四川有77种，约占22%。四川是野生植物资源大省，是中国特有物种最多的省份，同时也是濒危物种

---

* 李晟之，四川省社会科学院资源与环境中心副主任、副研究员，主要研究方向为乡村治理与社区自然资源可持续利用。

数量最多的地区。

其中属于一级重点保护的植物 4 种：珙桐、水杉、银杉、桫椤，占全国一级保护植物数量的 50%；属于二级重点保护的植物 31 种，它们是：康定云杉、白皮云杉、金钱松、澜沧黄杉、木瓜红、山白树、金佛山兰、水青树、四川红杉、鹅掌楸、峨眉含笑、栌菊木、狭叶瓶儿小草、崖柏、金铁锁、星叶草、峨眉黄连、华榛、岷江柏木、攀枝花苏铁、光叶珙桐、香果树、杜仲、福建柏、水松、独叶草、荷叶铁线蕨、伯乐树、篦子三尖杉、连香树、独花兰。

2. 四川省珍稀植物保护现状与问题

人类利用植物历史悠远，在长期的生产生活实践中，四川全省各族人民利用了大量的植物作为食物、药材、工具、家居装饰等等，其中部分植物尤其是药用植物资源日益枯竭，很多中医药、藏医药甚至面临无药可采的尴尬局面。

随着城乡尤其是城市居民经济收入的增长，人们把很多珍稀植物作为提高自己“生活品位”的奢侈品而高价买入，如金丝楠木制品、观赏用兰草、用于制作各种琴类的六角枫。高额的利润导致了疯狂的甚至破坏性的盗采。如泸州市森林公安机关两个月就侦办破坏珍稀植物刑事案件 19 件，破案 9 件，刑事拘留 1 人，起诉 7 人；收缴重点保护植物 62 株，立木蓄积 56.58 立方米。

此外，在公路、铁路、水坝等道路交通修建以及各类景区建设工程中，对野生植物造成毁灭性影响的案例在四川多不胜数。

保护野生植物资源是保护生物多样性、维护生态平衡的重要内容。四川是野生植物资源大省，珍稀濒危野生植物种类多，是我国乃至世界重要的生物基因宝库。四川省要切实保持好宝贵的野生植物资源，亟须制定法规。针对珍稀植物保护存在的问题，四川省第十二届人民代表大会常务委员会第十三次会议于 2014 年 11 月 26 日审议通过了《四川省野生植物保护条例》，并从 2015 年 3 月 1 日开始实施。

《条例》共计 25 条，界定了野生植物的概念及其栖息环境，明确了重点保护的种类及管理措施，明确了部门相关职责等；《条例》规范了野生植物资源概念，细化了管理程序，确保了公众利益；《条例》还以采集管理、出口管理为重点，避免了野生植物资源流失。

然而,《四川省野生植物保护条例》虽然从立法角度为四川珍稀植物保护奠定了坚实基础,指出了未来长远的努力方向;但短期看,四川省珍稀植物保护仍面临两个主要的问题。

第一,四川的珍稀植物普遍存在本底不清的问题,表现为即使是专家也仅仅知道大致的分布区域,但不能划出准确的范围,更无从了解资源的具体数量。甚至很多珍稀植物的种类也没有完全掌握,这也是在气候、地理条件的情况下四川的杜鹃花分布数量远低于云南的主要原因。

第二,社会公众甚至一些专业的保护人士对珍稀植物保护的意义都存在认识不够的问题。相比于珍稀野生动物保护,珍稀植物保护的群众基础比较弱。

3. 生态文明建设背景下四川珍稀植物保护策略探索

中国共产党十八大确定了中国特色社会主义建设的“五位一体”布局,明确了生态文明建设“尊重自然、顺应自然、保护自然”的理念,提出了“建设美丽中国”的宏伟目标。相应地,四川省林业厅提出了坚持以建设生态文明美丽四川为统领,建设生态林业、民生林业、法治林业、效益林业、人文林业、服务林业,努力实现林业经济由大省向强省跨越、长江上游生态屏障由基本建成向全面建成跨越(也被称为“162”)的林业发展战略。四川自然保护也提出了“四三二一”的具体思路,其中的“二”就是弥补两个短板,即植物保护和保护文化。

珍稀植物保护作为短板被四川省林业厅提出,但如何弥补这个短板亟须在四川的保护实践中进行探索。这个策略最重要的是能够满足当地社区农牧民和社会公众的各种经济、文化和社会等领域的多种需求,从而让珍稀植物保护具有深厚的群众基础,引导社会各界力量而非单纯依靠国家组织的专业保护力量来保护。

## 二 杜鹃花——珍稀植物中的大熊猫

1. 四川杜鹃花资源状况

四川山川秀美,峡谷高深,雪山重叠;地貌复杂多变,平原、高山和高原并存以及“一山有四季，十里不同天”的气候环境，使在不同环境中生长着的世界知名观赏植物——杜鹃花更是千奇百态，姹紫嫣红，群芳斗艳。

全国有野生杜鹃花 570 种，全国各地除宁夏与新疆外都有分布。四川是我国杜鹃花的主要产区之一，约有杜鹃花近 200 种。四川盆地西南周边的崇山峻岭属于横断山脉的一部分，是杜鹃花的分布中心。瓦屋山的绒毛杜鹃、腺果杜鹃及困叶杜鹃在中山地段容易见到。峨眉山是杜鹃花种类富集的生态区域，雷洞坪一带有著名的美容杜鹃、大钟杜鹃、银叶杜鹃、海绵杜鹃，峨眉山特有的金顶杜鹃和波叶杜鹃（由于人为活动的干扰，已为数不多)。凉山州、甘孜州的少数民族地区蕴藏着大面积的杜鹃花，如山光杜鹃、大白杜鹃及亮叶杜鹃（在杜鹃花属中开黄色的一共只有几种，非常难得)。而黄杯杜鹃等另外几种开黄色花的杜鹃通常树高仅 2 ~ 3 米，叶片两面无毛而有光泽，十分稀有。随着国家建设的发展、科学研究的进步，定会有更多的资源及景区被发现，来满足人民日益增长的物质文化的需要。

整体而言，杜鹃花在四川根据海拔变化，生长的种类也不同，垂直带谱分布特点十分明显（见图 1）。

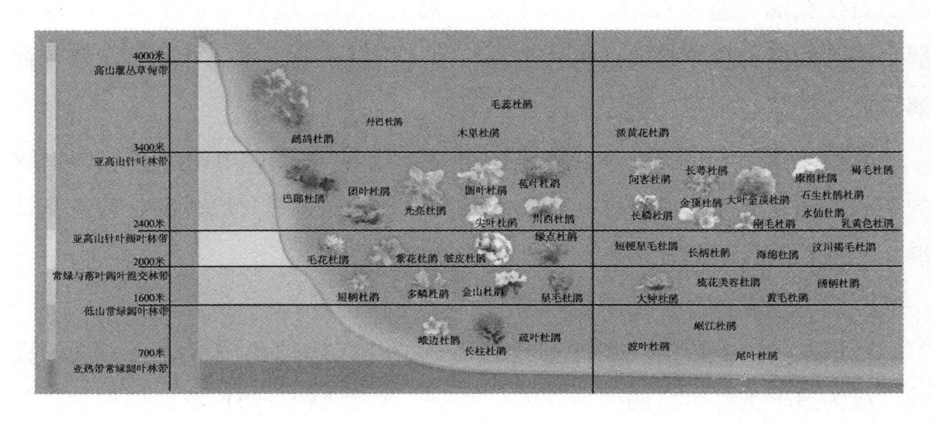


**图 1　四川杜鹃花种类垂直分布示意**

资料来源：四川省生态旅游协会。

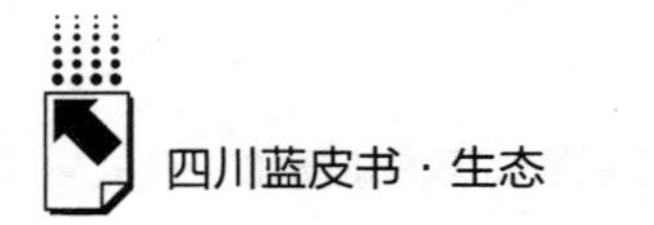


海拔500~700米：以平原、湿地、浅丘、河谷等环境为主。植被以亚热带常绿阔叶林为主，多河流和水库等湿地环境，为四川特有品种疏叶杜鹃提供了重要的生长环境，在川西的峨眉、洪雅、宝兴、汶川等县的密林中，都可以见到它的踪迹。

海拔700~1600米：植被以适应温热湿润和低光照的低山常绿阔叶林为主。此生长环境为众多杜鹃花的繁殖提供了便利，如波叶杜鹃、尾叶杜鹃、峨边杜鹃、岷江杜鹃、长柱杜鹃等等。

海拔1600~2000米：环境以山地常绿与落叶阔叶混交林为主，多样的生活环境和丰富的气候为杜鹃花提供了两个生长环境。此一类环境中，分布着多鳞杜鹃、大钟杜鹃、金山杜鹃、疏花美容杜鹃、短柄杜鹃、黄花杜鹃、星毛杜鹃、阔柄杜鹃等品种。

海拔2000~2400米：环境以亚高山针叶阔叶林为主。部分山间台地发育有一定规模的沼泽湿地。另有河边河谷地带的湿润气候，成为短梗星毛杜鹃、长柄杜鹃、毛花杜鹃、紫花杜鹃、皱皮杜鹃、海绵杜鹃、绿点杜鹃、汶川褐毛杜鹃等最爱的地理区间。

海拔2400~3400米：环境以亚高山针叶林为主。这一环境中，杜鹃花密集，且有四川独有的品种，如巴郎杜鹃、团叶杜鹃、圆叶杜鹃、尖叶杜鹃、石生杜鹃、苞叶杜鹃、长鳞杜鹃、褐毛杜鹃、峨眉光亮杜鹃、川西杜鹃、问客杜鹃、金顶杜鹃、大叶金顶杜鹃、长萼杜鹃、水仙杜鹃、乳黄叶杜鹃、光亮杜鹃、刚毛杜鹃、康南杜鹃等等。

海拔3400~4000米：环境以高山灌丛和草甸为主，川西北有大面积较为连续的高寒泥潭沼泽湿地。生长着的高山杜鹃品种有丹巴杜鹃、淡黄花杜鹃、木里杜鹃、鹧鸪杜鹃、红背杜鹃、毛蕊杜鹃等①。

2. 珍稀植物保护中的旗舰物种

杜鹃花一方面因为花型优美得到当地的社区居民和城市社会公众的喜爱，成为追求美好生活的一项载体；另一方面杜鹃花分布广泛，保护杜鹃花

① 《走近横断山杜鹃花》，四川美术出版社，2015。

林能有效地带动周边和林下的各种伴生的珍稀植物保护，还能为野生动物提供良好的庇护，使杜鹃花如大熊猫之于野生动物保护一样，具有成为珍稀野生植物保护旗舰物种的重要潜力。所谓“旗舰物种”，是指某个物种对社会公众参与、成为生态保护力量具有特殊号召力和吸引力，可促进社会对物种保护的关注，是一个区域生态保护与建设的“明星”或“代言”。

（1）杜鹃花是有趣的植物类群

杜鹃花（Rhododendron）是杜鹃花科杜鹃花属植物的统称。在全世界，杜鹃花属植物有962种，中国有约570种，是我国种子植物中最大的一个属。如果再加上种下变异和人工培育出的品种，总计上万种，是珍稀植物中一个庞大的家族。

最早的杜鹃花科植物化石记录，出现于晚白垩世时（0.9亿~1亿年前）的土仑期、赛诺曼期植物群中；在第三纪（约7000万年前）的中国古热带植物群中已发现杜鹃花属植物的化石证据。

杜鹃花不同种之间植株的形态差异很大，高者可达20~30米，低者不到10厘米（比许多草本植物还矮小）。即便是同一种杜鹃花，生长在海拔较低处的长成较高的小乔木，而海拔较高处的则多以较低矮的灌木形态出现。这些形态各异的杜鹃花，有的以乔木的形态混杂于阔叶林内；有的以小乔木、灌木的形态散居于阔叶林或针叶阔叶混交林下；有的以数个种组合在亚高山针叶林下形成优势灌丛；还有的在高山森林线以上集合成以杜鹃花为主体的矮曲林或高山灌丛；另有为数不多的矮小种类则抱团或成垫状顽强地生长在生存条件极端严酷的高山（高原）草甸带。

杜鹃花的有些种类有明显、挺拔、粗壮的主干，最大植株的胸径可超过80厘米；也有部分品种主干不太明显，且多弯曲；更多种类则呈灌木状，没有明显的主干。杜鹃花多数种类老枝和新枝颜色有明显差异，新枝上往往有苞片、鳞片、各色毛被等，这些特征不仅是鉴别不同种类的重要依据，而且具有极高的观赏价值。

杜鹃花有落叶、半落叶和常绿三种类型，其叶的形态差异极大。有椭圆形、卵圆形、披针形、长条形、线形等多种形状；质地有纸质、革质、厚革质等；叶片小者长不足1厘米，大者长达70厘米；常有着生在叶面、叶背、叶脉、叶柄上的各色毛被和鳞片更增添了杜鹃花的可观赏性。

杜鹃花的果其貌不扬，但它的繁殖和传播策略却十分成功。其圆柱形或卵状的小小蒴果（长0.3~10厘米），竟可以孕育成百上千粒种子。这些小且轻（有的还具翅或膜）的种子很容易随风传播到更远的区域，占据更多的生长环境。

花是杜鹃花这个类群最吸引人的特征。杜鹃花的外观为轮状、钟状或漏斗状，外形差异很大，最大直径可达6厘米以上，长可达10厘米以上。有的是1~4朵花着生枝顶或叶腋，有的在枝顶形成5~30朵花组成的总状花序，花序直径最大可达40厘米。杜鹃花的颜色变化非常丰富，在野外你可以看到红、黄、紫、白和紫红、粉红、黄绿等不同颜色的杜鹃花。有些即便是同一种杜鹃花，不同植株间颜色差异也是很大的。①

（2）杜鹃花与生物多样性保护

杜鹃花生长最早可以追溯到白垩纪，在第三纪的时候已经广泛分布于北半球，后经冰川时期，温度急剧降低，欧洲和北美的杜鹃花遭到很大程度的破坏，但亚洲的东部地区，受地形影响，山区的温度相对较高，杜鹃花被破坏得较小，因此，我国喜马拉雅山以东的横断山区（滇西北、川西北、藏东南）是杜鹃花属植物的起源中心和现代分布中心，种类十分丰富，有420多种，是公认的杜鹃花王国。云南（245种）、四川（181种）、西藏（182种）也是我国杜鹃花最多的三个省区，四川的种类少于云南，其中缺乏调查是一个重要的原因。

大多数人是因为杜鹃花的观赏价值而认识他，其实在野外生活的杜鹃花保护价值也很大。有研究表明，杜鹃花在生态系统扮演着关键种的作用，对大兴安岭兴安落叶松林种杜鹃花的研究表明，杜鹃花在落叶松林中“森林-湿地-冻土”3种景观要素转化和维持中扮演着关键种的角色。虽然现有的研究资料较少，但随着未来研究的深入，可以预见会有越来越多的研究

① 《走近横断山杜鹃花》，四川美术出版社，2015。

将揭示杜鹃花在生态系统中的作用。所以保护杜鹃花既能维持该物种自身的多样性，也能促进整个生态系统的保护。这样的促进作用与旗舰种或者伞护种的保护是不同的，前者是从内因上来促进生态系统的健康发展以及生物多样性的保护，后者更多是从外因，即管理的角度来促进物种以及生物多样性的保护①。

（3）杜鹃花与文化象征

人类与大自然和谐共生，唇齿相依。在漫长的进化过程中，人类与各类动物、植物建立了或亲或疏或褒或贬的各类关系。每一个民族、每一个地区都有诸多与众不同、各自钟爱的动植物，受到特定族群的喜爱。也有少数动植物受到各地普遍的喜爱与赞赏，赋予它们诸多独具魅力的文化象征。杜鹃花的独特之处在于世界上多个民族都不约而同地喜爱杜鹃花、赞美杜鹃花。

杜鹃花由于分布广泛，因此有很多名字，如映山红、山石榴，山踯躅等。我国少数民族最多的西南地区是杜鹃花的集中分布区域，与多元文化与民族相对应，有各种杜鹃花的称谓与传说。藏族称其为“达玛梅朵”，彝族称其为“索玛花”或“玛依鲁”，羌族称其为“羊角花”，朝鲜族称其为“金达莱”……而在遥远的尼泊尔，则将其直接定为国花。

中国历史上有许多关于杜鹃花的传说，如蜀王杜宇，虽开山治水、勤政为民，却终觉无大德益，禅位归隐，在郁郁忧国情怀中离世，化着一鸟，世人称为“杜鹃”，也叫“子规”，因为思乡，终日叫着“不如归去，不如归去!”，春忙之时，还要日日提醒子民“快快布谷，快快布谷!”，劳累过度，口中鲜血滴落山间，染红野花终成杜鹃。此外，还有传说姐妹育花，劳累过度，化鸟喋血，染红山花成杜鹃的；也有传说峨眉仙人赐杜鹃的；等等。古人对杜鹃的认识便是从这种悲切伤感的情怀中开始的。

中国古代的诗词歌赋中，有不少赞美杜鹃花的，如白居易的“闲折两枝持在手，细看不似人间有。花中此物似西施，芙蓉芍药皆嫫母”；如施肩吾的

① 《走近横断山杜鹃花》，四川美术出版社，2015。

“杜鹃花时夭艳然，所恨帝城人不识。丁宁莫遣春风吹，留与佳人比颜色。”古代文人骚客们也借杜鹃来抒发感情。譬如，李商隐在七律《锦瑟》，一说思念亡妻，一说感叹流失年华，终将“庄生梦晓迷蝴蝶，望帝春心托杜鹃”的情感弄成了“此情可待成追忆，只是当时已惘然”的遗憾！再如李白，迟暮之年，却被流放，老来思乡，也找到杜鹃寄托伤感之怀：“蜀国曾闻子规鸟，宣城还见杜鹃花。一叫一回肠一断，三春三月忆三巴。”，入境生情，足可催人泪下。杜牧、曹松、元稹等对杜鹃也不乏赞美之辞，寄情赞花。

各地围绕杜鹃花有许多故事与仪式，如彝族地区的祭花神仪式等。其中羌族关于杜鹃花的传说尤为动人：“最初天神创造人类，就是用杜鹃花的树干削成了九对小木人，这九对小木人就是人类的祖先。为了使真正的有缘人能相聚相守，天神又将宰杀后的羊角收集起来，将一对对羊角左右分开，并在其中插上杜鹃花，让青年男女自愿选择，按羊角成双配对，才算是天作之合。后人就遵循天神的安排，称杜鹃花为‘羊角花’。”

杜鹃花有超强的生命力，在严酷的自然环境中，人们艰辛劳作，繁衍生息，人类敬畏自然，同时又从自然获得启示与收获，犹如杜鹃花一般；杜鹃花喧腾而热烈，正代表了各少数民族热情奔放的个性。当漫山遍野的杜鹃花充实春寒冬雪，绽放于山野峻岭之时，也是人间最好时节的开始。人们载歌载舞，喜笑颜开，那一份豪迈与野性，自然也产生了众多歌唱杜鹃花的歌曲与舞蹈；杜鹃花沉稳不屈。“人间四月芳菲尽”，杜鹃花却在此时绽放，纵然是严寒冰雪之下，杜鹃花的叶片也翠绿高洁。在万木枯黄，落叶遍地之时，不屈的身姿与沉稳的个性总是令人肃然起敬、充满希望，难怪人们对杜鹃花总是留有高洁的印象①。

（4）杜鹃花园艺

中国是世界上最早利用和引种栽培杜鹃花的国家，但早期仅限于对分布于低海拔的落叶或半落叶的映山红类进行引种栽培。分布于横断山区的高山常绿杜鹃花的大量引种栽培始于西方。杜鹃花植物种类丰富、景观独特、树

① 《走近横断山杜鹃花》，四川美术出版社，2015。

冠美丽、花色绚丽多彩、生活习性多变等丰富的生物多样性，激起了园艺学家的极大兴趣。利用其丰富的遗传多样性，西方园林界进行杂交已经培育出了近万种杜鹃花新品种。使这类山林美木在园林界，尤其是欧、美园林界占据了极其重要的位置。

西方人引种栽培中国杜鹃花始于19世纪初期，但在19世纪中期以前，由于一直对西方实行关闭，西方人不可能在中国境内进行大规模的采集，至1840年前西方园林引种栽培的少量几种杜鹃花主要来自本土原产种类或邻近的国土，中国丰富的植物区系对西方人来说近乎一张白纸。

大规模从横断山区引种栽培的历史当追溯至19世纪末期至20世纪初期，中国杜鹃花“影响和改变了整个世界的园林界”，这是一位英国植物学者在100多年前面对西方园林引种栽培的中国杜鹃花而发出的感慨。横断山区杜鹃花对西方园林的影响是革命性的，并因此改变西方园林界发展和引种栽培的方向。

自从100年前西方人在横断山区大规模进行猎集、引种以来，杜鹃花及其杂交后代已遍布世界各地的园林，至今西方园林对杜鹃花的热情仍然不减当年。著名植物采集者威尔逊认为“杜鹃花是绿色世界里的贵族，没有一种有花植物可以与其媲美”，福雷斯特认为杜鹃花“是植物园里最美的种类”。不少西方园林工作者发自内心感叹“在欧洲，至今还没有一种观赏植物能代替中国常绿杜鹃花的地位”。由此可见，中国杜鹃花对西方园林的贡献、对西方园林界所产生的影响是不可低估的。

（5）杜鹃花摄影

每年3~7月，近百种花型色彩各异的杜鹃花则踏着初春到盛夏的节拍，出现在林中、草地间，为短暂的高原舞动青春的活力，与蔚蓝的天空、圣洁的雪山共织大自然美景。此刻，很多花卉摄影爱好者拧着三脚架，背着“长枪短炮”搭配的相机，融入了杜鹃花的海洋、芳香的世界。

拍摄杜鹃花莫过于清晨；花面露珠，莫过于自然；花之娇艳，莫过于真实。阳春三月的清晨，哪怕是微风也没有。安放在侧面的三脚架和机身既避免了阳光的直射，又不会遮挡清晨柔和的光线，让花容失色，用快门线轻轻地按下对焦的快门，不要惊动在阳光中五彩斑斓的露珠从枝叶上滑落，一张带着灵气水珠的花朵便绽放在了咔嚓的相机声中。也许，杜鹃花拍摄路途遥远，已近烈日当头或夕阳夕照，难觅露珠，随身携带一浇花喷水之喷雾器便是，喷洒叶面、花朵数次，人造露珠逐渐聚集，大小以不滑落为佳，顺其自然拍下一张，避免千篇一律。正午前后，若阳光直射，对比则强烈，因反光难以显示层次细节，或热气上升形成扰流，难捕获清晰图像，可执阳伞遮挡直射阳光，或息于树荫下，伺机而动；若为阴天或晴间多云，没有了骄阳似火，没有了挥汗如雨，没有了口渴难耐，一整天的拍摄便在轻松惬意中度过。

沿着横断山区的国道、省道、县道甚至山区小路都可领略杜鹃花景观的跌宕起伏带来的惊喜，川西高原周边拍摄杜鹃花之地甚多，4～7 月赏花佳期，觅一簇粉红的无柄杜鹃或洁白的雪山杜鹃或黄绿的问客杜鹃作拍摄主体，以蓝天作背景、以冰川作远景、以原始森林作近景构图，一幅自以为满意的画卷便制作完成。适合杜鹃花大场景拍摄的地方并不多见，或山顶或垭口或灌丛开阔之地。大多杜鹃花喜隐于林地中、藏于岩石下、长在溪沟旁、悬于峭壁间，偶生于大树上。峭壁悬崖、隔河对岸、大树中间等难以接触之地，需长焦镜头“伺候”方能如愿以偿。

杜鹃花摄影讲求的是分布环境、枝叶营养器官、花果繁殖器官照片齐全，开花时间、分布海拔、分布地名记录齐备。作为花痴，仅仅几张杜鹃花的风景照存于硬盘或网络，显得有些遗憾。不知其名，则自娱自乐无深度，犹如把玩古董不知年代。杜鹃属下种类之多，中国植物无出其右。作为业余爱好者，专业参考书必不可少，也有捷径，便是网络。《中国植物志》第五十七卷之杜鹃花科第一、二、三册不可少；中科院植物学家冯国楣先生主编的《中国杜鹃花》1～3 册，皆附有大量彩图，遗憾不能囊括所有野生杜鹃花图片；川大著名植物学家方文培先生编著《中国四川杜鹃花》一书，突出之处是图片显示鉴别微观特征，但也未能涵盖四川所有种类，有所不足。这些杜鹃花图谱以及存在的不足，使杜鹃花摄影成为一个类似于探宝游戏的活动，充满了探索与挑战的乐趣。

因为具有以上的特点，杜鹃花能够从众多的珍稀植物中脱颖而出，成为肩负引领植物保护模式创新的最佳选择。

## 三　生态文明建设背景下杜鹃花保护新探索

### 1. 举办十大最美杜鹃花观赏地评选

为了深挖杜鹃花的文化价值和生态价值，集中地展示各杜鹃花观赏地的生态旅游资源，宣传当地深厚的生态保护文化，并推动其形成独特的生态旅游品牌，也为了在人们的心间搭建起野生植物保护和推动生态旅游产业全面发展的桥梁，唤起人们对珍稀植物如同保护国宝熊猫一般的喜爱热情，2014年4月28日，在四川省林业厅和四川省旅游局的指导下，四川省生态旅游协会与四川日报社共同主办了首届“四川十大最美杜鹃花观赏地”和“四川十大最具潜力杜鹃花观赏地”评选活动。

由四川省林业厅副厅长降初、四川省旅游局副局长郑学炳出任评审组委会顾问；原四川省人大常委会副主任、四川省生态旅游协会会长孟俊修出任评选组委会主任，四川省森林旅游服务中心、四川省旅游局产业处相关负责人担任评选组委会副主任；由全国著名花卉研究专家、四川大学生命科学学院教授方明渊，中科院成都生物研究所研究员印开蒲分别担纲专家评审组正副组长；由相关行业机构、花卉界专家、四川大学、四川农业大学、四川省林科院等研究机构学者、新闻媒体代表等组成专家评审组。

按照专家评审组审定的评审规则，四川省行政辖区内天然生长杜鹃花连片分布万亩以上或人工培育千亩以上并具有较强观赏性，具备吃、住、行等基本旅游服务要素的区域（景区景点）均可以参与评选。活动开展后，专门于4月26日在新都区斑竹园镇的“花香果居”景区组织了启动仪式新闻通报会，同时在“四川生态旅游网”开设了专题宣传页面和网友投票页面，共组织了全省包括森林公园、自然保护区、风景名胜区等杜鹃花优势观赏区42个参与网络投票；评审组委会及专家评审组兵分三路，赴川南的雅安、凉山和攀枝花、川北的广元、巴中和达州以及川西的甘孜、阿坝等杜鹃花资源分布较为密集的市州进行实地调研考察；之后于6月12日在成都召开了专家评审委员会专题评审会议，按照专家评审打分占60%、网络投票打分占40%的权重比例进行评审，结果经四川生态旅游网和四川日报进行为期7天的媒体公示，最终评出了“四川十大最美杜鹃花观赏地”和“四川十大最具潜力杜鹃花观赏地”，整个评选过程历时半年，体现了公平、公正、公开的原则。

首届四川十大最美杜鹃花观赏地是会理龙肘山风景区、瓦屋山国家森林公园、峨眉山国家级风景名胜区、成都花舞人间景区、米仓山国家森林公园、金阳百草坡生态自然保护区、宣汉观音山森林公园、海螺沟国家森林公园、康定木格措景区和盐边格萨拉生态旅游区。

首届“四川十大最具潜力杜鹃花观赏地”是螺髻山国家级风景名胜区、龙溪虹口国家级自然保护区、宝兴县空石林景区、二郎山国家森林公园、黑水达古冰山景区、茂县九鼎山太子岭景区、卧龙国家级自然保护区、四姑娘山国家级自然保护区、唐家河国家级自然保护区和西岭国家森林公园。

通过大力宣传以杜鹃花为代表的野生花卉，让人们更多地认识野生物种，知晓自然生态的多样性才是区别世间万水千山的重要标签。当人们了解并喜爱上野生物种后，就会思考这一物种的现在和将来，以及如何为我们的子孙后代留住它，进而自发地爱护生态环境；同时评选出来的“四川十大最美杜鹃花观赏地”和“四川十大最具潜力杜鹃花观赏地”也极大地丰富了四川生态旅游内涵，并将逐步开发成生态旅游线路和产品，为热爱野生花卉的旅游爱好者提供了更多、更好、更安全的旅游目的地。各市（州）县更是以此次评选活动为契机，大力宣传展示当地生态旅游特色资源。所以，我们可以预见的是，通过类似评选，能够集中展示观赏地的生态旅游资源，宣传当地深厚的生态文化，形成独特的生态旅游品牌，而附加来的经济价值更是不可估量。最重要的是，这样成熟的思维模式和良性循环，完全可以套用在其他花卉和观赏地的推广上，必将能进一步夯实四川生态旅游的发展基础①。

① 《走近横断山杜鹃花》，四川美术出版社，2015。

2. 社会公众参与杜鹃花科学考察

杜鹃花研究，在国内外已有很多专家做了大量的工作。在国外，从20世纪初就有大量的传教士和植物学家从中国引种进行栽培；在国内，也有部分专家从事了相关的工作，如冯国楣先生生前曾主编了《中国杜鹃花》1～3册、中日文版的《云南杜鹃花》等著作，四川大学方文培教授主编了《中国四川杜鹃花》等，《中国植物志》（第五十七卷）、《中国高等图鉴》等著作也对中国的杜鹃花做了较为详尽的描述，这些著作为中国杜鹃花的研究提供了基础性的科学数据，但由于当时的各种局限性，留下了诸多的调查空白点，研究也以定性的为主，缺乏量化的数据。

为了在前人基础上继续开展杜鹃花调查，进一步摸清四川杜鹃花种类数量、分布和资源状况，保护濒危的杜鹃花种群，四川横断山杜鹃花保护研究中心提出了社会公众参与杜鹃花科学考察的可行性方案。

首先，划定社会公众参与杜鹃花调查的优先区，优先区主要考虑杜鹃花资源潜力、现有杜鹃花数据空缺状况和当地杜鹃花保护能力与意愿因素，共设定了贡嘎山、巴郎山、雪宝顶、夹金山、二郎山、峨眉山等优先区域。

其次，设计统一的调查技术路线、调查方法和调查规程。社会公众将从基础调查和景观调查两个方面开展杜鹃花科学考察。基础调查又可以分为种类调查和景观调查两种。种类调查的目的是调查一个设定区域如贡嘎山地区、峨眉山地区拥有的杜鹃花种类，进行图片和文字两项记录。图片记录要求记录全株近照（相机普通模式）、花序及枝顶叶片近照（相机微距模式）、花朵解剖近照（相机超级微距模式）、果序及枝顶叶片近照（相机微距模式）、单果近照（相机超级微距模式）、叶片正面近照（相机超级微距模式）、叶片背面近照（相机超级微距模式）、生长环境（相机普通模式），便于照片的种间整理，每一种杜鹃花的照片组前后用相同的标识分隔照片（照一张白纸，白纸上注明山峰名、调查人员姓名、编号，如：贡嘎山—张三—1）；而文字记录方式主要是对图片记录的补充，完成图片无法完成的记录，如海拔、经纬度、植株高度、植株分布状况、调查时间、生长环境描述、调查人员。景观调查主要针对具体山峰以杜鹃花景观为主的自然风景，此项调查较为简单，但仍分为图片和文字两项。一般来说，可按上山调查单株、下山调查景观，如不原路返回，可在调查单株时同时进行景观调查，只是在完成图片整理时注意区分景观与单株照片。

再次，创建后台数据库和前台的基于移动互联网的信息平台。这是整个社会公众参与的核心。公众参与科学调查最大的好处是持续增加的数据，但如何储存、甄别和积累更新是关键。后台的数据库一方面使参与调查的社会公众能够上传各人的调查数据；另一方面则使专家能够对上传的数据进行甄别，剔除错误数据和无效信息。甄别后的有效数据也存储在数据库中。而基于移动互联网的信息平台如杜鹃花公众微信号则是从社会公众兴趣与便利角度考虑的互动平台，在平台上每个用户都能查找到杜鹃花调查优先区的基本信息、已经发现的杜鹃花品种地点和发现人、可能发现的品种等信息，用户提交上文提及的基础调查和景观调查的信息也通过前台的信息平台进行。四川横断山杜鹃花中心与北京新智感科技有限公司合作，依托后者的信息技术优势，联手打造了“横断山杜鹃”微信公众号。

最后，专家定期如2～3年对一个特定区域的数据进行分析整理，形成专业性的杜鹃花资源调查报告。

为了对社会公众参与杜鹃花科学考察进行验证，四川横断山杜鹃花保护研究中心在峨眉山与贡嘎山两个优先区组织了志愿者测试活动。

2014年春夏之交、杜鹃花盛开的时节，四川横断山杜鹃花保护研究中心于4月26～29日邀请组织了植物专家、杜鹃花爱好者及媒体朋友到峨眉山进行了观花路线测试活动。专家组根据前期考察记录的资料，分别对杜鹃花的生长发育习性、生物学特性、分布式样以及开发利用状况做了介绍，并带领活动成员跋山涉水实地了解杜鹃花的形态特征、种类识别，真切感受了峨眉山区杜鹃花的惊艳。志愿者表示今后一定协助深入研究杜鹃，做好杜鹃保护的宣传工作，媒体朋友则承担了杜鹃花信息平台的建立任务，为更多的杜鹃花爱好者提供信息服务。这次活动是四川横断山区下一步观花线路规划广泛性与科学性的模拟，更为今后中国杜鹃花资源分区域逐年开展科学考察奠定了基础。

**B.10**

# 新常态下四川自然保护地及其发展战略

杨旭煜 *

摘　要：　本文用大量的数据对四川自然保护地从数量、主管部门、生态系统等多角度进行描述，提出了四川自然保护地管理中存在的四个问题和重新划分自然保护地类型、改革生态环境和保护体制、建立自然保护地法律规划标准体系、建立自然保护地保护和管理体系、建立自然保护地监督和参与机制等5项发展战略建议。

关键词：　四川　自然保护地　发展战略

## 一　世界自然保护联盟 IUCN 保护地分类体系

世界各国根据各自实际和保护需求建立了类型多样的自然保护地，按保护对象、保护目标和保护管理策略划分，大致都可归入世界自然保护联盟 IUCN 划分的 6 类保护地。

1a 类，严格的自然保护区：指严格保护的原始自然区域。采取最严格的保护措施限制人类活动和资源利用，保护具有区域、国家或全球重要意义的生态系统、物种和地质多样性，包括通常没有人类定居、处于最原始自然状态、拥有基本完整的原生物种和具有生态意义的种群密度，以及极少受到

---

* 杨旭煜，硕士，四川省野生动物资源调查保护管理站站长、高级工程师，研究方向为野生动植物保护与自然保护区管理。

人为干扰的完整生态系统和原始的生态过程。

1b类，原野保护区：指严格保护的大部分保留原貌或仅有微小变动的自然区域。其特征是面积很大、没有现代化基础设施和开发及工业开采等活动，未受人类活动的明显影响，部分只有原住民和本地社区居民居住，保持高度的完整性，包括保留生态系统的大部分原始状态、完整或基本完整的自然植物和动物群落并保存了其自然特征的区域。采取严格保护和管理措施，保护其长期的生态完整性，维护大面积未受人为影响的自然原貌，维持生态过程不受开发或者大众旅游的影响。

2类，国家公园：指保护大面积的自然或接近自然的生态系统。其特征是面积很大并且保护功能良好的自然生态系统，具有独特的、拥有国家象征意义和民族自豪感的生物和环境特征或者自然美景和文化特征。主要目标是保护大尺度的生态过程以及相关的物种和生态系统特性。采取自然保护优先的策略，在严格保护的前提下有限制地利用，允许在限定的区域开展科学研究、环境教育和旅游参观，保护在较小面积的自然保护地或文化景观内无法实现的大尺度生态过程以及需要较大活动范围的特定物种或群落。国家公园有很强的社会公益性，应为社会公众提供环境和文化兼容的精神享受、科研、教育、娱乐和参观的机会。

3类，自然文化遗迹或地貌：指保护特别的自然文化遗迹的区域，包括一般面积较小、但具有较高观赏价值的地形地貌、山峰、海底洞穴、洞穴和依然存活的古老小树林等地质形态。主要目标是保护典型性突出的自然特征和相关的生物多样性及栖息地，重点关注一个或多个独特的自然特征以及相关的生态系统。在严格保护自然文化遗迹的前提下，可以开展科研、教育和旅游参观活动，实现在已经开发或破碎的景观中自然环境的保护和环境文化教育的开展。

4类，栖息地/物种管理区：指保护特殊野生动植物物种或栖息地的自然保护地，是保护或恢复全球、国家或当地重要的野生动植物种类及其栖息地的区域，面积大小各异，但通常都比较小，其自然程度比严格的自然保护区、原野保护区以及国家公园和自然文化遗迹或地貌相对较低。主要管理目标是维持、保护和恢复野生动植物物种种群和栖息地，保护需要进行特别人为干预才能生存的濒危物种种群，稀有或受威胁的栖息地，片段化的栖息地，物种停歇地和繁殖地，自然保护地之间的走廊带以及维护原有栖息地已经消失或者改变、只能依赖人工景观生存的物种。多数情况下需采取经常性、积极的人工干预措施，以满足特定物种的生存需要或维持其栖息地。

5类，陆地景观/海洋景观保护区：指人类与自然长期相处所产生的特点突出且具有重要生态、生物、文化和风景价值的区域，是所有自然保护地类型中人为干扰程度最高、自然程度最低的一种类型，其特征是人与自然长期和谐相处形成的具有高保护价值和独特陆地、海洋景观价值和文化特征，以及独特或传统的可持续农业、可持续林业土地利用模式和人类居住与景观长期和谐共存保持生态平衡的模式。主要目标是保护和维持重要的陆地景观和海洋景观及其相关的自然保护价值，以及由传统管理方式通过与人互动而产生的其他价值。这类保护地的自然价值、自然景观价值和文化价值需要持续的人为干预活动才能维持，其作用是作为一个或多个自然保护地的缓冲地带和连通地带，保护受人类开发利用影响而发生变化且其生存必须依赖人类活动的物种或栖息地。

6类，自然资源可持续利用保护区：指为了保护生态系统、栖息地、文化价值和传统自然资源管理制度的区域，其特征是把自然资源的可持续利用并与其他类型自然保护地通用的保护方法相结合作为实现自然保护目标的主要手段，这类自然保护地通常面积相对较大，其中2/3以上区域处于自然状态，其余区域处于可持续自然资源管理利用之中。主要目标是保护自然生态系统，实现自然资源的非工业化可持续利用以及自然保护与自然资源可持续利用的双赢。景观保护方法特别适合这类自然保护地，以实现不同的自然保护地、走廊带和生态网络的相互连接。

## 二　中国自然保护地类型和数量

中国古代的自然保护地以皇家园林、皇家猎场、神山圣湖、名寺古刹、名人遗迹等为代表。近代以来，中国开始建设具有科学意义的自然保护地。新中国成立以来，中国基本建立起具有中国特色的自然保护地体系，包括自然保护区、风景名胜区、地质公园、森林公园、湿地公园、水产种质资源保护区、水利风景区、世界自然遗产和世界自然文化遗产、国际重要湿地和国家重要湿地等9000余个，除此之外，中国还建立了数量众多的饮用水源保护区等其他类型的自然保护地。

1. 自然保护区

是指对有代表性的自然生态系统、珍稀濒危野生动植物物种的天然集中分布区、有特殊意义的自然遗迹等保护对象所在的陆地、陆地水体或者海域，依法划出一定面积予以特殊保护和管理的区域。全国总数2697个。由环境保护主管部门综合管理，林业、农业、水利、国土等有关自然保护区主管部门分部门管理。

2. 风景名胜区

是指具有观赏、文化或者科学价值，自然景观、人文景观比较集中，环境优美，可供人们游览或者进行科学、文化活动的区域，实行“科学规划、统一管理、严格保护、永续利用”的原则。全国总数962个。由住建主管部门管理。

3. 地质公园

是指对具有国际、国内和区域性典型意义的地球演化的漫长地质历史时期，由于各种内外动力地质作用，形成、发展并遗留下来的珍贵的、不可再生的地质自然遗产和地质遗迹进行“积极保护、合理开发”的区域。全国总数319个。由国土资源主管部门管理。

4. 森林公园

是指森林景观优美，自然景观和人文景物集中，具有一定规模，可供人们游览、休息或进行科学、文化、教育活动的区域。全国总数3101个。由林业主管部门管理。

5. 湿地公园

是指以保护湿地生态系统、合理利用湿地资源为目的，可供开展湿地保护、恢复、宣传、教育、科研、监测、生态旅游等活动的特定区域，实行“保护优先、科学修复、合理利用、持续发展”的管理原则。全国湿地公园总数超过727个。由林业主管部门管理。

6. 水产种质资源保护区

是指为保护和合理利用水产种质资源及其生存环境，在具有较高经济价值和遗传育种价值的水产种质资源的主要生长繁育区域，依法划定并予以特殊保护和管理的水域、滩涂及其毗邻的岛礁、陆域。全国总数428个。由农业主管部门管理。

7. 水利风景区

是指以水域（水体）或水利工程为依托，具有一定规模和质量的风景资源与环境条件，可以开展观光、娱乐、休闲、度假或科学、文化、教育活动的区域。全国总数693个。由水利主管部门管理。

8. 世界自然遗产和世界自然文化遗产

是指由联合国教科文组织批准确认的世界自然遗产、自然和文化遗产，实行“有效保护、统一管理、科学规划、永续利用”的管理原则。全国总数48个。由住建、文化、林业、环境保护、国土资源、水利、民族、宗教、旅游等主管部门监督管理。

9. 国际重要湿地和国家重要湿地

是指按照《关于特别是作为水禽栖息地的国际重要湿地公约》规定的标准，由湿地公约秘书处确认、具有全球保护价值的湿地；国家重要湿地是指按照《国家重要湿地确认办法》规定的标准，由国家湿地保护管理中心确认、具有国家重要意义的湿地。全国国际重要湿地数量为47个，国家重要湿地数量超过170个。由林业主管部门管理。

10. 饮用水源保护区

是指对集中式供水的饮用水地表水源和地下水源进行保护而划定的给予特殊保护的一定的水域和陆域，包括生活饮用水水源地、风景名胜区水体、重要渔业水体和其他有特殊经济文化价值的水体。由环境保护、水利、国土、建设、林业、卫生等主管部门监督管理。

## 三　四川省自然保护地发展现状

截至2014年底，未剔除交叉重叠部分，四川省已建立自然保护区、风景名胜区、地质公园、森林公园、湿地公园、水利风景区、水产种质资源保护区、世界自然遗产地、世界自然文化遗产地、国际重要湿地、国家重要湿地等各类自然保护地541个，面积1522.1万公顷。除此之外，还建立了国家级水源保护区9个、省级水源保护区196个。

其中，自然保护区164个，总面积837.5万公顷，占四川省辖区面积的17.5%。按保护级别分，有国家级自然保护区31个、地方级自然保护区133个，地方级自然保护区中省级自然保护区63个、市州级自然保护区29个、县级自然保护区41个。按管理系统分，全省有林业系统管理的自然保护区120个、管理面积712.9万公顷，分别占全省总数的73.2%和85.1%，包括国家级自然保护区24个、地方级自然保护区96个，地方级自然保护区中省级自然保护区49个、市州级自然保护区16个、县级自然保护区31个；环境保护系统管理的自然保护区33个、管理面积97.9万公顷，分别占全省总数的20.1%和11.7%，包括国家级自然保护区5个、地方级自然保护区28个，地方级自然保护区中省级自然保护区9个、市州级自然保护区9个、县级自然保护区10个；农业系统管理的自然保护区8个、管理面积4.54万公顷，分别占全省总数的4.9%和0.5%，包括国家级自然保护区2个、地方级自然保护区6个，地方级自然保护区中省级自然保护区4个、市州级自然保护区2个；两个或两个以上系统共同管理的自然保护区3个、管理面积22.2万公顷，分别占全省总数的1.8%和2.6%，包括省级自然保护区1个、市州级自然保护区2个。

风景名胜区89个，总面积398.5万公顷，其中国家级风景名胜区14个，面积194.1万公顷；省级风景名胜区75个，面积204.4万公顷。

森林公园126个，面积78.6万公顷，其中国家森林公园36个，面积65.6万公顷；省级森林公园58个，面积11.1万公顷；市县级森林公园32

个，面积1.9万公顷。

地质公园24个，总面积48.6万公顷，其中国家地质公园16个，面积39.0万公顷；省级地质公园8个，面积9.6万公顷。

湿地公园39个，面积7.3万公顷，其中国家湿地公园2个，面积0.38万公顷；国家湿地公园试点18个，面积3.56万公顷；省级湿地公园19个，面积3.35万公顷。

水利风景区54个，其中国家级水利风景区25个，省级水利风景区29个。

水产种质资源保护区37个，面积4.9万公顷，其中国家级水产种质资源保护区30个，面积4.4万公顷；省级水产种质资源保护区7个，面积0.5万公顷。

世界自然遗产地及世界自然文化遗产地4个，面积110.2万公顷。

国际重要湿地1个，面积11.29万公顷；国家重要湿地3个，面积25.24万公顷。

## 四　四川省自然保护地管理存在的主要问题

### 1. 各类自然保护地交叉重叠极为严重

四川省已建立的自然保护区、风景名胜区、地质公园、森林公园、湿地公园、水利风景区、水产种质资源保护区、世界自然遗产地和自然文化遗产地、国际重要湿地和国家重要湿地等各类自然保护地在地理空间分布上交叉重叠极为严重。以全省野生大熊猫分布区为例，区域内已建立各类自然保护地95个，其中自然保护区46个、风景名胜区22个、地质公园7个、森林公园16个、世界自然遗产地1个、世界自然文化遗产3个。从空间分布交叉重叠情况看，自然保护区与21个风景名胜区交叉重叠，交叉重叠面积88.4万公顷，占自然保护区总面积的34.8%；与13个森林公园交叉重叠，交叉重叠面积12.2万公顷，占自然保护区总面积的4.8%；与7个地质公园交叉重叠，交叉重叠面积12.8万公顷，占自然保护区总面积的5.1%；

与2个世界自然遗产和自然文化遗产交叉重叠，交叉重叠面积49.9万公顷，占自然保护区总面积的19.7%；总交叉重叠率达到64.4%。风景名胜区除与自然保护区交叉重叠46.0%外，还与12个森林公园交叉重叠，交叉重叠面积15.4万公顷，占风景名胜区总面积的8.0%；与9个地质公园交叉重叠，交叉重叠面积12.9万公顷，占风景名胜区总面积的6.7%；与4个世界自然遗产和自然文化遗产地交叉重叠，交叉重叠面积33.3万公顷，占风景名胜区总面积的17.3%；总交叉重叠率达到78.0%。森林公园除与自然保护区、风景名胜区分别交叉重叠46.7%和59.0%外，还与3个地质公园交叉重叠，交叉重叠面积为0.9万公顷，占森林公园总面积的3.4%；与2个世界自然遗产地和自然文化遗产地交叉重叠，交叉重叠面积12.3万公顷，占森林公园总面积的47.1%；总交叉重叠率达到156.2%。地质公园除与自然保护区、风景名胜区、森林公园分别交叉重叠69.4%、69.4%和4.8%外，还与2个世界自然遗产地和自然文化遗产地交叉重叠，交叉重叠面积5.0万公顷，占地质公园总面积的26.9%；总交叉重叠率为170.5%。世界自然遗产地和自然文化遗产地分别与自然保护区、风景名胜区、森林公园、地质公园交叉重叠48.2%、32.1%、11.9%和4.8%，总交叉重叠率为97.0%。同时，上述自然保护地的分类体系未从保护对象或者保护管理性质出发进行科学分类，而是根据不同主管部门管理的需要进行分类，不同类型自然保护地之间管理属性交叉严重。

2. 相关法律法规部门利益化

在国家颁布的《中华人民共和国自然保护区条例》《森林和野生动物类型自然保护区管理办法》《水生生物自然保护区管理办法》《中华人民共和国风景名胜区条例》《森林公园管理办法》《世界自然和文化遗产管理暂行条例》《国家湿地公园管理办法》《水产种质资源保护区管理暂行办法》《饮用水水源保护区污染防治管理规定》《地质遗迹保护管理规定》等法规规章的基础上，四川省制定颁布了《四川省自然保护区管理条例》《四川省风景名胜区管理暂行条例》《四川省世界自然和文化遗产管理暂行条例》、《四川省饮用水水源保护管理条例》等地方法规规章，建立了四川省自然保护地保护管理法制体系。上述与自然保护地保护管理相关的法规规章多在20世纪80年代和90年代制定，由于现在自然保护地管理面临的主要问题和环境已较二三十年前发生了巨大变化，导致当时制定颁布的大多数法规规章已不能满足当前开展自然保护地保护和管理工作的需要，同时，上述法规和部门规章多由不同类型自然保护地的主管部门主导完成，缺乏社会公众、其他相关部门及利益相关者的广泛参与，其内容过多强调了政府和主管部门的职权和利益，对自然保护地保护管理的深层次问题分析、研究不够，对社区发展和原住民生存及传统土地利用方式重视不够，对中央与地方、政府与部门在事权划分上协调不够，对自然保护地管理的监督部门和监督机制关注不够，对国际保护经验借鉴不够，导致其难以适应现在自然保护地管理的需要。

3. 社会公益性性质不清

四川省自然保护地大多由县级政府直接管理，其经费预算纳入县级公共财政预算。由于全省多数自然保护地位于边远山区、高原和老、少、边、穷地区，经济欠发达，所在县（市、区）的县财政主要依靠中央财政转移支付维持运转，难以给予自然保护地管理机构充足经费预算，导致省内大多数自然保护地缺乏稳定的运行经费渠道，多数自然保护地管理机构未能确立行政执法类或社会公益类事业单位的性质，部分自然保护地甚至至今未建立独立法人地位的管理机构，而是由主管部门或在区域内开展经营活动的机构代行保护管理职责。经费的缺乏导致部分自然保护地通过经济林种植、旅游开发等自然资源经营利用项目获取经济收益，以弥补保护经费的不足，保证自然保护地的正常运转，这虽然在一定程度上解决了自然保护地管理经费缺乏的问题，但却严重损害了自然保护地的社会公益形象，加剧了自然保护地与社区、原住民在自然资源利用上的矛盾和冲突，也影响了自然保护地管理机构行政执法类和社会公益类事业单位地位的解决。另外，一些地方政府单纯从推进区域经济开发出发，忽视自然保护地的社会公益性质，将自然保护地视为最后的自然资源开发利用区域，剥夺自然保护地管理机构对自然资源的管理权，擅自向外转让自然保护地水能资源、旅游资源的开发经营权，严重

影响自然保护地的社会公益性质和保护管理目标的实现，导致社会公众对自然保护地保护管理负面评价增加，影响了社会公众对自然保护地保护管理行动的参与和支持，降低了社会公众对自然保护地社会公益性地位的认可度。

4. 多头管理效率低下

四川省现有自然保护地分属林业、环保、农业、水利、住建、国土等不同的主管部门管理，由于不同类型的自然保护地在地理空间上存在严重的交叉重叠现象，造成同一个自然保护地部分范围或者全部范围同时属于2～3个类型自然保护地的情况众多，导致自然保护地的同一地理空间同时受多个部门管理，而不同的管理部门之间又缺乏沟通、协调机制。由于不同类型自然保护地管理依据的法规规章不同，管理目标、管理要求和管理体系差异较大，交叉重叠之下的自然保护地隶属关系复杂，多部门与多个自然保护地管理机构的多头管理交织，导致难以形成管理合力，事权不清、政出多门、管理越位或缺位以及管理目标混乱、管理机构重叠、管理职责不清、管理流程混乱、监督与管理部门不分、监督缺乏等情况突出，造成管理效率低下，影响了保护管理目标的实现。同时，四川省各类自然保护地多实行业务上由上级主管部门管理、行政上由所在地方人民政府领导的体制，自然保护地行政管理与业务管理的分离，导致主管部门与地方政府职责不清、权利不明，存在地方政府单纯从自然资源开发出发，使用行政领导权逼迫自然保护地管理机构放松监管、迁就地方经济开发需求，而主管部门投鼠忌器、难以干预的问题。另外，由于中央、省与地方在事权和权利义务划分上的问题，自然保护地所在区域市（州）、县（市、区）级地方政府未得到中央和省的足额补偿，在付出降低自然资源开发强度的机会成本的同时，还要承担自然保护地管理和经费、资源保障的职责，严重影响了地方政府特别是县级人民政府支持自然保护地建设管理的积极性，进而影响到自然保护地的管理效率。

## 五　新常态下四川自然保护地发展战略建议

在新常态下推进四川自然保护地建设管理，必须按照“既要金山银山，又要绿水青山，绿水青山就是金山银山”理论，坚持深化生态文明体制改革，加快建立生态文明制度，健全国土空间开发、资源节约利用、生态环境保护的体制机制。

1. 重新划分四川省自然保护地类型

建议借鉴世界自然保护联盟IUCN的分类标准，针对中国国情和四川省情，对四川省所有类型的自然保护地按照统一的标准重新进行分类，建立科学统一、符合国际规范、全民所有，由严格自然保护区、国家公园、野生动植物庇护地、自然文化遗迹、陆地水域景观保护区组成的四川省社会公益性自然保护地分类体系。打破原有行业和部门划建导致的条块分割和利益切割，按照保护优先的原则，根据自然资源属性、土地权属和事权划分，对四川省现有全部自然保护地重新分类，解决和消除不同自然保护地之间交叉重叠的问题，形成“统一管理、一地一牌一机构”的管理新格局。其中，现有自然保护区整合为严格自然保护区、国家公园、野生动植物庇护地三类，风景名胜区、森林公园整合为国家公园、自然文化遗迹、陆地水域景观保护区三类，地质公园整合为自然文化遗迹，湿地公园、水利风景区整合为陆地水域景观保护区，水产种质资源保护区整合为野生动植物庇护地。整合后的严格自然保护区、国家公园、野生动植物庇护地、自然文化遗迹、陆地水域景观保护区之间不再存在地理空间上的交叉重叠，每个自然保护地均建立独立法人地位的管理机构。世界自然遗产、世界自然和文化遗产、国际重要湿地、国家重要湿地保持现有类型不变，其内的自然保护地由自然保护地管理机构全权管理，五类自然保护地外的其他区域由世界自然遗产、世界自然和文化遗产、国际重要湿地、国家重要湿地的管理机构负责管理。

2. 改革生态和环境保护体制

建议整合森林、草地、湖泊、河流、库塘等土地和自然资源管理，野生动植物资源保护管理，城乡绿化造林、自然保护区、风景名胜区、森林公园、湿地公园、地质公园、水利风景区、水产种质资源保护区、世界自然遗产和自然文化遗产、国际重要湿地、国家重要湿地等保护地管理等职能以及相关的人力资源和资产，成立四川省国土生态安全委员会，形成集中统一的大资源、大生态的管理体制。在四川省国土生态安全委员会下设四川省自然保护地管理局，垂直管理由自然保护区、风景名胜区、森林公园、湿地公园、地质公园、水利风景区、水产种质资源保护区整合而成的严格自然保护区、国家公园、野生动植物庇护地、自然文化遗迹、陆地水域景观保护区以及世界自然遗产、世界自然和文化遗产、国际重要湿地、国家重要湿地等各种类型的自然保护地。

3. 建立自然保护地法律标准规划体系

建议由四川省人大常委会和专门委员会采取社会立法的方式，组织相关科研机构、非政府保护组织、自然保护地管理专家等组成法规起草团队，在四川省现有自然保护地管理评估的基础上，开展四川省自然保护地管理立法调研，重点研究以自然资源保护为中心，兼顾教育、游憩和协调地方经济社会发展的国家公园体制，广泛征求林业、环保、住建、农业、水利、国土等相关部门和利益相关者以及社会公众意见，起草制定《四川省自然保护地管理条例》，对严格自然保护区、国家公园、野生动植物庇护地、自然文化遗迹、陆地水域景观保护区等5类自然保护地的名称定义、管理目标、管理体制、管理制度、管理措施、保障机制、监督考核等进行规范。组织自然保护组织和专业立法机构，根据每个自然保护地的管理目标、管理需求、外部环境、区域特点等，起草制定每个自然保护地的管理办法，由四川省人大常委会颁布施行，实行“一区一法”。由四川省质量技术监督局组织专业机构，开展四川省自然保护地相关管理标准研究，借鉴欧美国家和中国台湾、中国香港等地区的管理经验，制定和发布四川省自然保护地建立、规划、管理、监测、教育、游憩、社区发展等各类管理标准，指导四川省自然保护地的建设管理。成立自然保护地规划专门编制机构，实行自然保护地规划分类审批机制，其中严格自然保护区、国家公园总体规划由省政府审批，野生动植物庇护地、自然文化遗迹、陆地水域景观保护区总体规划由四川省自然保护地管理局审批。

4. 建立自然保护地管理和保障体系

建议以保障国家与四川省长远利益和生态安全为出发点，确定中央与四川省、四川省与地方在自然保护地管理上的事权划分，充分体现“保护优先、公益第一”的原则，实行收支两条线，建立国家级自然保护地由中央政府管理保障、地方级自然保护地由省级政府管理保障的机制，并大幅降低自然保护地门票价格，严格按照访客环境容量控制访客人数。国家级自然保护地管理机构作为国务院相关主管部门或直属机构的行政执法类或社会公益类直属事业单位，由国务院相关主管部门、直属机构垂直管理或委托省级政府相关主管部门或直属机构管理，其事业经费由中央财政全额纳入公共财政预算，基本建设经费由国家发展改革委纳入国家基本建设计划，门票和特许经营权收入全部上缴中央财政，对由此给四川省和自然保护地所在地方造成的财政减收，由中央财政通过转移支付全额给予补偿。四川省地方级自然保护地管理机构作为省政府相关主管部门或直属机构的行政执法类或社会公益类直属事业单位，由省级相关主管部门、直属机构垂直管理或委托市（州）政府相关主管部门或直属机构管理，其事业经费由省级财政全额纳入公共财政预算，基本建设经费由省发展改革委纳入四川省基本建设计划，地方级自然保护地门票和特许经营权收入全部上缴省级财政，对由此给自然保护地所在市（州）、县（市、区）造成的财政减收，由省级财政通过财政转移支付全额给予补偿。

5. 建立自然保护地监督和参与机制

建议建立主管部门与监督部门分离的监督机制，通过卫星遥感监测、无人机和数字化监视系统实时监控、监测样线和样方人工监测、社会公众举报等方式，有效监督自然保护地内人为活动和管理行动，依法管理自然保护地，促进生物多样性和自然生态系统的有效保护。建立四川省自然保护地规划委员会机制，对自然保护地范围和功能区划调整、土地利用规划变更等进行严格审查，科学协调自然保护与地方经济社会发展的关系，防止破坏自然资源和自然生态环境的开发活动。充分发挥社会组织力量，委托国内外自然保护组织，利用其技术、信息、资源等优势，对四川省自然保护地实施第三方监管，作为四川省自然保护地行政监管的有效补充。聘用国内外自然保护、环境教育、保护地管理、农村经济、旅游发展、社会事务等方面的权威专家，成立四川省自然保护地管理科学委员会，建立首席科学家制度，对事关四川省自然保护地建设管理的重大问题，提供咨询意见，提高四川省相关决策的科学性。建立四川省自然保护地范围和功能区划调整、建设工程审批等重大事项的社会监督机制，通过媒体公示、会议听证、民意测验等多种形式，充分听取社会公众和利益相关者对相关事项的意见，并作为政府决策的重要依据。建立自然保护地社区共管机制，帮助和带动社区和原住民调整产业结构，提高生活水平，增强自然保护意识，积极参与自然保护地保护管理。鼓励发展自然保护非政府组织，培养自然保护和自然保护地管理志愿者，吸引社会力量特别是专业技术人员参与自然保护地管理，发展社会公益性保护地、自然保护地社会组织和民营企业托管等自然保护地管理社会参与新形式，提高四川省自然保护地整体管理水平。

# 实践探索篇

Experiments and Pilots

## B.11

# 生态建设中的公众监督

## ——以四川为例

柴剑峰*

摘 要：生态建设是人类理性参与生态保护与建设的过程，人类作为生态系统的最高等级要素，不仅是生态建设的对象、生态建设的主体，还是监督主体。本文从监督视角入手，以四川生态建设为例，分析谁来监督、监督什么、如何监督，以求活化生态建设的管理运行机制，提高生态建设有效性。

关键词：四川 生态建设 公众监督

* 柴剑峰，四川省社会科学院科研处副处长，副研究员，研究方向为生态治理。

随着经济社会发展快速发展，越来越多的家庭从温饱迈向小康，实现了从生存向发展的转变，同时生态系统也为此付出了高昂的代价。面对生态环境恶化尚未根本遏制、生态压力持续增加、生态系统不断退化的现实，提高生态建设成效，需要国家意志、社会行动与公众监督协作推动。

## 一 生态建设中公众的监督发展趋势研判

政府积极导向、企业社会责任强化与公众自我追求有机协同成为公众监督有效有序推进的现实基础。

1. 政府导向更加明晰

政府是公众的代言人，是公众利益的维护者。中央精神主要依靠重要文件精神展现和传导，也是中央政策依据。从目前生态环境质量变化及政策演变轨迹看，近年来生态建设成效经历了不显著甚至负效应到逐渐显化的过程。按照这一逻辑，文章围绕中央政府文件精神来反映政府导向作用。党的十六大提出“生产发展、生活富裕、生态良好的文明发展道路”，并明确将保护环境和保护资源作为基本国策，向公众传递了强大信号，让公众监督有了基本遵循。十七大明确提出了“生态文明”的科学概念，报告指出：“坚持节约资源和保护环境的基本国策，关系人民群众切身利益和中华民族生存发展。必须把建设资源节约型、环境友好型社会放在工业化、现代化发展战略的突出位置，落实到每个单位、每个家庭。”这意味着广大公众都是生态建设的参与者。十八报告表述为“建设生态文明，是关系人民福祉、关乎民族未来的长远大计”，把生态文明建设纳入五位一体战略高度，并要求“必须树立尊重自然、顺应自然、保护自然的生态文明理念”。自此，生态建设公众监督也明显加速，生态监督进入全新的阶段。

《关于加快生态文明建设的意见》提出的“弘扬生态文化”“倡导绿色生活”“将生态文明纳入社会主义核心价值体系，加强生态文明宣传教育，倡导勤俭节约、绿色低碳、文明健康的生活方式和消费模式，提高全社会生态文明意识”为公众监督奠定了思想基础。进而在监督形式、方法、广度、深度等方面进行了勾勒，为更好地参与监督提供支撑。一是消除信息不对称，通过“及时准确披露各类环境信息，扩大公开范围”来保障公众知情权，维护公众环境权益；二是明确监督的方式方法，通过“健全举报、听证、舆论和公众监督等制度”来构建全民参与监督的社会行动体系；三是将参与监督纳入法制轨道，通过“建立环境公诉制度”，鼓励公众对破坏环境、破坏生态的行为，向有关机构提出公益诉讼；四是提高参与深度，推动公众全过程参与，“在建立项目立项、实施、后评价等环节”都要有公众参与；五是扩大参与监督的广度，如“引导生态文明建设领域各类社会组织健康有序发展，发挥民家组织和志愿者的积极作用”。

由此可见，政府积极导向也经历从模糊到清晰、从宏观到具体、从大包围到精准的发展过程，这为公众参与监督指明方向、明确了路径、提供了支撑，形成公众高效参与监督的核心支撑力量。

2. 社会组织专业力量更加突出

《环境保护法》给社会组织更多发展空间。社会组织凭借倾情投入和较为扎实的专业知识逐步成为公众监督的核心力量。最高检积极试点环境公益诉讼，最高法发布《关于审理环境民事公益诉讼适用法律若干问题的解释》，贵州、山东等15个省份受理环境民事公益诉讼案件45件，社会组织成为引领者。2015年1月1日，“福建南平生态破坏环境公益诉讼案”被南平市中级人民法院受理，这是新环保法生效后的第一起环境公益诉讼案件，也是民间环保组织用法律手段推动环境善治的又一次尝试。12月18日，终审宣判支持生态环境受到损害至恢复原状期间服务功能损失的赔偿请求，提高了破坏生态行为的违法成本，体现了保护生态环境的价值理念，判决具有很好的评价、指引和示范作用。如公众环境研究中心等联合推出“蔚蓝地图APP”，一方面解决了大量下载导致的浏览降速问题，另一方面新增了空气质量预报、霾预警，以及水质、水污染源实时监控数据等功能。目前下载量达283万次，活跃用户达5万人。

**社会组织帮助个人参与监督案例**

环保志愿者在某省调查污染时遇阻，当地在发现环保志愿者调查污染后，把他们扣留起来，不让离开。情况危急之下，环保志愿者通过知情人联系了媒体记者和某社会组织，在该社会组织协助下，由媒体记者第一时间向当地领导电话询问相关情况，环保志愿者很快获得自由。该组织表示将和全国的环保工作者一道，与媒体合作，共同依法推动环境保护事业，揭露违法阻碍环保志愿者调查污染的行为，坚持跟踪报道有关的不作为和乱作为，实实在在贯彻《环境保护法》关于公众参与的法律规定，推进公众对环境违法行为的监督，维护社会环境公共利益。

3. 社会公众参与监督意识更加强烈

随着生态环境恶化越来越引起民众关注，“求环保”成为现实需求，为公众监督提供内在需求。同时，伴随着公众生态意识大幅提升，生态建设监督潜在力量进一步形成。上海交通大学民意与舆情调查研究中心近日发布的《2015 中国城市居民环保意识调查》显示，多数城市居民对城市污染程度（包括水和食品）有强烈感受，将环境污染视为政府最应该解决的问题，并表示愿意为改善环境做出贡献。与 2013 年的调查结果相比，受访者对用水安全和食品安全的满意度有所提高；愿意为环保组织捐款和担任环保义工的人数也在上升；担心大气污染的公众较两年前也有增加。

值得关注的是，环境问题引发的社会矛盾呈上升态势，有的地方还发生了群体事件，生态环境引发纠纷明显增多。2015 年 2 月 28 日，《穹顶之下》在各大视频网站一经播出，就引起了不少国内外网民的关注。它的热度已超过了很多热门电视剧，在微信、微博等社交网络上更是引发了“刷屏”效应。3 月 2 日早九点半播放次数到 19930 万次。从中看到了公众环保意识的日益增强，体会到公众对改善环境质量、维护身体健康的热切期盼，这对于唤起人们对环境问题的关注和环境自觉、动员社会力量共同努力做好环境保护工作具有积极意义。这也反映了在新媒体时代，政府媒体及公众之间如何互动，应通过媒体，积极传播环境信息，赢得公众对环境保护工作的支持和自觉参与。

4. 企业绿色社会责任明显强化

企业社会责任履职也经历了较长的发展变化过程。从主要靠政府部门的强制性控制企业经营带来的环境问题，到企业积极应对努力减少环境负荷，再到自觉的绿色经营。企业绿色责任要求企业在经营活动中充分考虑对环境和资源的影响，把环境保护融入企业经营管理的全过程，实现污染物零排放和资源循环再利用，减少企业经营活动带来的环境损害。国家大力提倡绿色发展、低碳发展、循环发展，支持绿色清洁生产，推进传统制造业绿色改造，推动企业工艺技术装备更新改造。绿色发展逐渐成为企业安身立命的基础，企业需找更大的发展空间，必须同时考虑承担更多的绿色社会责任。企业要提高产品的竞争力，需要打上“绿色”的烙印。以节能环保产业为代表的各类企业成为承担企业绿色责任的先锋，但更多企业运行中还没有达到生态环境保护要求，这些企业经营行为也正是民众监督的主要对象。

此外，更多企业践行绿色发展。阿拉善聚集了300多位企业家自觉践行环保公益，并且带动100多万员工走绿色转型之路。该组织启动的自然梦想空间活动，与企业、NGO、政府、科学家、公众一起，推动更多的人回归自然、守护自然；重建人与自然的和谐共存。接受过保护地管理部门培训的公众组成潜在的巡护、监督工作人员库，支持保护地管理部门的自然保护执法，同时在周边社区宣传保护地巡护与监督工作，提高周边社区在上述工作中的参与程度，最大限度地提升巡护与监督效率。①

## 二　四川生态建设中公众监督现状与问题

### （一）公众监督现状

环境保护仅仅依靠政府监管不能完全达到目标。行政手段毕竟有限，存在很多弊端。环境保护需要全社会的共同参与，需要依靠社会力量，引导公众进行监督。作为公民，要树立保护环境人人有责的意识，明确各人环保的权利义务。

① http：//www. see. org. cn/Foundation/Article/Detail/22.

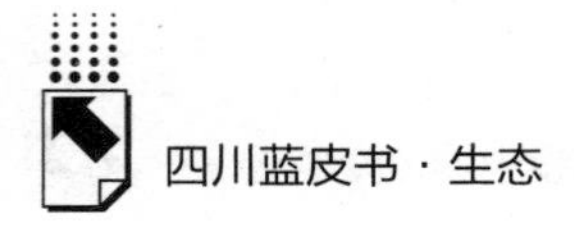


1. 信访监督

信访监督是公民参与生态建设监督的最直接形式。据四川省环保厅信息披露，2015 年上半年，全省共受理环境信访事项 18342 件。其中，来信 17488 件，来信总量较上年同期增长 61.4%，12369 等电话举报 14300 件，同比增加 132.5%。一是群众投诉方式有所转变。随着手机等现代通信工具的广泛普及，群众表达诉求的方式有所改变，方便快捷的电话举报、网上信访将逐渐取代传统的信访模式，表现为原始的群众来信总量下降，12369 等电话举报呈上升趋势。二是"邻避"问题成环境信访投诉热点。群众环境维权意识不断增强，对大气、噪声、电磁辐射等污染关注度越来越高，一些化工、高铁、垃圾处理场、移动基站等敏感项目建设引发的"邻避"问题已成为环境信访的热点问题。三是搬迁赔偿已成为环境信访处理难点。卫生防护距离内住户的搬迁及环境污染赔偿问题是引发重复信访的重要原因，在环境信访积案和环境矛盾纠纷中已逐渐集中显现，如何有效解决卫生防护距离内住户的搬迁等问题是下一步环境信访工作的重点和难点。[①]

2. 公益诉讼

公益诉讼是社会参与监督更为直接和有力的形式。公益诉讼只有执行到位才能起到修复破坏生态环境、维护社会公共利益的作用。这就要求负责执行的人民法院从诉讼程序上保障原告民间环保组织参与判决执行，发挥其参与环境保护的作用。2015 年 12 月 21 日四川省受理了第一起公益诉讼案，成为我国首例保护濒危植物的环境公益诉讼，与以往不同的是，本次诉讼属于预防式的诉讼。立案受理了［（2015）甘民初字第 45 号］原告中国生物多样性保护与绿色发展基金会诉被告雅砻江流域水电开发有限公司环境保护纠纷一案。原告以被告建设牙根水电站以及配套的公路建设将直接威胁到珍贵濒危野生植物五小叶槭的生存为由，请求法院判令被告立即采取措施确保不因电站开发而破坏五小叶槭的生存，在被告采取的措施不足以消除对五小叶槭的生存威胁之前，暂停牙根水电站及其辅助设施的一切建设工程并承担

① 四川省环保厅：《2015 年上半年全省环境信访统计数据情况》。

因本案诉讼产生的合理费用。以往的公益诉讼，针对的主要是已经有污染或破坏行为等既定事实的情况，而此次诉讼，针对的是存在潜在风险的情况，即损害行为还没有发生，是预防性的，无疑更有进步意义。① 该案是中国首起针对具有重大风险行为的环境公益诉讼，也是中国首起为保护濒危野生植物提起的环境公益诉讼。

3. 社会组织举报

社会组织具有专业能力，监督作用更为突出。如 2014 年 9 月，绿色和平结合卫星影像分析以及实地调查发现，四川甘孜州康定县内珍贵的仅存的原始森林已经遭到破坏。某公司在紧邻贡嘎山国家级自然保护区的原始森林区域进行金矿开采，不仅直接导致当地原始森林的直接消失、造成生物多样性与生态功能损失，也给当地带来了泥石流、尾矿污染等高环境风险。此外，绿色和平数次对四川省多家大型磷肥生产企业的磷石膏堆存场及周边社区进行调查走访，发现四川多家化工企业违规堆放危险固废磷石膏，渣堆中，一座氟化物超标八倍的渣堆距村民住宅不过 100 米，远远没有达到国家规定的 800 米。

4. 媒体报道与曝光

媒体是政府助手、企业参谋、民间环保组织的搭档和公众的朋友。新闻媒体在报道环境事件时能够层层剥茧，深入到环境问题背后的实质，有效促使问题的解决。《四川日报》、四川电视台等媒体关注、开设与环境有关的专栏或专版，形成对企业较强的监督和震慑作用，有些企业只关注媒介对其的反应，如果出现环境问题，他们更关心是否被曝光，而不是管制者的处罚。

## （二）存在的问题

1. 政府治理有待提高

监督责任虚化、权力分割、利益多元等因素造成公众监督环境较差。一是环境质量责任制度落实不下去，对于谁监管、谁督察、谁问责，不明晰，不具体；二是权力错位、条块分割、各自为政；三是利益多元，容易导致权

① http：//www. cbcgdf. org/news/0/72c8b5f9 – 492d – 4332 – 92c6 – a5afbbda7e8c. html.

力越位，阻碍改革。

2. 信息公开程度不够

一是总体公开程度依然有待于提高。污染源相关的信息公开仍有巨大提升空间。根据公共环境研究中心研究日常监管记录发现，企业环境行为评价较差，企业排放数据公开及环评信息的有效公开依然是明显短板，企业排放数据公开进展缓慢，多数企业未能系统披露其排放数据，特别是有毒有害的特征污染物质。二是由于环评信息公开时限过短、形式单一、覆盖人群有限、缺乏救济手段等，多数地区环评信息仍未能有效实现利益方充分知情。三是直接负责部分企业排放数据和环评信息的公开，而未能建立管理体系和统一平台。①

3. 社会组织专业性有待提高

一是环保法修订后，虽将提起环境公益诉讼的原告主体资格条件放宽，符合条件的 NGO 数量增多，但真正愿意并且实际参与到环境公益诉讼之中的却少之又少。二是除了具有"公益心"，还需要专业水准。绝大多数 NGO 因其公益性所限，并没有经济能力及技术能力完成调查、取证、诉讼的过程。NGO 会在核心业务积淀、团队专业化、资源多元化拓展上遇到瓶颈。三是过少的基数限制了民间环保组织发挥应有的影响力，影响了组织之间的竞争和合作，也限制了民间环保公益行业的深度发展；类型相对单一使民间环保组织缺乏专业化分工，差异化不明显，缺乏竞争优势。这也导致行业整体在特定环境问题的发现、倡导和解决中显现严重的能力不足，难以提供现实社会可以接受的有效解决方案。

4. 公众意识有待提高

据上海交大城市居民环保意识调查显示，只有 43.2% 的受访者表示他们了解 PM2.5。西部欠发达地区中小城市和农村地区对 PM2.5 认识更少。加之，多数地区尚未能在信息公开基础上与公众展开良性互动，公众获取信息有限。

---

① 公众信息研究中心、自然资源保护协会：《2014～2015 年度 120 城市污染源监管信息公开指数报告》。

## 三　四川公众监督路径选择

十八届五中全会提出“以提高环境质量为核心，实行最严格的环境保护制度，形成政府、企业、公众公治的环境治理体系”。并明确要“及时公布环境信息，健全举报制度，加强社会监督”。四川是生态大省，也是国家确定创新改革试验区，需要创新公众监督模式和路径。

### （一）进一步提升信息公开广度和深度

环境信息公开被誉为命令与控制监管和基于市场的环境监管之后的“第三次浪潮”。信息公开可以提高公众对环境问题的认识水平，给予公众甄别和处理环境风险的工具；还可以激励市场和其他利益相关方，比如银行、股东、消费者和其他人，来监督企业的环境表现，并促使其削减污染。因此，必须推动信息公开广度和深度。

1. 运用大数据扩大有效信息供给

实施“互联网＋”战略，运用移动互联网技术提供更多信息。一是通过推进政府系统环境监测网络建设，适时公布，从而实现实时掌握全省环境状况，清楚环境状况“怎么样”。二是支持社会组织开展重点污染源信息实时公开，建设信息发布平台，实现自动监测数据实时公布。三是持续资助第三方建立环境信息数据库，进行数据收集和分析，运用大数据助力环境信息公开，引导公众参与。

2. 扩大信息公布范围

一是推进政府及其职能部门共享生态环境损害赔偿信息，将生态环境损害调查、鉴定评估、修复方案编制等工作中涉及公共利益的重大事项向社会公开；二是向专家和利益相关的公民、法人、媒体和其他社会组织开放。

3. 优化信息公开工具

一是创新污染物排放与转移登记制度，让众多其他利益相关方加入削减污染的行动中来。通过资本市场、银行、公司购买者以及消费者影响企业行为。二是严格执行环境影响评价，通过公众审查和评论加强社会各利益相关方的监督；在公众监督下采取的行动将促使对环境影响做出更全面的考虑和缓解。三是政务信息公开，主动公开与公众和其他利益相关方的利益最密切的环境信息。四是产品标识，环境监管部门或第三方认证机构对符合环境法律标准的企业产品提供统一“标签”，告知消费者该产品从原材料到成品的所有环节都符合国家环境质量标准，以满足部分消费者对商品质量信息方面的要求。

## （二）充分发挥监督主体力量整合

### 1. 充分发挥媒体在社会参与中的整合效应

大众传媒是具有舆论监督作用的良好平台，它是调动政府、环保 NGO（民间环保组织）等多方生态文明建设力量的重要纽带和桥梁。一是充分发挥媒体传播方面独特的优势，运用新媒体、自媒体等多种传播方式，通过专题节目、网络、微电影、公益广告等多种形式，进一步强化生态环保知识的普及工作，引导公众准确、及时了解生态的科学知识。二是与掌握一定话语权的中国城市消费者形成互动，对涉及民生领域、群众关切的环境保护议题进行探讨，促进生态建设公众监督的相关话题成为媒体议题。三是与专业环保组织开展合作。双方合作建立平台，共同开展调查研究，重点集中在社会影响大、公众关注度高的环保议题，通过重新设置议程引导舆论以及媒体在一些议题上与 NGO 形成合力，开设专题节目，推进相关环境问题的有效解决。四是与政府相关职能部门合作。配合信息公开，放大宣传效应，对违法企业进行定期曝光。

### 2. 发挥社会组织联动效应

一是社会组织对个人参与生态监督提供专业的辅导和现实帮助，利用社会组织积累的社会资本，提供更多的援助。通过编辑专业刊物帮助个人参与监督，还设置投诉热情，为个人参与监督提供援助通道。二是社会组织与媒体合作，如绿会相关负责人应邀与中央电视台财经频道栏目负责人沟通合作事宜。三是社会组织之间的合作。开展更深入、更紧密的交流与合作，不断深入环境保护的最前沿，通过帮助和支持更广泛的环保人士及团队的发展。通过抗议、抵制、联合曝光等行动，与监督各个主体形成合力。四是社会组织发起成立“环境诉讼支持基金”，资助和支持社会组织开展环境公益诉讼；资助和支持对污染受害群众，尤其是弱势群体开展法律帮助。在环境公益诉讼过程中，越来越重视“多方联动”以及与第三方的协作。自然之友基金会近期成为环境公益诉讼的“黑马”，得益于其与阿里巴巴基金会的合作、与政府部门的协作、与当地 NGO 乃至自然人共同提起诉讼。

3. 鼓励个人环境维权

公众依法享有获取环境信息、参与和监督环境保护的权利。公众认为其环境权益受到侵犯的，倡导通过法律途径寻求行政或司法救济。环保主管部门可以通过征求意见、问卷调查、座谈会、论证会、听证会等方式征求公众对相关事项或活动的意见和建议。

### （三）引导企业开展自我监督

1. 开展绿色生产

企业履行责任不是负担，而是可以和消费者实现双赢的。引导企业绿色发展，即通过绿色发展战略、绿色经营管理，实践绿色行动，使用绿色生产技术方法改善绿色绩效，以达到资源节约和环境友好的目的。企业绿色行动涵盖了企业经营管理中的多个实践环节，不仅要自身绿色发展，而且努力将绿色发展理念深入到企业员工、上下游企业及其社会层面，体现在生产过程中节能减排和循环利用，推出绿色产品或环保技术，开展绿色营销，为员工提供环保相关培训或参加环保公益活动，建立绿色管理供应链管理机制，开展或资助环保公益项目等。①

2. 发挥企业示范作用

以企业为原点，推动企业员工、家庭、客户、上下游企业等各类群体共

① 阿拉善 SEE 生态协会：《2015 年 SEE 会员企业绿色发展报告》，中国企业家绿色契约论坛，2014 年 11 月 7 日，第 10 页。

同关爱身边的美好自然，参与生态建设与监督。从企业家的个体环保行动到整个企业的环保行动，发挥企业界的创新力量，推动企业从个体走到全行业，再到全社会的整体可持续发展，如图1所示。①

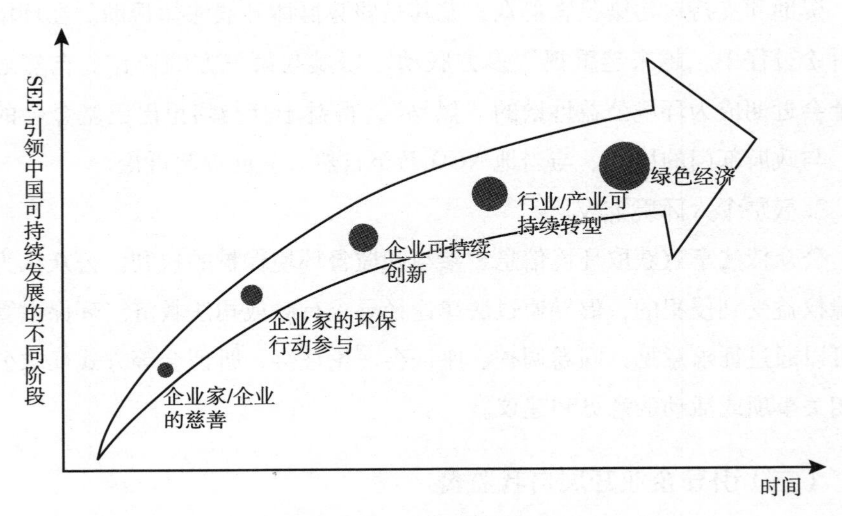


**图1　企业引领社会推动绿色发展过程**

## （四）营造公众监督的良好环境

促进依法监督。保障公民、法人和其他组织依法享有获取环境信息、参与和监督环境保护的权利。公众可参与重大环境污染和生态破坏事件进行调查处理。环保社会组织和环保志愿者代表可以担任环境特约监察员或监督员，对环保主管部门或企事业单位进行监督；环保主管部门要为环保社会组织环境公益诉讼提供协助。对可能严重损害公众环境权益或健康权益的重大环境污染和生态破坏事件进行调查处理。推进环保依法行政规范化建设，加快修订和出台一批地方法规，全面实施网格化环境监管，加强环境监察稽查。监督重点排污单位主要污染物排放情况，以及防治污染设施的建设和运行情况。

① http：//see. org. cn/Conservation/Article/Detail/41。

## 参考文献

张坤民:《环境管理与公众参与》,《环境保护》1996 年第 11 期。

宋国君:《环境信息公开与公众参与政策探析》,《湖南财政经济学院学报》2011 年第 4 期。

周国辉:《公众监督的缺陷分析及其对策》,《唯实》2001 年第 5 期。

《2015 年 SEE 会员企业绿色发展报告》。

公众信息研究中心、自然资源保护协会:《2014 ~ 2015 年度 120 城市污染源监管信息公开指数报告》。

杨维汉、崔静:《公众有望参与重大环境污染事件调查处理》,《新华每日电讯》2015 年 4 月 14 日。

路月玲:《生态文明建设中媒体的角色和责任》,《青年记者》2014 年 11 月 12 日。

# B.12
# 四川省生物多样性应对气候变化

凌 娟*

**摘 要：** 全球气候变化已成为一个不争的事实，生物多样性在应对气候变化方面发挥着不可替代的作用。四川省在全国范围内率先开展了生物多样性与气候变化相互关系的研究。本章从生物多样性应对气候变化这个角度，介绍了生物多样性应对气候变化在四川生态建设领域的重要事件，并分析了取得的成绩、存在的问题及原因。对比全国主要省市，介绍四川在此方面的现状、具有的潜力和优势以及全球主要国家的经验做法。最后对未来四川省生物多样性应对气候变化促进生态建设提出了展望和建议。

**关键词：** 四川 生物多样性 气候变化

## 一 生物多样性应对气候变化的作用与意义

### 1. 生物多样性应对气候变化概况

全球气候变化已成为一个不争的事实，IPCC 第五次报告重点阐明更多的观测和证据证实全球气候变暖，且气候变化已对自然生态系统和人类社会产生不利影响。越来越多的证据表明，气温升高、降水格局变化及其他气候

* 凌娟，环境科学硕士，四川省环境保护对外交流合作中心项目经理，主要从事四川省环境国际合作及履约工作。

极端事件会对生物多样性造成影响：气候变化造成了物候期的改变，导致了物种分布范围的变化，加剧了病虫害，加快了物种的灭绝速率，使海洋酸化，引起生态系统退化等。同时，生物多样性也能对气候变化产生反馈，例如，破坏森林会增加温室气体的排放，破坏红树林会加重海岸的侵蚀等。①

2. 生物多样性应对气候变化与四川生态建设乃至全面建设小康社会的关系②

四川省地处我国青藏高原向第二阶梯的过渡地带，生物多样性丰富，拥有除海洋之外的几乎全国所有的生态类型，拥有生物多样性存在的独特生态条件、空间，是基因、物种、生态系统和景观多样性的宝库，更是中国生物多样性的一个缩影，具有典型意义。与此同时，四川是全球气候变化的敏感区和气候变化空间格局多元区、多样区、复杂区，气候变化与生物多样性的交叉互动影响，在四川省能得到充分体现与揭示，多样性、多格局、多空间、多形式、多利弊在四川能得到较全面的反映、呈现和应对。

在四川省开展有关生物多样性应对气候变化方面的工作，是履行《生物多样性公约》和《联合国气候变化框架公约》的具体行动，在省级层面开展具有重大的示范意义，向国际社会表明四川省保护生物多样性的积极性，有益于人类的共同行动。同时是天然林保护工程、自然保护工程、退耕还林（草）工程、灾后生态恢复工程、草地和沙化治理工程和石漠化治理工程等的继承和发展，是对已实施的《四川省生物多样性保护战略与行动计划》的继承、配套与开拓，利在当代，功在千秋，为全国生态安全、资源安全提供战略保障；为推进全省的社会经济与生态环境协调发展的总布局、总方向、总战略做出自己独特的贡献。

四川省历史上号称“天府之国”，生态立省战略、《四川生态省建设规划》、生态文明建设的目标、将生物多样性应对气候变化作为生态省建设的重要内容和构建和谐社会的重要行动必将能在四川结出丰硕的成果，为生态文明建设做出应有的贡献。

① 吴军、张称意、徐海根：《〈生物多样性公约〉下的气候变化问题：谈判与焦点》，《生物多样性》2011 年第 4 期。

② 《四川省生物多样性应对气候变化战略与行动计划（2015 ~ 2030）》。

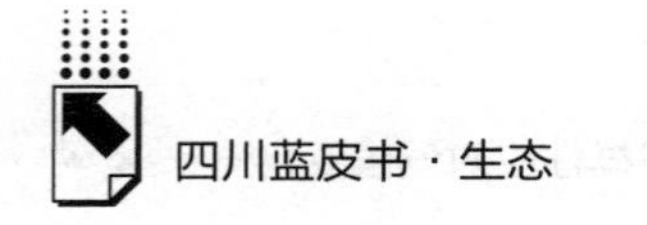


## 二　生物多样性应对气候变化大事记

1.《都江堰市生物多样性适应气候变化行动计划》启动编制

2009年，在国家环保部和美国大自然保护协会的支持下，四川省在全国率先编制了第一个省级生物多样性保护战略与行动计划——《四川省生物多样性保护战略与行动计划》，并于2011年经四川省人民政府批准实施。2011年，在挪威政府的资助下，四川省又成为第一个制定《生物多样性应对气候变化战略与行动计划》的省份，2013年该行动计划编制完成并得到四川省政府批准实施。为了顺利推动《四川省生物多样性应对气候变化战略与行动计划》的实施，同时争取中挪生物多样性与气候变化二期项目在四川省立项，选择一个市或者县开展生物多样性应对气候变化战略研究与行动计划实施规划编制十分必要。同时，四川省虽然是生物多样性大省，在生物多样性保护和生态屏障建设方面取得了令人瞩目的成绩，积累了丰富的经验，但在生物多样性应对气候变化能力建设方面还很薄弱。需要通过示范性项目进行正确的引导、培育和提高。

正是基于以上原因，在调研的基础上，四川省选择了都江堰市作为示范点来编制《生物多样性适应气候变化行动计划》。选择都江堰市作为示范点主要是考虑到都江堰市人民政府、联合国教科文组织北京代表处曾编著过《都江堰市生物多样性保护策略与行动计划》，该行动计划描述了都江堰市生物多样性的现状，剖析了都江堰市生物多样性保护面临的问题及其根源，提出了促进都江堰市经济社会可持续发展的生物多样性保护策略和行动计划，为《都江堰市生物多样性适应气候变化行动计划》的编制提供了良好的资料基础。

《都江堰市生物多样性适应气候变化行动计划》计划于2015年底编制完成，后期将争取获得都江堰市相关政府部门的批准。该示范点行动计划编制完成将会成为首个地方性生物多样性应对气候变化战略与行动计划，为全国生物多样性应对气候变化工作推广树立典范。同时，也为示范区生物多样性保护和生态建设提供项目储备，增加国家、省及社会各界对生物多样性保护与适应气候变化投资的可能性，增加资金来源渠道及各方面的支持。

2. 四川省长宁县参加2013年联合国气候变化大会①

四川省长宁县代表团应邀参加在波兰华沙联合国气候大会中心举行的联合国气候变化大会“中国角”首场边会。长宁县委书记何文毅作为中国县级城市唯一代表在大会上作交流发言。

何文毅在发言中说，坚持“既要金山银山，又要绿水青山”的竹产业可持续发展道路，将竹林基地建设作为最重要的生态型支柱产业，全县竹林面积达到70万亩，占森林面积的86%，成为长江上游重要的生态屏障。确立建设国际竹生态养生名城的目标，让竹产业可持续发展成果惠及更多人民群众。2012年，全县实现林竹产业总值26.5亿元，占GDP的29.3%，林业已成为县域经济发展的支柱产业。

何文毅的发言引起与会各国代表和主流媒体的高度赞许和广泛关注。中国驻波兰特命全权大使徐坚在大使馆亲切接见了何文毅，高度赞赏长宁县在发展竹产业、改善区域生态环境、推进国际竹业合作和积极参与长江上游生态屏障建设等方面所取得的成绩，并鼓励长宁县通过联合国气候大会等国际舞台向全世界展示中国基层在应对气候变化方面所做的努力与贡献。

3. 四川省第二次大型“湿地资源调查”结果公布②

四川省林业厅于2011年8月至2013年2月开展了“第二次全省湿地资源调查”。本次调查历时3年，横跨21个市州，超过1200人参与调查。调查结果于2014年8月正式通过媒体向外公布。

调查结果显示，全省现有湿地总面积174.78万公顷。有可比性的25个面积大于100公顷的湖泊湿地斑块与2000年第一次调查结果相比，湿地面积共减少了617.79公顷，湖泊湿地面积年萎缩速率为0.55%。湿地质量总

① 《联合国气候变化大会关注四川长宁生态文明》，新华网，2013年11月15日。

② 《四川省第二次大型“湿地资源调查”结果公布 湿地生物多样性下降》，《华西都市报》2014年8月14日。

体呈下降趋势。首先是川西高原大量典型草本沼泽正转变为沼泽化草甸；高原湖泊水位下降，面积缩小。其次是湿地水质变差，大部分河流、部分湖泊和沼泽湿地受到不同程度的污染。再次，自然河流河道干涸、渠化、库塘化加剧，河流湿地生态功能部分丧失。特别是，湿地生物多样性有所下降，野生鱼种类和数量减少，典型湿地植被减少；外来物种入侵加剧，喜旱莲子草、凤眼蓝、福寿螺、红耳龟、牛蛙等已成为全省常见的湿地入侵物种，严重排斥湿地乡土物种。

四川省湿地生态价值中湿地固氮释氧的价值最高，反映出湿地对气候的巨大调节作用，全面保护湿地对减缓气候变化具有积极意义。从“第二次全省湿地资源调查”公布结果来看，四川省湿地保护形势依然严峻。四川省部分湿地资源开发利用超出了生态阈值。部分天然河流因修建水库、堤坝、电航工程等而转变为人工湿地，破坏了鱼、虾、蟹类的天然栖息与繁殖生境，导致许多珍稀湿地物种繁殖场、产卵场受到破坏。

接下来四川省将建设和完善以湿地自然保护区为主体、湿地公园和湿地保护小区并存的湿地保护体系。同时，积极实施湿地保护与恢复工程，以川西藏区生态建设为契机，加紧对全省功能退化的沼泽、河流、湖泊等湿地，通过生态补水、植被恢复、栖息地营造、水污染治理等措施，进行综合治理。

4. 四川阿坝州试点湿地生态补偿①

湿地是地球上最重要的生态系统之一，被称为“淡水之源”、“地球之肾”，发挥着调蓄洪水、调节气候、保持生物多样性等重要生态功能，在人类生存发展中发挥着不可替代的作用。随着生态文明建设进程的不断推进，进一步解决湿地面临的问题、加大湿地保护力度、满足人民群众对湿地功能和良好生态环境的需求、建立湿地生态补偿制度势在必行。四川阿坝州高原湿地位于青藏高原的东南缘，是世界上最大的高原泥炭沼泽湿地，也是长江和黄河上游地区重要的水源涵养地。

---

① 《国家和省在阿坝州开展湿地生态效益补偿试点》，阿坝州政府门户网站，2014 年 12 月 16 日。

2014 年根据国家关于湿地生态补偿的试点安排，若尔盖县纳入全国湿地保护奖励试点县，奖励资金达 500 万元，用于开展补偿试点工作。同时，红原县列入省级财政湿地生态效益补偿政策机制试点县。湿地生态补偿资金主要用于实施湿地保护恢复、资源管护、流域生态修复、禁牧限牧、草场沙化治理以及生态移民等工程项目，以进一步提升湿地的生态功能和水源涵养能力，妥善解决生态保护与当地群众增收的问题。

2015 年，四川省林业厅下达阿坝州湿地生态效益补偿资金 2500 万元，用于若尔盖湿地（国际重要湿地）国家级自然保护区及周边［阿坝多美林卡国家湿地公园（试点）、红原嘎曲国家湿地公园（试点）、松潘岷江源国家湿地公园（试点）］湿地保护与恢复①。

## 三　生物多样性应对气候变化在推进四川生态建设中取得的成绩、存在的问题及原因

### （一）取得的成绩

#### 1. 制订了省级生物多样性应对气候变化战略与行动计划，并选择示范点推进

四川省在全国范围内率先编制了《四川省生物多样性应对气候变化战略与行动计划》，该计划主要针对四川省未来气候变化条件下，如何保护四川省生物多样性、如何通过保护生物多样性缓解气候变化，制定相关领域工作流程和对策。本次共提出了 33 个优先行动，涉及 8 个领域，为应对气候变化与生物多样性保护省级行动提供实践平台，积累经验，先行示范，是四川省生物多样性应对气候变化的战略纲领和行动指南。同时，在全国范围内，四川省又率先选择了都江堰为示范点，启动编制县级层面首个《生物多样性适应气候变化行动计划》，促进示范区生物多样性保护和生态文明建

① 《省下达阿坝州湿地生态效益补偿资金 2500 万》，四川省人民政府网站，2015 年 9 月 17 日。

设，为全国生物多样性应对气候变化工作推广树立典范，也为示范区生物多样性保护和生态建设提供项目储备，增加国家、省及社会各界对生物多样性保护与适应气候变化投资的可能性，增加资金来源渠道及各方面支持。

2. 四川省建设完善保护体系，部分湿地正在逐步恢复

截至 2014 年 8 月，四川已指定了 1 处国际重要湿地，建立湿地自然保护区 52 个、湿地公园 28 个，位于自然保护区和湿地公园内的湿地面积达 89. 9 万公顷，湿地保护率由第一次调查的 36. 88% 增加到第二次调查的 53. 13%。全省湿地保护体系初步建成。若尔盖县正利用其湿地资源打造黄河大草原生态旅游最佳目的地，其中已有湖泊面积增加了 70 公顷。而四川省境内第一大天然淡水湖邛海，20 世纪 90 年代以来，由于旅游开发、网箱养鱼和农家乐的无序发展，近 2/3 的湖滨湿地遭到严重破坏。近年来，随着对湿地进行恢复建设，邛海水域面积已从不足 27 平方公里增加到 32 平方公里。①

3. 生态补偿资金到位

2010 年，阿坝州积极争取将湿地保护、生态移民和沙化治理编入《四川藏区经济社会发展重点建设项目》、《青藏高原东南缘—川西北地区总体规划》和《阿坝州实施西部大开发战略重点领域建设项目十年规划》进行重点申报实施，为湿地生态补偿机制建设起到了积极推动作用。

## （二）存在的问题及原因②

1. 生物多样性保护形势依然严峻

四川既是山地面积大省，也是一个人口大省。不少人口分散居住于山区，依靠山区资源，尤其是生态系统和生物多样性资源的开发与利用而生存与发展。由于长期开发和过度利用，各类生态系统遭受了不同程度的破坏，物种数量降低。近半个多世纪以来，随着本省人口的快速增长、工业化速度

① 《外来物种入侵加剧 湿地生物多样性下降》，《华西都市报》2014 年 8 月 14 日。

② 《四川省生物多样性应对气候变化战略与行动计划（2015 ~2030）》。

的不断加快，道路、水电及矿产等开发建设带来的山地生态系统破坏，物种栖息地片断化、孤岛化，以及工业化造成的水体污染、土壤污染和大气污染，使生物生存环境不断恶化，生物多样性赖以维持的基础遭受严重威胁。此外，外来物种入侵和日益频繁的自然灾害也极大地威胁着四川省的生物多样性。更值得关注的是日益显著的气候变化威胁。这一影响全球的威胁不仅正在改变人类自身生产、生活和生存方式，而且给人类赖以生存的生物多样性带来难以预料的后果。四川省地理位置特殊，易受到全球气候变化的影响。人类活动叠加气候变化将严重威胁四川省生物多样性。

2. 政策法律体系化建设有待完善

尽管四川省分别在生物多样性保护方面以及应对气候变化方面出台了一系列的法规政策及相关规划，但是现有的生物多样性保护与应对气候变化工作各自分开进行，相关部门和机构缺少工作联系和沟通，尚未建立起生物多样性应对气候变化的统筹机制，缺乏应对气候变化行动对生物多样性影响评估机制，缺乏符合生物多样性保护与应对气候变化要求的保护地存量碳汇交易制度和受益者补偿机制，缺乏生物多样性应对气候变化行动实施的法律保障、执法监管、政府绩效评估制度以及出现问题后的司法诉讼机制。

3. 管理能力不足

全球气候变化将增加极端气候事件和灾害发生的频率和强度，对生物多样性将带来不利影响。然而，由于气候变化以及对生物多样性影响的不确定性，认识、应对与管理的难度增加，现有管理机构、机制和管理能力已不适应新情况，不能满足气候变化大背景下的生物多样性保护需求，亟须进行制度完善和能力建设。

4. 监测体系有待整合和完善

长期监测物种、栖息地和气候变化相关因子是制定生物多样性适应气候变化措施的关键。气候变化对生物多样性的影响已经发生，但目前对这些影响的认识还较为肤浅，特别是未来生物多样性应对气候变化的工作，需要基于长时间的监测数据。

尽管目前四川省林业、环保、农业、气象、水利等部门都已经建立了针对森林、湿地、草原、环境质量、气象、水文等的各种监测系统，但已建的监测体系仅能满足各部门职责的需求，尚未形成全省生物多样性应对气候变化的统一体系，需进一步整合和完善，充分发挥其最大效益。

5. 缺乏信息共享平台和机制

随着信息技术的普及、社会信息化水平的提高，借助先进工具采集、储存、分析、表达生物多样性保护问题与成果，强化为决策者服务的功能是发展的方向。四川省的林业、环保、农业、气象、水利等部门已建立的监测体系之间，尚未形成起数据共享机制，也未形成信息化的数据链以及综合管理和联通模式，导致重复建设，浪费了宝贵的社会资源。同时，还有大量的生物多样性与气候变化数据和信息零散存储在各个研究机构中，缺乏统一的标准和信息平台将这些不同来源的海量信息汇总整合到一起，形成有效的决策支持系统。

6. 部门协调和公众参与亟待加强

生物多样性应对气候变化，不仅是环境保护部门或生物多样性保护相关部门的工作职责，还需要调动更广泛人群的参与，包括政府、机关、团体、企事业单位、普通民众甚至国外有关企业、机构、非政府组织等，号召更多的人参与到适应气候变化的工作中来。同时应广泛吸纳不同来源的资金，以保证适应措施的有效实施。目前，一方面是动员不够，社会参与度不高，另一方面是统筹协调不够，多处于分散、各自为政状态，需要创新机制，拓宽渠道，广泛动员，协力推进。

7. 应对气候变化的保护网络尚未形成

目前，四川省已建立的自然保护区和其他各类保护地，以及规划建设的保护优先区，大多缺乏应有的廊道连接。而气候变化下一些自然保护区的保护功能或保护对象将可能失效或消失，一些物种的分布区域会发生迁移，一些种群数量少、分布范围窄，对气候变化自然适应能力差的物种还可能面临灭绝的威胁。面对这些气候变化给生物多样性带来的潜在负面影响，需要提早筹划迁移通道、庇护所等，建立具有弹性的保护网络或扩大自然保护范围来应对。

8. 重要生态系统及其功能保护未得到足够重视

重要生态系统及其功能保护不仅是保护生物多样性的重要举措，而且是缓解和适应气候变化的重要内容。虽然四川省已编制完成了《四川省生态功能区划》，但到目前为止尚未对四川省内重要生态系统和重要生态系统功能区进行保护规划。

9. 科学研究薄弱

明确气候变化对生物多样性的影响过程和机制是制定有效适应对策和措施的重要前提。提高生物多样性保护适应气候变化能力需要深入了解生物多样性与气候变化之间的互动关系，提高预测未来气候变化对生物多样性影响的能力，并探索物种和生态系统适应气候变化的技术体系和手段。四川省对上述各方面的研究尚不够系统和深入，缺少依据气候变化预测优化生物多样性保护策略的研究成果，制约了四川省生物多样性应对气候变化工作的科学性。

## 四　生物多样性应对气候变化展望

1. 未来中国生物多样性应对气候变化的展望

我国近期发布了《国家适应气候变化战略》，确定了包括“森林和其他生态系统”在内的七大重点任务。对于未来，在借鉴国外的做法基础上，可以从以下几方面着手。

首先，在国家适应战略实施中应当充分重视生物多样性。我国的国家适应战略实施过程需要提高决策者的认识，把生物多样性和生态系统适应气候变化作为国家整体适应战略中的基础支撑措施，摆在最紧迫、最优先的位置上，优先研究制订专项战略和行动计划。这种战略响应方案应涉及经济、贸易、农业和资源政策等诸多方面，尤其是将生物多样性价值（或其损失成本）纳入相关部门政策和法规的审查和修订中，并成立跨部门的专门机构负责。

其次，提升生态系统综合管理能力。在自然保护区管理目标和战略中考虑适应气候变化的因素，优化布局，建立气候变化下的保护区网络，进行物种与生态系统的集成保护，在设计廊道时考虑气候变化对物种迁移的影响，以满足物种适应气候变化而迁移的需求。在保护区以外的区域，包括人口密集的城镇地区，同样需要重视这一点。我国目前正处于城镇化的快速发展期，在城市规划过程中应充分学习并借鉴国际上“绿色基础设施”的理念及方法，通过科学的资源评估和生态规划，构建保证环境、社会与经济可持续发展的生态城市框架。

再次，加强科研监测与风险评估。监测和评估生物多样性与气候变化的相互影响是科学制定气候变化适应战略的基础。由于生物多样性与生态系统功能对全球变化的响应与适应具有长期、复杂、滞后和难以预测等特点，为深入认识这种复杂性需融合多学科技术，并应用协同方法。长期以来我国缺乏对生物多样性的系统监测，特别是针对气候变化影响的监测。现有的监测工作分别隶属于环保、林业、农业等不同政府部门以及中国科学院等科研机构，现有中国生物多样性信息系统、中国森林生物多样性监测网络、物种植被资源信息共享平台、中国生态系统研究网络等多个在线信息获取平台，数据在部门、机构及地区间不能通用或得到汇总，无法从整体上反映国家生物多样性及生态系统的状况及可持续性。因此，亟须整合、完善国家生物多样性和生态系统监测网络系统，并参考国际通行标准制定信息收集、格式兼容等方面的标准，方便不同利益相关方对数据的使用。

最后，在监测基础方面，需要对气候变化下我国生物多样性、脆弱性进行全面并且持续的评估，应包括分析生物多样性对气候变化自然适应的过程和能力，并明确传达气候变化与生物多样性丧失、生态系统服务减少和社会福祉之间的关系。目前，我国已经开展了一些与生物多样性适应气候变化有关的自然科学领域的评估，但仍然缺乏与社会科学相联系的跨学科研究。评估过程中需要充分发挥中国生物多样性保护国家委员会的作用，统筹协调不同部门、机构间的工作，以进行系统的监测和评估，为建立全面、跨部门的适应战略打下基础。

2. 未来四川生物多样性应对气候变化的展望

近期，在2014年通过省政府批准实施的《四川省生物多样性应对气候变化与行动计划》的基础上，逐步建立起适应气候变化和工业化、城镇化、农业现代化快速发展双重压力影响下对生物多样性不利影响的缓解对策体系；增强生物多样性应对或者适应气候变化的能力。优先领域取得重要进展，生物多样性应对气候变化的战略与行动进入常规有序实施过程并取得明显成效。

远期，基本建立适应气候变化和缓解气候变化不利影响的健康生态系统，生物多样性应对气候变化自然灾害的能力明显提高，最大限度地遏制因气候变化导致的生态系统恶化趋势；全省建立起适应社会经济发展和气候变化的生物多样性保护体系、法规政策体系和科学高效管理体系，确保生物多样性与生态的安全和对社会经济发展有力、可持续的支撑。

3. 四川面临的挑战①

（1）四川是中国典型的生态环境敏感区和脆弱带

四川省现有生物多样性集中分布于西部高原山区和盆周山地，这些地区恰恰是气候变化的敏感区、气温上升明显区，并且是自然灾害严重区，自然灾害类型多、频率高、强度大，主要有洪涝、干旱、大风、冰雹、霜冻、大雪等，对生态系统安全、物种安全和生物多样性保护构成直接威胁。更甚者，该区地质构造运动强烈，地质构造大断裂贯穿南北、东西乃至交叉分布，是著名的地震活动带，1900年以来发生七级以上的大地震多达9次，对生态系统的完整性冲击大。与此同时，滑坡、泥石流和水土流失等地质灾害分布广、灾点多、强度大、频率高，对受灾区内的生物和生物多样性常造成毁灭性破坏。因此，四川省既是生物多样性富集区，又是气候变化敏感区和生态脆弱区，生物多样性保护任务重、难度大。

（2）四川生态与环境形势严峻，物种与生态系统安全存在较大风险

近几十年来，四川省社会经济得到空前发展，但因此也对自然生态系统

① 《四川省生物多样性应对气候变化战略与行动计划（2015～2030）》。

造成巨大的干扰和破坏，环境污染日益严重，虽然下了很大力气进行治理，成绩也不小，但问题仍然突出，形势严峻，压力巨大，依然处于高危状态。当前和今后相当长一个时期，四川仍将处在工业化、城镇化快速发展时期，工业强省是一个重要的战略选择，这就意味着还有更多、更大的水电站、火电厂、化工厂、冶金厂、造纸厂、水泥厂、纺织厂等污染型企业要建设，意味着还有更多的矿山、公路、铁路、城镇要建设，要占用更多的自然生态空间，要排放更多的污染物。因此，工业四川和生态四川如何协调，双目标如何实现是一个高难度的命题，对生物多样性保护更是一个严峻挑战。

（3）气候变化已存在和潜在的挑战

四川省特别是川西高原是气候变化敏感区。近50年来，四川已呈现气候变暖的趋势，而气候变化敏感区又与自然灾害集中区和生物多样性丰富区重合，因此，对生物多样性威胁更大。

## 五　四川生物多样性应对气候变化的对策建议[①]

### 1. 建立健全相关的省级政策与法规

初步建立起与全省应对气候变化和保护生物多样性相适应的法规和政策体系。建立健全与国际接轨、与国家相关法规衔接、体现四川特色的生物多样性应对气候变化的法律法规及政策，完善上下之间、部门之间的无缝对接。

### 2. 提升和加强生物多样性保护应对气候变化的能力建设

完善四川省生物多样性保护管理体系，建立协调统一的管理机构和运行机制，解决分属不同部门的交叉、重叠、多头管理的问题，提高管理水平和效率。建设四川省生物多样性保护的资金和人员保障机制，提高人才质量和工作积极性。建立生物多样性保护防御灾害体系，完善监测预警系统，提高极端气候事件的应急处理能力。

---

① 《四川省生物多样性应对气候变化战略与行动计划2014》。

### 3. 建立并完善生物多样性适应气候变化的监测网络体系

建立生物多样性和生态服务功能对气候变化响应的监测指标与方法，在不同类型的森林、湿地、草地和农业生态系统中设置监测站，研究制定和发布监测技术地方标准，规范和优化监测方案和技术规程。在生物多样性丰富和应对气候变化的重要区域，对水电站、矿山、铁路公路等大型工程在建设前、建设期和运营期开展气候及生物多样性影响监测。

### 4. 建立完善生物多样性与气候变化信息平台和信息共享机制

建立统一的信息管理标准和系统平台，汇总整理现有的不同单位和相关专家提供的信息，并按照统一的信息管理标准化、规范化，整合成统一的系统平台；制定信息共享机制与规程；建立信息共享和展示与发布制度。

### 5. 加强国际国内生物多样性和气候变化工作的协作和交流

建立起国家与国际之间、国家各部门之间、地方各部门之间，以及国家与地方之间各个层面的联系和协调机制；在政府部门、研究机构、保护组织、资源开发利用者间建立起广泛的伙伴关系，调动国内外利益相关方参与生物多样性保护的积极性。

### 6. 建立并完善引导公众参与生物多样性保护的机制

建立并逐步完善动员、引导、支持公众参与生物多样性保护的有效机制；制定群众举报投诉、新闻舆论监督制度和公民监督参与制度等。

### 7. 强化生物多样性适应气候变化的手段和措施

适当调整自然保护区的规划与布局，开辟物种迁移走廊，建设保护区群和保护网络；增强自然保护区适应气候变化的能力；加强对现有保护地的管理，防止毁林，防治有害生物入侵，减少生物多样性的其他威胁；建立非保护区类型的保护地适应气候变化的技术对策。加强濒危珍稀物种的抢救性保护，加强自然保护区和重要生态功能区保护与建设，提升生态系统服务功能，缓解气候变化压力，帮助其他领域适应气候变化。

### 8. 积极推进缓解气候变化的行动

吸收二氧化碳、涵养水源、缓解洪水灾害是生态系统重要服务功能。在保护生物多样性同时，维护和恢复生态系统功能，缓解气候变化，支持和帮助农业、水利等其他领域适应气候变化，充分发挥生物多样性保护和应对气候变化的协同增效作用。加强碳储存地（如泥炭地）保护，避免碳流失，提高生态系统碳储存和吸收能力，发挥生态系统缓解气候变化功能和作用。

9. 深化生物多样性应对气候变化研究

力求在下列几个方面取得成果和突破：①气候变化敏感物种及生态系统筛选与调查；②研究气候变化对不同生态系统和不同类型物种响应的机制、风险评估；③在生物多样性保护和自然保护区管理中建立适应气候变化的技术体系；④研究气候变化脆弱物种和极小种群的就地保护、迁地保护、栖息地恢复保护技术；⑤研究气候变化影响栖息地的恢复和保护技术及其对策。

## 参考文献

吴军、张称意、徐海根：《〈生物多样性公约〉下的气候变化问题：谈判与焦点》，《生物多样性》2011 年第 4 期。

刘影、邹玥屿、朱留财等：《生物多样性适应气候变化的国家政策和措施：国际经验及启示》，《生物多样性》2014 年第 3 期。

吴建国、周巧富、李艳：《中国生物多样性保护适应气候变化的对策》，《中国人口·资源与环境》2011 年第 1 期。

蔡蕾：《2007 年国际生物多样性日：生物多样性与气候变化》，《环境教育》2007 年第 5 期。

蒋琛娴、武艺：《全球气候变化治理中的中国——中美欧在全球气候变化治理中的行为研究之三》，《市场论坛》2010 年第 11 期。

B.13

# 全球垃圾资源化态势分析与四川省的发展

杜 珩*

摘 要： 全球面临资源枯竭的难题以及垃圾围城的困局，新型循环经济发展为垃圾的资源化利用打开新思路。本报告列举了全球垃圾减量化、资源化、能源化的创新与范例，分析了全国，特别是四川省成都市的生活垃圾处置存在的问题，从源头控制、法律法规制定到高新技术的应用角度对四川省的垃圾减量化与资源化利用提出建议。

关键词： 减量化 资源化 能源化

## 一 当前资源与环境面临的压力

人类每年将130亿吨的垃圾倒进填埋场或投进焚烧炉，预计到2025年将增加到220亿吨，“垃圾围城”是一个世界性的难题。城市生活垃圾的快速增长也成为阻碍我国城市可持续发展的重点问题。2009年国内每年城市垃圾产生量在1.8亿吨左右，每年还以8%～9%的速度增长，其中人均生活垃圾产量以0.85公斤的速度增长。据有关方面预测，2030年我国城市垃圾产生量将为4.09亿吨，2050年将为5.28亿吨。

随着城市垃圾的产出不断增加，堆存量也将直线上升。2006年调查表

* 杜珩，四川省社会科学院震灾研究中心助理研究员，发展管理学硕士，研究方向为气候变化、社区发展。

明，全国城市生活垃圾累计堆存量已达70亿吨，垃圾堆存侵占土地面积高达5亿多平方米，折合为5万多公顷，相当于全国每670公顷耕地就有0.25公顷用来堆放垃圾。全国600多座城市，已有2/3的大中城市陷入垃圾的包围之中，而且有1/4城市已没有合适场所堆放垃圾。

填埋是几千年来人类处理垃圾的常用方法，看起来似乎简单方便，但会造成填埋场附近的大气、土壤和地下水污染。垃圾焚烧是近年来流行的垃圾减量处理技术，然而垃圾焚烧对技术的要求非常高，处理不当就会产生大量有毒气体，如二噁英等。因此，垃圾填埋与焚烧都不是可持续的解决方案，都会对生态环境造成污染，还会引发严重的社会风险。

从20世纪八九十年代起，发达国家提出以生态理念为基础的新型循环经济发展思路，把垃圾视为放错位置的资源，通过对垃圾进行分类，再将不同类别的垃圾作为新资源进行利用，在环境资源承载能力日渐严峻的今天具有重要的现实意义。

## 二　国外垃圾减量化、资源化、能源化的范例

### （一）用常规方法从源头控制垃圾的产生

1. 垃圾回收筒的容量与人们的参与度呈正比

美国胡德堡军事基地参与了“美国军队2020年零废弃物创新项目”，其常规方法之一就是，把基地常用的18加仑的小型资源回收筒换成96加仑的大筒，起到了立竿见影的效果，回收率迅速翻倍。人们将更多可回收的资源放入回收筒中，而不是和以前一样看到小回收筒已装满，顺手就将可回收的资源扔到垃圾筒中。

2. 为旧物品找到新用途

通过组织家具捐赠会，将自己不想要的旧家具送给想要的家庭，可以实现资源的循环利用。设立分类回收站，人们将已使用过还有利用价值的电池、清洁剂、农药或其他化学产品放到分类回收站。需要的人可以自助从分

类回收站将所需物品取走。这些措施延长了物品的生命周期，实现物尽其用，从源头上控制了垃圾的产生，实现垃圾的减量。

## （二）企业驱动型“污染源头防治”实现垃圾能源化

随着原材料价格的上涨、各国环保标准的日趋严格，对很多发达国家的企业来说，光是垃圾减容、减量处理还远远不够，企业驱动型“污染源头防治”已经逐渐取代70～80年代曾经流行的垃圾处理“终端解决方案”，并且树立了处理工业废弃物的典范，从根本上减少或杜绝了废弃物的产生。

### 1.创新型处理工业废弃物

美国加州理工大学全球废弃物研究学院与雪佛龙石油公司合作，研发新的废物资源化方案，通过收集炼油厂产生的油腻残渣并重新加入燃料进行循环燃烧发电。对炼油残渣的循环使用，让同样数量的油可以多发电，减少炼油厂工人对废弃物处理的工作量，降低了对炼油厂及周围社区的污染危害，避免了潜在的污水渗漏等责任事故。

### 2.畜牧业垃圾的能源化创新

加州理工大学全球废弃物研究学院通过创新型方法用奶牛场的废水来养殖海藻并生成生物燃料。

奶牛场定期冲洗圈舍去除奶牛产生的粪便与污泥，这是世界通用的方法。奶牛粪便中含有大量氮与磷，粪水如果进入河道，会促进藻类植物大量繁殖，导致大面积污染。

加州大学全球废弃物研究学院的实践是，将奶牛的粪水引入收集池养殖专门的藻类。这种藻类吸收空气中的二氧化碳进行光合作用，还需要利用粪水中富集的氮与磷促进代谢，并生产出油脂供农场主提取，制成生物柴油为机器提供动力。

如果这种污水循环处理的方法能够推而广之，可以有效控制农场径流输出的污染，吸收二氧化碳，农场也不用花钱购买生物燃料。

### 3.家用乙醇发生器实现家庭餐厨垃圾能源化

美国 Efuels 公司正在推广的生物燃料发生器和冰箱一般大小，把任何含糖分的物质放进发生器就会生产出可供乙醇汽车使用的燃料。这个项目已经在市场化的过程中，准备进军城市郊区家庭。虽然销售价格大约为15000美元，远超大多数消费者的购买水平，但随着生产工艺的进步、市场竞争者的加入、规模经济的实现，这种家庭餐厨垃圾能源化的产品有望得到普及。

### （三）“城市采掘”新观念引领垃圾资源化管理的实践

英国南开普敦大学教授伊恩·威廉姆斯研究发现，人类消耗自然资源的速度比20世纪加快了8倍。预计到2100年，人类将消耗超过地球承载能力4倍的资源。

随着汽车、手机、计算机、太阳能电池板的普及，人们越来越多地使用金属原材料，促使其价格上涨，预料中的“金属峰值”将在不远的将来到来。而这些现代产品的快速升级换代，也让他们最终的归宿是垃圾填埋场，有数量惊人的重要原料一直在垃圾堆里等着人类进行回收利用。

在一个注重可持续发展的社会，人们的目光不再聚焦在原材料的采掘上，而是更加注重循环再生，从垃圾填埋场里寻找可以再利用的原材料，就像自然界的食物链通过制造与再生基础资源进行自我持续，人类也开始模仿大自然的周期，通过废物利用，实现生生不息的循环与永续的发展。这种垃圾利用的过程被伊恩教授形象地称为“城市采掘”，比喻为永无止境的自然生命周期。

“城市采掘业”不但不会增加垃圾管理的成本，通过减少或再生废弃的副产品，还降低了清理与处置副产品的费用，更少的垃圾意味着节约更多的成本。根据欧盟的统计，如果英国的金属制造业更加彻底地运用资源增效措施的话，一年可以节约40亿英镑。未来，垃圾减量与资源化的价值随着原材料的稀缺必将进一步显现。[①]

### （四）信息化、数字化、网络化发展打造智能垃圾和雨污分流处理系统

瑞典首都斯德哥尔摩是“欧洲绿色首都”，其南边的城市哈马比因为高度

---

① 瑞克·多克塞（美国）撰稿《没有垃圾的世界》，杜珩编译，《光明日报》2014年6月22日。

的信息化、数字化、网络化，更是成为生态城市、智慧城市建设的典型代表。

哈马比生态城1997年动工，将于2020年竣工。它创立了包括智能垃圾处理、水处理以及能源使用等很多的生态循环模式，哈马比确立的环保目标是与20世纪90年代初期建设的小区相比，对环境的影响减少一半。

网络化地面地下智能垃圾处理系统：在生态城的每个居民楼入口都有三个不同颜色的垃圾桶，绿色处理食物垃圾、灰色处理可燃垃圾，蓝色放置报纸废纸。当垃圾存储到一定体积后，安装在上述三种不同颜色的分类垃圾桶内部的传感器，向电脑中控发出信号，由主控系统做出清空窗口的指令，垃圾被真空抽吸至城外的垃圾处理厂。遍布小区地下的高科技垃圾收集网系统取代了传统的垃圾回收车，不仅节省了人力成本，也节约了小区空间，同时保证居民正常出行方便与小区内道路的安全。

数字化技术手段降低人均用水量：哈马比生态城的节水目标是在现在基础上将日人均用水量减半。目前，城内的人均日用水量约为150升，已经低于斯德哥尔摩市内200升/日的标准，为了进一步将人均用水量降到100升，每户人家都安装了低用水量的抽水马桶以及适用于欧盟高标准的洗碗机和洗衣机，每家人的水龙头都安装了空气阀门，这样基本可以保证节水目标的实现。

提前布局雨水生活污水处理系统：在哈马比生态城的环保目标中，有效减少废水中的重金属和非降解化学物质对环境的污染也非常重要。为了更好地对废水进行净化处理，哈马比生态城在建设城市时，就将大自然产生的雨水、融化的雪水与生活废水分开处理，打造出全新而且经济划算的水治理体系。这套系统将几乎没有污染的雨水和雪水通过楼与楼之间的景观水系，直接导入波罗的海，大大降低污水处理的负担。

经过净化的污水在热交换泵冷却之后交换出热量，这些热量被直接运用于生态城的集中供热系统，而被冷却的水又可以被用于区域供冷系统，最大限度地降低了能源的消耗。食物垃圾处理后产生的热能又再以电力、集中供暖的形式返回给住户。

上述关于垃圾处理减量化、资源化、能源化的理念、方法、技术，都会给我国城市的垃圾资源化管理带来新的思路与启发。

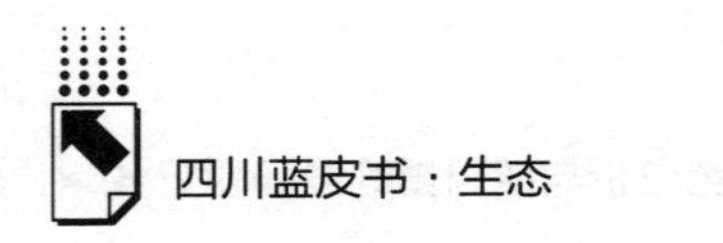


## 三　四川省在生活垃圾与秸秆处理上的问题以及产生的大气环境污染

中国人民大学国家发展与战略研究院研究员宋国君教授及其团队在2015年初发布了《我国城市生活垃圾管理状况评估研究报告》，该报告从垃圾的无害化、减量化、资源化、低成本化四个方面对城市生活垃圾管理状况做了评估，得出如下结论。

一是我国城市生活垃圾管理无害化水平不高，而且缺乏连续达标排放的证据，进入无害化处理设施的生活垃圾并非都进行了标准的无害化处理，特别是渗滤液的超标排放较为普遍。

二是减量化没有进展，对生活垃圾分类试点城市来讲，人均生活垃圾清运量也并不是都呈现下降趋势，生活垃圾减量化具有较大潜力。

三是资源化水平低，北京、本溪、牡丹江、苏州等城市的纸类回收率城市间差异大，有进一步回收的空间；垃圾处置成本数据不完善。

四是近年来环卫设备投入增长迅速，超出了垃圾清运量的增长，导致设备闲置问题。单位垃圾末端处置支出普遍较低且不同城市差异较大，低于平均水平的城市可能存在污染物排放超标现象①。

报告提出，应制定城市生活垃圾源头分类和信息公开法规，明确分类对象、分类与投放方法、奖励与惩罚措施等内容。中央政府应规定城市生活垃圾管理目标并每年公布城市生活垃圾管理绩效评估报告；应对生活垃圾卫生填埋场和焚烧厂执行水和空气的排污许可证制度。这份报告在一定程度也反映了四川省成都市的垃圾管理状况与问题。

1. 成都市垃圾数量连年攀升

以四川省成都市为例，成都市人口900多万，人口密度很大。根据成都市城管局数据：2013年中心城区加上周边14个区（市）县日产生活垃圾

① 《〈我国城市生活垃圾管理状况评估研究报告〉发布》，《光明日报》2015年5月15日。

12000 吨，全年达到 438 万吨。随着城市人口的增加、城市的不断扩大，垃圾产出将继续攀升，预计到 2020 年，成都市中心城区的生活垃圾产量将从 2013 年的 4814 吨/日上升到 7200 吨/日。

成都市唯一一个大型生活垃圾卫生填埋场，是位于龙泉驿区洛带镇的成都市固体废弃物卫生处置场，据成都市交管委数据，在未来 2~5 年将填满。由于成都市用地紧张，不可能再规划出大量的土地用于垃圾填埋，以后日益增多的垃圾只能进行焚烧处理。

垃圾的不断增长凸显了垃圾处理能力的严重滞后，以及资金使用的巨大缺口。目前，成都市全年城区的垃圾日常运行费（不含设备费）就高达 4800 万元，这个数据还在逐年攀升。城市垃圾的处置占用了城市建设的大量资金。

2. 垃圾分类标准不统一，缺乏地方性法规的指引

以分类方式为例，青羊区、武侯区、成华区和高新区把生活垃圾分成四类，包括餐厨垃圾、可回收垃圾、其他垃圾、有毒有害垃圾；而锦江区分为可回收垃圾、不可回收垃圾两类；金牛区分为干垃圾、湿垃圾两类。垃圾分类的标准不统一，不同的区域垃圾桶颜色标识随意，导致市民在进行垃圾分类时无所适从。

3. 成都市主要以焚烧的方式处理城市生活垃圾，加剧大气污染

2010~2013 年，成都市餐厨垃圾占垃圾总量的 61.73%，资源类垃圾占 28.9%，真正需要进行焚烧的垃圾只占垃圾总量的 12.22%。虽然成都市从 2010 年就开始在居民小区、商业街道推行垃圾分类的试点，但由于人们固有的生活习惯难以改变、分类知识普及不到位、分类运输分类处置未形成闭环、相关法律法规不到位等，让垃圾资源化的前提——垃圾分类流于形式，因此成都市产出的这些干湿混合型垃圾，主要是通过焚烧的方式进行处理，每年要焚烧 315 万吨，焚烧率达到 72%。

成都目前建有三座生活垃圾焚烧厂，第一座焚烧厂 2008 年在洛带建成运营，第二座于 2011 年在双流九江镇建成，第三座于 2012 年底在青白江点火运营。第四座生活垃圾焚烧厂位于龙泉驿区万兴乡，毗邻成都市固体废弃物

卫生处置场，将于2016年底建成并投入使用，设计处理规模为每日焚烧2400吨生活垃圾，届时成都市的生活垃圾将全部进行燃烧从而实现生活垃圾的“零填埋”。

垃圾焚烧发电是近年来流行的垃圾减量处理技术，然而垃圾焚烧会释放出大量恶臭、含硫的有毒气体，粉尘和PM2.5之类的细小颗粒物会随风飞扬，致使空气中二氧化硫悬浮颗粒物超标、扬尘污染与雾霾频发；而且垃圾焚烧对技术的要求非常高，处理不当就会产生如二噁英等有毒气体，后果极其严重。垃圾焚烧是将地面上的污染扩散到大气中，造成了更大范围的污染，其和填埋一样，都是垃圾处理不可持续的解决方案，不仅对生态环境造成污染，还可能引发严重的社会风险，只能作为解决垃圾围城的权宜之计。

生活垃圾的焚烧与农村秸秆焚烧加剧了四川省特别是成都市的大气污染。成都市属于国家《重点区域大气污染防治“十二五”规划》的重点区域之一，单位面积污染物排放强度是全国平均水平的2.9~3.6倍，根据成都市环保局正式公布的《2014年成都市环境质量公报》，成都中心城区2014年环境空气质量未达二级标准。在2008~2012年全国省会城市、自治区首府及直辖市空气质量排名中，成都市的名次逐年下滑，从2008年的全国第18位降至2012年全国第28位，给成都市的大气污染防治、生态文明建设提出了严峻考验。

## 四　四川省（特别针对成都市）的垃圾减量与资源化建议

### （一）提高垃圾分类利用率，从源头控制并减少垃圾的生产

垃圾是放错位置的资源，大部分成分可以加以利用。以餐饮业发达的成都市为例，如果大部分餐厨垃圾能够集中起来送到堆肥厂制造有机肥料，日产垃圾量将减少一半；如果再把资源类垃圾分拣出来，垃圾总量又会降低近三成。如果能够实现上述目标，只剩下不到两成的生活垃圾需要焚烧，那么

成都市现有的垃圾焚烧厂都不需要开足马力运行，更不需要新建，将有助于空气质量的改善。

要从根本上减少垃圾的产生，需要引导市民文明、健康、环保、低碳的绿色生活方式，广泛宣传生活垃圾分类的重要意义，让垃圾分类、回收、资源化利用深入到每个家庭、每个社区、每个企事业单位，形成“垃圾分类和垃圾减量从我做起、从小做起、人人有责、人人参与”的观念。

### （二）各部门尽快制定生活垃圾分类地方性法规与标准

根据成都市建委的规定，从2015年10月1日起，成都片区范围内所有政府投资项目都必须施行建筑垃圾资源化处置与再生利用。具备条件的建筑垃圾实行现场资源化处置利用，不具备条件的送到符合规定的处置点集中处置。

这类地方性、行业性法规的制定与实施非常及时与必要，通过强制要求进行垃圾分类与处置、明确责任人与责任部门、厘清分类管理的标准，以法律的强制性作为推动垃圾分类工作的坚实后盾，将切实推进垃圾的减量化与资源化进程。

### （三）政府部门应关注国内解决垃圾分类、抑尘与焚烧的高新技术突破，积极培育资源回收利用产业发展

德国的垃圾管理每年创造500亿营业额和20万个就业机会，成为环境保护和经济发展的重要环节①；资源回收利用也已成为21世纪日本的支柱产业。城乡垃圾处理与综合利用是新兴的环保产业，也是我国未来新的经济增长点之一，这一切的实现，都离不开高新技术产业的发展与进步。

1. 新技术解决垃圾分类问题

垃圾分类一直是全世界垃圾处理中最令人头疼的环节，也是在我国各大城市试点多年尚未找到突破口的问题。随着科学技术的进步，具有自主知识

---

① 《用好放错位置的资源》，《经济日报》2015年5月9日。

产权与专利的国内技术有望解决这个悬而未决的问题。

案例1：山东省宜昌市每天生产的400吨生活垃圾经过山东金丝达实业有限公司生活垃圾资源化利用处理后，每年可以节约土地资源11亩，日产沼气2万立方米，日发电3万千瓦时，日产80吨液态肥，分选出来的塑料纤维经裂解后每天产生的毛油量达到5吨。最关键的是，这些生活垃圾事先无须进行分类，不分干湿，不论形态。垃圾资源化处理的整个过程全部在封闭的车间内自动化处理。

从垃圾进料到分离成各种原料，金丝达公司的研发团队钻研了整整5年，投入资金3亿元，获得了120项国家专利，设备也更新到了第7代。昌邑市垃圾资源化利用项目自从运行以来，已经接待3万人参观，很多地区与市县都前来洽谈合作。

2. 新技术解决扬尘问题

案例2：首创思泰意达环保科技有限公司从2006年就开始研究如何减少无组织粉尘排放，其主打产品“微米干雾抑尘技术”及装备属于自主创新，拥有多项发明专利，广泛应用于港口、煤场、露天堆料场、电厂、化工厂等开放环境和物料粉碎、筛分、输送、装卸等封闭及半封闭场所，实现污染尘的源头治理，综合抑尘效果达到95%以上，已经开始出口国外市场。

PM2. 5又小又轻，在封闭环境下自然沉降1米需要2个小时，而水滴颗粒远大于PM10和PM2. 5，无法与粉尘结合，不能直接带动粉尘沉降。干雾抑尘装置从根本上解决了PM2. 5和PM10这类可吸入颗粒物污染空气质量的问题。该项技术采用音爆的方式，把水分子瞬间打碎成直径1~10微米大小的颗粒，与尘埃颗粒大小相近，使其易于粉尘微粒相结合，才能产生最大的吸附、过滤、凝结率。水雾颗粒迅速包裹可吸入粉尘颗粒，加大粉尘质量，促使其瞬间坠落。应用这项技术，秦皇岛货运码头的3节车厢煤粉降尘只需要3公升水。

目前，首创思泰意达环保公司的干雾抑尘装置已成为国内封闭及半封闭场所无组织粉尘污染治理标准技术，他们还针对矿山井下环境研发了井下采掘面干雾抑尘系统，解决了困扰采掘行业的难题。另外，其研发的车载射雾器，是敞开空间 PM2.5 的克星，解决了大型矿山、物料转运（包括垃圾物料）、存储等敞开环境扬尘的治理难题，可应用于码头堆场扬尘、工地拆迁、消防杀菌、农业喷洒等领域。①

3. 新技术部分解决了垃圾不完全焚烧问题

由于我国厨余垃圾含水量高、热值低，而且没有经过分类处理，国外进口的垃圾焚烧技术不适应我国垃圾的国情，不仅昂贵的机器设备会隔三岔五地出问题，而且焚烧中产生的有害物质难以控制。这样的结果导致我国垃圾焚烧厂在选址时，会遭遇“邻避现象”，开工投产后产生的污染也会受到周围住户的质疑。

案例 3：经过多年的艰苦努力，我国目前的垃圾焚烧技术已经达到国际先进水平，并拥有自主知识产权。中节能成都祥福垃圾焚烧电厂就是采用这样的国产领先技术，焚烧炉工作时将烟气温度控制在 850℃以上，尽量抑制二噁英的产生，并保证已合成的二噁英充分分解。祥福垃圾焚烧电厂二噁英的排放量比欧盟 2000 环保标准中 0.1 纳克/立方米还要低。

祥福垃圾焚烧电厂每天处理垃圾约 2000 吨，可转化为 60 万千瓦时电。为了充分利用垃圾焚烧的能量，又兴建了一座中央洗涤工厂，用发电产生的余热、余汽洗涤衣物，每天可以清洗酒店床单、被罩 6000 套，衣服 2000 套。这样的运作模式既充分利用了资源，又创造了更多的就业机会。

为了打消群众对类似垃圾焚烧发电厂的顾虑，电厂运行不久就开始对外开放，欢迎社会各界人士到工厂参观。当戴着口罩，防护得严严实实的人们到了这个花园一样干净整洁的工厂实地参观后，才安心地摘下口罩，转变了对垃圾焚烧电厂的印象和观念②。

发展中产生的问题在很大程度上要靠发展来解决，垃圾也是人类社会发展过程中逐渐产生的，而新技术的发明最终会帮助人们解决这个问题。目前，我国垃圾资源化之路还很坎坷，但也要看到具有自主知识产权的新技

① 《首创思泰意达：对扬尘说不》，《经济日报》2015 年 7 月 1 日。

② 《从“垃圾围城”到变废为宝》，《经济日报》2015 年 10 月 19 日。

术、新发明层出不穷，政府要积极扶持推广垃圾处理资源化利用新技术，为环保企业提供更多的扶持，早日实现全国垃圾资源化。

### （四）以点带面在全国率先推出针对电商产品包装的终端回收指导意见与法规

近年来，随着阿里巴巴、京东等电商的崛起，快递包裹数量激增，2015年天猫双11总成交额为912.17亿元，预计2016年快递包装需求将猛增到200亿件。根据测算，这200亿件快递将产生的包装需求为：28.7亿个内部缓冲包装件、28.7亿条编织袋、30亿个纸质封套、80亿个胶袋、95.8亿只纸箱、163.7亿米胶带、200亿张运单。

据不完全统计，我国城市固体废物中包装物的比例超过三成，每年产生包装废弃物约1600万吨，随着网购的发展与普通，这个问题会变得更加严重。相比快递包装的一次性使用造成的环境污染，更严重的来自于填充用的空气囊、塑料袋与胶带等回收站不会回收的包装物。胶带等材料主要为聚氯乙烯（PVC），此类产品不能被自然降解，也不能进行人工安全处理，只能进行填埋或焚烧。PVC在土里100年都不会降解，一旦焚烧会产生刺鼻气味，危害人体健康，破坏环境。

一些跨国企业或大型的国有企业已将环境管理和绿色理念融入产品全生命周期，并作为承担企业社会责任、体现绿色供应链管理的核心。在产品生命周期的末端，如何将废弃的产品以及包装物有效地回收利用起来，避免产生二次污染正是让绿色供应链成为一个闭环的关键，责任回收的目的也在于此。负责任的品牌会对自己的环境表现格外重视，包括监督自己的供应商的环境表现，而且在企业环境表现的评价中，责任回收也是最后一步，并且是重要的一步。然而真正做到跟踪废弃产品去向直至终端处理商，并确保其中的每一层供应商实现环境合规，做到责任回收的企业并不多。

不少品牌电商也开始关注自己的绿色供应链管理，并利用自己的产品包装传递品牌价值，将责任回收的理念融入包装之中，例如，选用更加环保、可再生使用的包装材料，传递正向积极的品牌环保理念。也有部分电商平台与快递公司一起寻找快递包装回收的途径：有电商平台推出有偿纸箱回收服务，快递员在送货上门时会询问客户是否愿意将完好的包装箱交还回收，假如愿意，客户就可以获得相应的积分，在下一次购物时获得优惠和折扣，这些完好的纸箱则会重新利用。

虽然现在品牌、供应商、电商还有消费者都在自发的对废弃包装物的回收与再利用进行推动，但执行与推广力度还有待加大，需要地方政府部门牵头制定强制性的包装回收处理法律法规，并对利益相关方提供一定数量的补贴，推动废弃包装物的回收进程。

四川省，特别是成都市对生活垃圾分类收集处置的试点工作已经取得一定成效，但由于涉及的部门、责任主体、配套措施等方方面面较多，现阶段还没有对生活垃圾分类收集处理进行立法。建议从可操作性层面出发，针对快递包装的细分回收，由成都市政府牵头制定强制性的快递包装回收处理规范，在高校、中央商务区（CBD）进行废弃包装物回收与再利用试点，配合供应商、电商绿色供应链管理，在资源利用率整体提高的基础上为利益相关方提供一定数量的补贴。通过政策导向，引导全社会关注包装废弃物的处置，进而实现对生活垃圾的全面分类收集处理。

# Abstract

*Annual Report on Ecological Construction of Sichuan* ( *2016* ) employs the framework of State-Pressure-Response to systematically present the basic situation, achievements and problems of Sichuan's ecological conservation and construction. Including 12 position papers such as *New Technologies Applied in the Fourth Population Survey of Panda and Its Habitats*, *The General Idea and Technologies Applied of Ecological Construction in Sichuan's Mountainous Areas*, *Formation of Ecological Mornitoring Indicator System of Sichuan*, etc. this report also unfolds three categories of information on new technology applied, model innovation and practical exploration of Sichuan's ecological construction and conservation.

This report is compiled by the Center for Natural Resource and Environment Conservation, Sichuan Academy of Social Science ( SASS ), with full supports from different organizations, namely the Institute of Scientific Study of Sichuan Statistical Bureau, Center for International Cooperation and Communication of Sichuan Environment Protection Department, Division of Foreign Affairs of Sichuan Forestry Department, Sichuan Survey and Management Station of Wildlife and Wild Plants Resource, Institute of Mountain Hazards and Environment, Chinese Academy of Science, Sichuan Inventory and Planning Institute, Sichuan Academy of Natural Resource Science, Sichuan Meteorological Administration, Sichuan Academy of Grassland Science, and Sichuan Management Office of World Heritage Sites.

# Contents

## Ⅰ General Report



**Abstract**: Employing the PRS Structure Model, this report collected and analyzed data per three groups of indicators, namely *Pressure*, *State* and *Response*, to systematically assess the issues, inputs and achievements of Sichuan's Ecological Construction. It also prospects some emerging issues of the province's ecological construction in 2016.

**Keywords**: PSR Structure Model; Ecological Construction; Ecological Assessment; Sichuan

## Ⅱ New Technology Applied



**Abstract**: Comparing to the previous three national surveys of giant panda, the fourth one which formally publishing its report in 2015 has fully applied far-out research achievements of conservation biology, molecular biology and socio-economics, etc. Therefore the survey has not only enhanced people's understanding of giant panda and its habitats more precisely but also promoted day- to-day monitoring and effective management of natural reserves in the future. It is a good case on how scientific technologies support ecological construction in practice in Sichuan.

**Keywords**: The Fourth Panda Survey; New Technology Applied; Si Chuan

## B. 3 The General Idea and Technologies Applied of Ecological Construction in Sichuan's Mountainous Areas

*Zhang Liming* / 074

**Abstract**: The ecological governance of mountain has significant meaning for Sichuan. This paper analyzes and summarizes key ideas based on the reviewing of practice in ecological governance. And it briefly introduces hill management localization developed by Sino-Japan technical cooperation project. 10 major events related to the ecological governance have been highlighted. It also discusses and evaluates a few problems and challenges facing and development outlook of the mountain ecological governance in Sichuan to 2016.

**Keywords**: Sichuan; Mountain; Ecological Governance

## B. 4 Desertification Preventation and Control in Northwest Sichuan

*Yu Lingfan*, *Yan Wuxian and Deng Dongzhou* / 100

**Abstract**: Land desertification in northwest Sichuan is a special kind of land desertification and different with that of Northern China. Affecting regional ecological security and people's livelihood, land desertification in northwest Sichuan has been got widely attention from the whole society and paid high importance by both the Sichuan committee of CCP and People's Government of Sichuan Province, which leads to the start of the pilot program of land desertification control program. The pilot program has made four achievements regarding to applying new scientific technology into ecological construction practice, namely 1) a new clarification methodology of soil conditions of Northwest Sichuan's alpine meadow ecosystem established, 2) plants good for sand stabilization bred in large size, 3) new technology architecture of vegetation restoration in Northwest Sichuan's alpine meadow initiated, and 4) model of recovering vegetation coverage in Northwest Sichuan's alpine meadow recommended.

**Keywords**: Prevent and Control Desertification; Northwest Sichuan; New Technology



**Abstract**: Forest ecosystem, the biggest area in the terrestrial ecosystem, is the most important natural ecological system, its service function types are varied, such as soil and water conservation, water conservation, air purification, carbon sequestration, etc. Forest land in Sichuan province accounted for 7.6% of the national forest area. It is one of three big forest areas in China. It is also the largest water conservation area in the upper reaches of the Yangtze River. On the basis of existing literatures review, this paper calculated water conservation capacity of 12.2649 million hectares forests in Sichuan province. In addition, the advantages and disadvantages of the direct market method, substitute market method and hypothetical market method in the aspect of ecosystem service functional evaluation have been compared. The direct market method has been selected to evaluate the value of water conservation of 12.2649 million hectare forests in Sichuan province. The results show that the water conservation capacity is 31.11 billion tons of 12.2649 million hectares forests in Sichuan province, the average water conservation capacity is about 2536.51 t/hm$^2$. Its total value is 190.13 billion yuan, the average water conservation value is 15500 yuan per hectare.

**Keywords**: Water Conservation Capacity; Value Evaluation; Direct Market Method; Forest Ecosystem; Sichuan Province

## B. 6 Formation of Ecological Mornitoring Indicator System of Sichuan

*Che Maojuan, Zhou Yi and Zhu Li* / 146

**Abstract**: That scattering indicators, disunity of indicators and miss data at both city and county level are the main reasons affecting the outcomes and problems of Sichuan's ecological conservation and construction being understood in time, and also has restricted the institutionalization and normalization of the province's ecological conservation and construction. With full consideration of the recent documents on construction of ecological civilization made in the 18th committee of the CCP, Sichuan can develop its ecological monitoring index system with 5 dimensions, namely 1) ecological institution, 2) ecological inputs, 3) ecological science and technology, 4) ecological economy and 5) ecological environment. This ecological monitoring index system is good tool to assess the outcomes of ecological conservation and construction and could potentially replace indicators focused on GDP especially in the areas classified as Restricted Development Zone by the State Council.

**Keywords**: Ecological monitoring; Index system; Sichuan

## B. 7 Classfication of Sichuan's Ecological Zoning

*Huang Zhaoxian, Chen Jian, Luo Yan and Zhang Hongji* / 158

**Abstract**: According to landing the ecological red line difficulties, the paper applies the method of landscape ecology and 3S technology, put forward a method system that can make the ecological red line fall to the ground. In order to apply it, the paper complete the concept, connotation, thought, method and technology about the Warning ecological red line, construct the ecological red line technical system, which include 4 level -4 type -4 grade.

**Keywords**: Eco-red Line; Warning Line; Fall to the Ground

## Ⅲ New Conservation Model



**Abstract**: This paper analyses opportunities and innovation of eco-tourism development under the New normal in Sichuan, China. 11 major events related to eco-tourism have been highlighted. It also discuses and evaluate the development situation of eco-tourism, a few challenges facing and outlook to 2016 in Sichuan.

**Keywords**: New Normal; Eco-tourism; Innovation; Sichuan



**Abstract**: Rhododendron family are widely distributed in the Hengduan Mountains centered by Western Sichuan. Highly linked to local people's livelihood and daily life, rhododendron has been under protection by many nationalities in Hengduan Mountain spontaneously. This article analyzes the state and issues of endemic plants conservation in Sichuan and presents some experiences made on promoting social participation in rhododendron conservation as the new model of endemic plants protection.

**Keywords**: Endemic Plant Conservation; Rhododendron; Sichuan

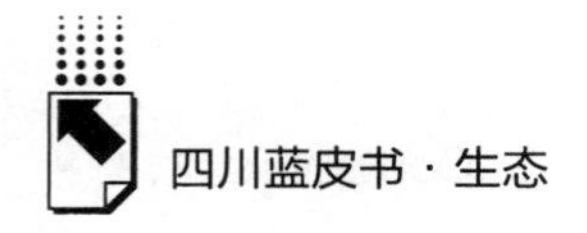


B. 10 Conservation Strategy of Sichuan's Protected Areas under China's New Normal Context *Yang Xuyu* / 223

**Abstract**: This paper uses many data to present the current state of protected areas in Sichuan such as quantity, departments in charge and ecosystem, etc. It points out four management issues and 5 strategic administrative suggestions.

**Keywords**: Sichuan; Protected Areas; Development Strategy

## Ⅳ Experiments and Pilots

B. 11 Sichuan Case of Public Supervision in Ecological Construction *Chai Jianfeng* / 237

**Abstract**: Ecological construction is a participatory process with people's rationales who are not only the target but also the implementation and supervision main body. With the angle of supervision and employing cases incurred in Sichuan's ecological construction, this article analyzes who, what and how to supervise for improving institutions and enhancing the efficiency of the province's ecological construction.

**Keywords**: Sichuan, Ecological Construction; Public Supervision

B. 12 Biodivery's Role in Combating Climate Change in Sichuan *Ling Juan* / 250

**Abstract**: Climate change is an indisputable fact that poses global challenges. Biodiversity has an irreplaceable role in Responsing to Climate Change. Sichuan became the first province to carry out research bewteen biodiversity and climate change. This chapter introduces important events on this area in Sichuan and analyses achievements, problems and the cause of the problems, also introduces practices of major provinces and good experience of major country. By comparing other provinces, Sichuan has own potential and advantages . Finally, it provided future suggestions on biodiversity response to climate change to promoting Sichuan ecological construction.

**Keywords**: Sichuan; Biodivery's Role; Climate Change



**Abstract**: Nowadays, the world is facing pressing issues of resource depletion and garbage siege. Circular economy may make a change by facilitating the reutilization of garbage. The theme report explained the latest innovation and examples of reduction, reuse and energy utilization of garbage globally; analyzed problems related to domestic waste disposal in China, especially in Chengdu, Sichuan Province; and made political suggestions to reduce waste and reutilization of garbage from the perspectives of source control, formulation of laws and regulations, and utilization of advanced technology.

**Keywords**: Waste Reduction; Reutilization; Energy Utilization

# 法 律 声 明

权威报告·热点资讯·特色资源

# 皮书数据库

ANNUAL REPORT(YEARBOOK) DATABASE

当代中国与世界发展高端智库平台

WWW.PISHU.COM.CN

## 皮书俱乐部会员服务指南

1. 谁能成为皮书俱乐部成员?

- 皮书作者自动成为俱乐部会员
- 购买了皮书产品（纸质书/电子书）的个人用户

2. 会员可以享受的增值服务

- 免费获赠皮书数据库100元充值卡
- 加入皮书俱乐部，免费获赠该纸质图书的电子书
- 免费定期获赠皮书电子期刊
- 优先参与各类皮书学术活动
- 优先享受皮书产品的最新优惠

3. 如何享受增值服务?

**（1）免费获赠100元皮书数据库体验卡**

第1步 刮开附赠充值的涂层（右下）；

第2步 登录皮书数据库网站（www.pishu.com.cn），注册账号；

第3步 登录并进入“会员中心”—“在线充值”—“充值卡充值”，充值成功后即可使用。

**（2）加入皮书俱乐部，凭数据库体验卡获赠该书的电子书**

第1步 登录社会科学文献出版社官网（www.ssap.com.cn），注册账号；

第2步 登录并进入“会员中心”—“皮书俱乐部”，提交加入皮书俱乐部申请；

第3步 审核通过后，再次进入皮书俱乐部，填写页面所需图书、体验卡信息即可自动兑换相应电子书。

4. 声明

解释权归社会科学文献出版社所有

皮书俱乐部会员可享受社会科学文献出版社其他相关免费增值服务，有任何疑问，均可与我们联系。

图书销售热线：010-59367070/7028
图书服务QQ：800045692
图书服务邮箱：duzhe@ssap.cn

数据库服务热线：400-008-6695
数据库服务邮箱：database@ssap.cn
兑换电子书服务热线：010-59367204

欢迎登录社会科学文献出版社官网（www.ssap.com.cn）和中国皮书网（www.pishu.cn）了解更多信息

社会科学文献出版社 SOCIAL SCIENCES ACADEMIC PRESS (CHINA) 皮书系列

卡号：947955265377

密码：

# S 子库介绍
# Sub-Database Introduction

## 中国经济发展数据库

涵盖宏观经济、农业经济、工业经济、产业经济、财政金融、交通旅游、商业贸易、劳动经济、企业经济、房地产经济、城市经济、区域经济等领域，为用户实时了解经济运行态势、把握经济发展规律、洞察经济形势、做出经济决策提供参考和依据。

## 中国社会发展数据库

全面整合国内外有关中国社会发展的统计数据、深度分析报告、专家解读和热点资讯构建而成的专业学术数据库。涉及宗教、社会、人口、政治、外交、法律、文化、教育、体育、文学艺术、医药卫生、资源环境等多个领域。

## 中国行业发展数据库

以中国国民经济行业分类为依据，跟踪分析国民经济各行业市场运行状况和政策导向，提供行业发展最前沿的资讯，为用户投资、从业及各种经济决策提供理论基础和实践指导。内容涵盖农业，能源与矿产业，交通运输业，制造业，金融业，房地产业，租赁和商务服务业，科学研究环境和公共设施管理，居民服务业，教育，卫生和社会保障，文化、体育和娱乐业等 100 余个行业。

## 中国区域发展数据库

以特定区域内的经济、社会、文化、法治、资源环境等领域的现状与发展情况进行分析和预测。涵盖中部、西部、东北、西北等地区，长三角、珠三角、黄三角、京津冀、环渤海、合肥经济圈、长株潭城市群、关中一天水经济区、海峡经济区等区域经济体和城市圈，北京、上海、浙江、河南、陕西等 34 个省份。

## 中国文化传媒数据库

包括文化事业、文化产业、宗教、群众文化、图书馆事业、博物馆事业、档案事业、语言文字、文学、历史地理、新闻传播、广播电视、出版事业、艺术、电影、娱乐等多个子库。

## 世界经济与国际政治数据库

以皮书系列中涉及世界经济与国际政治的研究成果为基础，全面整合国内外有关世界经济与国际政治的统计数据、深度分析报告、专家解读和热点资讯构建而成的专业学术数据库。包括世界经济、世界政治、世界文化、国际社会、国际关系、国际组织、区域发展、国别发展等多个子库。